地震资料在隐蔽圈闭识别中的应用

王 勇 程金星 廖文婷 夏连军 编著

石油工业出版社

内 容 提 要

本书围绕岩石物理这一核心问题，从理论模型研究到实测数据分析，再到特征成因总结，明确了苏北盆地不同类型陆相沉积砂岩在岩石物理上的共性与特性，并结合地震正演研究了储层参数和地震响应之间的关系。在此基础上，对症下药，针对不同地质目标，灵活运用地震属性分析、测井约束反演、叠前同时反演、地质统计分析等技术，开展隐蔽圈闭识别和勘探实践，取得了丰富的研究成果和较高的勘探效益。

本书可供油气田勘探科技人员及大专院校相关专业师生参考。

图书在版编目（CIP）数据

地震资料在隐蔽圈闭识别中的应用/王勇等编著．
北京：石油工业出版社，2015.4
ISBN 978-7-5183-0655-8

Ⅰ．地…
Ⅱ．王…
Ⅲ．地震资料处理-应用-岩性圈闭-研究
Ⅳ．P618.130.2

中国版本图书馆 CIP 数据核字（2015）第 035824 号

出版发行：石油工业出版社
（北京安定门外安华里2区1号　100011）
网　　址：www.petropub.com
编辑部：（010）64523533　发行部：（010）64523620
经　　销：全国新华书店
印　　刷：北京中石油彩色印刷有限责任公司

2015年4月第1版　2015年4月第1次印刷
787×1092毫米　开本：1/16　印张：9.5
字数：250千字

定价：98.00元
（如出现印装质量问题，我社发行部负责调换）
版权所有，翻印必究

前言

随着油气田勘探开发工作的不断深入，研究对象已由传统的构造型油气藏向地震识别难度较大的隐蔽油气藏转变，其研究工作对三维地震勘探的依赖程度越来越大，对地震资料分析技术的要求也越来越高。如何充分挖掘地震资料中隐含的地质信息，满足隐蔽油气藏勘探开发的需要，是近年来地震资料分析技术应用研究的首要任务。《地震资料在隐蔽圈闭识别中的应用》是为适应这一需求，在苏北盆地隐蔽油气藏勘探实践经验总结的基础上编写而成的。

书中涉及的隐蔽油藏类型和实例主要取自苏北盆地高邮凹陷戴南组、海安凹陷泰州组和金湖凹陷阜二段，岩性以砂岩为主。高邮、金湖凹陷是江苏油田主力产油区，海安凹陷泰州组勘探程度也颇高，历经几十年勘探开发，已积累了大量的井筒资料、齐备的三维地震资料和丰富的地质认识，为开展隐蔽油气藏勘探奠定了充实的研究基础。

"十一五"以来，江苏油田针对隐蔽油气藏进行了大量科研攻关和勘探实践，在系统的层序地层、沉积微相研究和油藏评价的基础上，明确了隐蔽油气藏的主要类型、分布及成藏有利区带，并将高邮凹陷戴南组陡坡带"扇控型"圈闭和缓坡带构造—岩性圈闭、海安凹陷泰州组构造—岩性和地层超覆圈闭作为重点勘探对象。

与海相沉积的低速砂岩不同，苏北盆地陆相沉积的砂岩为相对高速、高阻抗特征，砂岩预测面临四大难题：(1) 砂泥岩薄互层问题；(2) 有效砂岩的速度、波阻抗介于泥岩与干层之间；(3) 埋深跨度、储层物性和黏土含量变化等因素引起的砂岩与泥岩速度、波阻抗叠置问题；(4) 多套勘探层系夹有高速泥岩、灰质岩，与薄砂层在岩石物理和地震响应上难区分。对此，书中围绕岩石物理这一核心问题，从理论模型研究到实测数据分析再到特征成因总结，明确了苏北陆相沉积砂岩在岩石物理上的共性与特性，并结合地震正演研究了储层参数和地震响应之间的关系。在此基础上，对症下药，针对不同研究目标选择适合的地震资料分析技术进行隐蔽圈闭识别，取得了丰富的研究成果和较高的勘探效益。通过对地震属性分析、测井约束反演、叠前同时反演、地质统计分析等技术的灵活运用，实现了永38、花26、邵20、堡5、肖14、曹65等一批隐蔽油藏勘探发现和突破。

在项目研究和本书编写过程中，刘洋教授给予了大力支持和帮助，在此表示衷心的感谢。由于篇幅和图件尺寸限制，书中仅附关键图件。受笔者水平所限，编写过程中难免出现不当之处，敬请读者批评指正。

目 录

1　绪论 …………………………………………………………………………（ 1 ）
　　1.1　隐蔽油气藏勘探现状 ……………………………………………………（ 1 ）
　　1.2　隐蔽圈闭地震识别技术现状 ……………………………………………（ 1 ）
2　隐蔽油气藏 …………………………………………………………………（ 4 ）
　　2.1　隐蔽油气藏的概念 ………………………………………………………（ 4 ）
　　2.2　隐蔽油气藏的分类 ………………………………………………………（ 5 ）
　　2.3　隐蔽油气藏亚类特征 ……………………………………………………（ 6 ）
3　岩石物理基础 ………………………………………………………………（ 8 ）
　　3.1　岩石物理研究目的 ………………………………………………………（ 8 ）
　　3.2　岩石物理模型 ……………………………………………………………（ 8 ）
　　3.3　岩石物理应用研究 ………………………………………………………（17）
4　地震属性分析技术 …………………………………………………………（20）
　　4.1　地震属性的发展历程 ……………………………………………………（20）
　　4.2　地震属性的分类及描述 …………………………………………………（21）
　　4.3　地震属性的提取 …………………………………………………………（26）
　　4.4　地震属性的优化 …………………………………………………………（27）
　　4.5　地震属性储层预测 ………………………………………………………（31）
5　地震反演技术 ………………………………………………………………（36）
　　5.1　地震反演简介 ……………………………………………………………（36）
　　5.2　叠后地震反演 ……………………………………………………………（37）
　　5.3　叠前地震反演 ……………………………………………………………（43）
6　地震资料在苏北盆地隐蔽圈闭识别中的应用实例 ………………………（54）
　　6.1　苏北盆地隐蔽圈闭的主要类型及特征 …………………………………（54）

  6.2 地震资料在高邮凹陷缓坡带隐蔽圈闭识别中的应用 …………（64）
  6.3 地震资料在高邮凹陷南部陡坡带隐蔽圈闭识别中的应用 ……（84）
  6.4 地震资料在金湖凹陷西斜坡储层预测中的应用 ………………（106）
  6.5 地震资料在海安凹陷泰一段隐蔽圈闭识别中的应用 …………（117）
后记 ……………………………………………………………………………（138）
参考文献 ………………………………………………………………………（140）

1 绪 论

1.1 隐蔽油气藏勘探现状

随着人类对油气依赖程度的日益增强和对油气资源勘探开发的不断深入，相对简单的构造型油气藏勘探已进入中后期，世界油气资源开始出现稀缺现象，因此如何寻找隐蔽性较强的非构造油气藏已成为石油勘探的工作重点。自 1966 年 A. I. Levorsen 提出隐蔽圈闭（subtle trap）的概念以来，世界各国都加强了针对隐蔽圈闭的油气勘探研究，经过几十年的发展，相关勘探理论和方法技术都取得了很大的发展。研究表明，隐蔽圈闭含有全球约 50% 的油气，勘探潜力大，前景广阔。尽管难度很大，但勘探研究意义重大。

1982 年，M. T. Halbouty 在第 66 届 AAPG 年会隐蔽油气藏专题讨论的基础上，出版了《寻找隐蔽油气藏》专著。以此为标志，全球隐蔽油气藏勘探研究步伐加快。国外在进行隐蔽油气藏勘探方面效果显著。统计数据表明，对于勘探成熟的老油田，区内隐蔽圈闭的油气探明储量通常可达该油田总探明储量的 1/3 以上，例如，美国俄克拉荷马州的岩性—地层圈闭油气藏在近 100 年勘探发现统计中的占比为 62%。世界范围内发现的隐蔽油气藏的数量在迅速增加，据专家预测，最终隐蔽油气藏占比将不小于 1/2。

目前，我国油气勘探已进入针对隐蔽型油气藏的新时代，在理论研究方面，结合我国陆相生油的特点，有针对性地系统总结陆相断陷盆地隐蔽型油气藏形成机制，为隐蔽油气藏勘探的成功奠定了理论基础；在勘探实践方面，近几年来，国内隐蔽型油气藏的发现比例也在逐年增加。统计数据表明，我国东部老油田隐蔽圈闭的年均探明储量占比可达 60%~70%；在中西部探区，如塔里木盆地和鄂尔多斯盆地等隐蔽圈闭油气探明储量的占比也在大幅提升。此外，在西部一些勘探程度相对较低的区域，由于沉积演化史和油气运移规律的复杂性，局部构造不发育，因此寻找隐蔽油气藏具有非常重要的意义。

总之，隐蔽油气藏已成为高成熟探区二次勘探、发现储量的重点领域。

1.2 隐蔽圈闭地震识别技术现状

隐蔽圈闭一般都具有边界条件复杂、形态不规则的特点，其赋存状态的隐蔽性决定了用传统勘探方法将难以准确识别。现实需求推动技术进步，近年来，隐蔽油气藏勘探的研究已取得了长足进步，主要体现在 5 个方面：（1）高分辨率层序地层学理论及其技术方法；（2）高分辨率三维地震资料采集及处理技术；（3）地震储层预测技术；（4）隐蔽圈闭综合评价技术；（5）特殊的钻井、测井和压裂改造工艺。在这五大技术体系中，地震储层预测是隐蔽圈闭识别中最为关键的环节[1]。

地震储层预测技术可分为岩性预测技术和含油气性预测技术两个方面，不同类型的隐蔽油气藏地质条件和储层条件各不相同，相应的地震响应特征也不同，因此选用的勘探方法和预测技术也不相同，必须根据实际情况，具体问题具体分析。

利用地震资料分析技术和相关属性参数来进行储层预测的方法最早是从20世纪60年代开始的。起初，人们发现可以利用一些地震参数（如纵横波速度、密度和反射系数等）来直接识别油气异常。到了20世纪70年代，人们开始引入亮点技术和平点技术的概念，利用比较容易获得的三瞬参数、波阻抗参数、泊松比参数和横向各向同性参数进行油气检测。进入20世纪80年代，吸收系数、非晶质因素、各向异性、AVO等技术在直接油气识别中发挥了作用。从20世纪90年代至今，越来越多的技术理论和属性参数（灰色理论、分形分维和小波域中的各种参数）在油气检测中得到成功应用。

随着三维地震的发展，近十几年来，各类地震反演技术快速发展和推广应用，为各大油田的隐蔽圈闭识别提供了强有力的技术支持。隐蔽油气藏拓展勘探有利区带确定之后，在岩石物理特征分析的基础上，针对不同储层类型的砂体，开展地震储层预测方法攻关，可以识别隐蔽圈闭目标，完成隐蔽油气藏的定量描述，实现在空间上多砂体叠合的隐蔽圈闭的精确定位，为井位部署提供有效依据。

隐蔽圈闭识别的地震资料分析技术尚处发展过程中，国内外还没有系统的分类方案，要想归纳齐全也不是一项容易的工作。依据地震资料要求、算法和技术特点等，这里将与隐蔽圈闭识别有关的地震资料分析技术分为地震属性分析技术和地震反演技术两大类（表1-2-1）。

表1-2-1 常用于隐蔽圈闭识别的地震资料分析技术分类

分 类			技 术 特 点	适 用 范 围	资料要求
地震属性分析	叠后资料	多属性聚类分析	利用经验或数学方法进行属性优选，从不同角度反映储层特征，提高地震储层预测精度	定性识别岩性	低 ⋮ 高
		井震联合属性分析	振幅（能量）类属性反映岩性横向变化，与储层厚度、物性参数具有一定相关性	多井地区砂岩厚度、物性预测	
		波形分析	直接由地震波形预测储层厚度。如基于小样本学习理论的支持向量机（SVM）方法	多井地区储层预测	
		谱分解技术	根据离散傅氏变换或最大熵值变换将地震数据从时间域转换到频率域，获得不同频率的振幅谱或相位谱，对地震资料进行分析	薄层定量预测	

续表

分类		技术特点	适用范围	资料要求
地震反演	叠后	道积分反演	不利用井孔信息，分辨率低	少井或无井的新区	低
		递推反演	地震数据驱动，井孔信息少，分辨率低	少井或无井；大套地层或特殊岩性	
		测井约束反演	不利用AVO信息，具有多解性	纵波阻抗对储层有较好的识别能力	
		多参数岩性反演	利用GR、RES测井信息进行反演，拓宽了测井和地震结合的领域，但物理意义尚不明确	多井地区薄储层预测	
	叠前	AVO烃类检测	利用AVO信息，定性流体预测	岩性与流体识别	
		弹性波阻抗反演	利用AVO信息，半定量预测，结果稳定性一般	储层与围岩纵波阻抗叠置	
		叠前同时反演	利用AVO信息，岩性和流体定量预测，结果稳定	储层与围岩纵波阻抗叠置	
		地质统计学反演	结合测井数据的纵向分辨率和地震的横向分辨率进行储层空间分布预测	油田开发阶段薄互储层预测	高

2 隐蔽油气藏

2.1 隐蔽油气藏的概念

隐蔽圈闭是油气勘探范畴的术语，是形成隐蔽油气藏的必要条件，业内通常将隐蔽圈闭和隐蔽油气藏作为同一对象进行研究。随着勘探方法和技术水平的不断进步，隐蔽圈闭（油气藏）的概念也是不断变化的。

隐蔽圈闭（油气藏）的相关概念最早是由 J. F. Carll（1880）[2]提出来的，他认为非构造因素也可以形成圈闭，其灵感来源于当时寻找背斜油气藏过程中较难识别和发现的非背斜油气藏。世界首例非背斜油气藏发现于 1919 年。1934 年，W. B. Wilson 在研究油气藏分类中提出了非构造圈闭（nonstructural trap）是"由于岩石物性变化而形成的储集层"的观点[3]。1936 年，A. I. Levorsen 在其论文《地层型油田》中提出了"地层圈闭（stratigraphic trap）"的概念，指出地层岩性变化是该类油气成藏的主控因素[4]。1964 年，A. I. Levorsen 又提出了"隐蔽圈闭（subtle trap）"一词，用来描述由构造、地层、流体（水动力）多要素组合的复合圈闭，并于两年后在 AAPG Bulletin 发表论文《隐蔽和难以捉摸的圈闭》（the obscure and subtle trap），文中详细论述了对隐蔽圈闭的新认识，并分析了 subtle trap 和 combination trap 的区别：combination 有结合、组合的意思，combination trap 这一术语完全可以用来表示由不同要素结合的复合圈闭，而 subtle 表示精细的、敏感的，用 subtle trap 表示复合圈闭没有根据[5,6]。1972 年，M. T. Halbouty 重新启用 subtle trap 这一术语，用来表示勘探难度较大、区别于构造圈闭的不整合圈闭、地层圈闭和古地貌圈闭。1982 年，M. T. Halbouty 在他主编的有关隐蔽圈闭的专题报告集中，进一步明确了用 subtle trap 表示隐蔽圈闭的指代范围[7]。同年，C. H. Savit（1982）撰文将当时勘探方法难以圈定位置的圈闭统称为隐蔽圈闭。

1984 年，我国地质学家朱夏指出隐蔽圈闭的含义虽然着重于一般意义上的非构造圈闭，但不排斥某些构造圈闭[8]。鉴于隐蔽油气藏勘探对象比较宽泛，概念比较模糊的特点，国外目前已很少使用这一术语。国内对隐蔽油气藏的概念主要有两种理解：第一种沿袭 A. I. Levorsen 的观点，认为隐蔽油气藏等同于非构造圈闭油气藏；第二种认同朱夏院士的观点，拓宽了隐蔽油气藏的范围，认为隐蔽油气藏不仅包括非构造油气藏，还应该包括某些特殊的构造油气藏[9]。

由于勘探理论、技术手段及勘探经验的差异，在不同国家和地区，隐蔽圈闭（油气藏）的涵义也会不同。同一国家和地区的不同时期，随着理论的发展和技术的进步，相关概念也会发生变化。1984 年，张万选在其《关于"隐蔽圈闭（油气藏）"的概念》一文中指出：从油气藏分类的科学角度来看，现在使用的隐蔽圈闭（油气藏）的术语是没有必要的，但从字面意思表示勘探难度大、成功率低等含义还是可取的[10]。同年 5 月，陈荣书在讨论隐蔽圈闭（油气藏）概念时建议采用构造、地层、流体及复合圈闭的分类系统来命名圈闭[11]。2003年9月，贾承造院士在杭州勘探技术交流会上正式提出了用"岩性地层油气藏"取代"隐蔽油气藏"的观点，并进一步将岩性地层圈闭的概念定义为在一定构造背景下，通过沉积成岩及火山等作用形成的非构造圈闭，包括岩性圈闭、地层圈闭和构造—岩性复合圈闭。

2.2 隐蔽油气藏的分类

隐蔽油气藏分类的问题是伴随隐蔽圈闭定义的差异发展起来的，根据认识水平的不同，国内外学者给出的定义归纳起来分为3种：（1）广义上的地层圈闭，包括狭义的地层圈闭、不整合圈闭以及古地貌圈闭；（2）与构造圈闭相对应的所有非构造圈闭；（3）强调隐蔽性，指一切难以识别和发现的圈闭[12]。

针对我国特殊的沉积特征，国内学者对隐蔽圈闭的定义归纳起来分为两种：（1）隐蔽圈闭等同于非构造圈闭；（2）隐蔽圈闭除了非构造圈闭外，还应该包括某些特殊的构造圈闭[9]。

国内众多学者对隐蔽油气藏的分类问题进行了总结、探讨和研究[9,13~17]。本书在参考前人研究成果的基础上，认为隐蔽油气藏应该在强调隐蔽性的基础上，从圈闭成因入手进行定义和分类（表2-2-1），即隐蔽油气藏包括非构造油气藏和难以识别和发现的复杂构造油气藏，其中非构造油气藏主要指的是岩性油气藏和地层油气藏，两者又可以根据成因进行细分。从分类的科学性和实用性角度考虑[18]，将由多种成因控制的复合油气藏单独作为一类。水动力和稠油等流体油气藏的成藏条件需要构造因素配合，故将其归为复合油气藏类别。随着技术水平的进步和勘探理论的完善，隐蔽油气藏的定义和分类也相应地发生调整，这是一个变化的过程。

表 2-2-1　隐蔽圈闭的分类

大　类		亚　类
非构造圈闭	岩性圈闭	岩性上倾尖灭型
		透镜状岩性型
		生物礁块型
		成岩封闭型
		特殊岩性体型
	地层圈闭	地层不整合型
		地层超覆型
		古潜山型
复杂构造圈闭		复杂背斜型
		复杂断块型
		低幅构造型（如微裂缝型）
复合圈闭		断层—地层型
		岩性—地层型
		构造—岩性型
		断层—岩性型
		构造—水动力型

2.3 隐蔽油气藏亚类特征

本书将隐蔽油气藏分为非构造油气藏、复杂构造油气藏和复合油气藏3类，其中非构造油气藏主要指的是岩性油气藏和地层油气藏。各类油气藏基于成因又可以进行亚类细分。为方便介绍，从岩性油气藏、地层油气藏、复杂构造油气藏和复合油气藏4个方面进行隐蔽油气藏亚类特征介绍。

2.3.1 岩性油气藏

岩性油气藏主要是指由于储层岩性岩相发生突变而形成的油气藏，一般受不同沉积环境影响，既可以在沉积过程中形成，又可以在成岩过程中形成，主要分为5个亚类[9,19]：

（1）岩性上倾尖灭油气藏。

岩性上倾尖灭油气藏指的是储层岩性岩相沿上倾方向尖灭，受到泥岩等非渗透性岩层封堵形成圈闭，聚集油气后形成的油气藏。储层岩石一般由砂岩和碳酸盐岩等构成，在陆相湖盆相中比较常见。

（2）透镜状岩性油气藏。

透镜状岩性油气藏指的是各种透镜状等不规则形状的储层被非渗透性岩层包裹形成的油气藏，一般具有自生自储的特点，如泥岩包裹的砂岩透镜体。

（3）生物礁块油气藏。

生物礁块油气藏指的是生物礁成因的储层被非渗透岩层封堵形成的油气藏。一般生物礁块引起的构造异常很小，难以作为圈闭识别依据，生物礁块的发现具有偶然性，且常常成群出现。

（4）成岩封闭油气藏。

成岩封闭油气藏指的是在成岩过程中，储层岩性岩相发生突变，渗透性储层被非渗透性岩层封堵而形成的油气藏。

（5）特殊岩性油气藏。

特殊岩性主要指的是与常见的砂泥岩相区别的碳酸盐岩和火山岩等，特殊岩性油气藏指的是在成岩作用下，特殊岩性体中的原生裂缝和构造裂缝共同构成储集空间，聚集油气后形成油气藏。

2.3.2 地层油气藏

地层油气藏最突出的特点是储层纵向上有沉积中断现象，与不整合面密切相关，指的是沿地层不整合面，渗透性储层被非渗透性岩层封堵聚集油气而形成的油气藏。主要分为3类[9,19]：

（1）地层不整合油气藏。

地层不整合油气藏指的是渗透性储层位于不整合面的下方，沿不整合面上方被非渗透性岩层封堵形成的油气藏。这里的不整合可分为角度不整合和平行不整合，角度不整合在地震剖面上特征显著，容易识别，其形成过程受风化剥蚀和沉积间断的影响。

(2) 地层超覆油气藏。

地层超覆油气藏指的是渗透性储层位于不整合面的上方，而它本身又被连续沉积的非渗透性岩层侧向封堵形成的油气藏，主要在水陆交接的地方形成。

(3) 古潜山型油气藏。

古潜山是一种典型的古地貌形态。古潜山型油气藏指的是地层经过复杂的构造运动和长期的风化剥蚀作用后，形成高低不平的基底构造受非渗透性岩层覆盖形成的油气藏，其形成过程同样与不整合面相关。

2.3.3 复杂构造油气藏

构造油气藏是地壳运动，地层发生形变构成圈闭后，聚集油气的结果，在众多油气藏类型中，是一种相对容易识别的油气藏类型，但由于地下地质构造的复杂性，目前仍然有部分构造油气藏难以被发现，可称之为复杂构造油气藏。即复杂构造油气藏指的是基于现有技术水平难以识别和发现的构造油气藏。从构造油气藏的类型出发分为 3 类[16,19]：

(1) 复杂背斜油气藏。

复杂背斜油气藏主要强调背斜圈闭的位置具有隐蔽性。地震资料处理中，准确的偏移归位有利于构造识别。

(2) 复杂断块油气藏。

复杂断块油气藏主要突出断层圈闭的位置具有隐蔽性。在复杂小断块油气藏勘探实践中，如何获得断面清晰的地震剖面是关键。

(3) 低幅构造油气藏。

低幅构造油气藏主要是指圈闭的形态结构具有隐蔽性，在油藏特征上难以辨识，依靠目前的技术手段无法从所获得的资料中判别出油气藏的外观特征。

2.3.4 复合油气藏

复合油气藏是基于实用性进行划分的一种类型，指的是受两种或两种以上成因共同作用，难以区分主导因素时的一种油气藏类型，与单一成因油气藏概念相对。如断层—地层油气藏、断层—岩性油气藏、岩性—地层油气藏、构造—岩性油气藏和构造—水动力油气藏等。复合油气藏通常兼具各个单一成因的影响，特点更加复杂。

3 岩石物理基础

3.1 岩石物理研究目的

作为地震勘探技术的基础研究之一，岩石物理致力于研究储层岩石物理性质（一般指岩性、物性和流体特性）的变化对地震波传播速度和吸收衰减等的影响，是联系储层特性和地震响应的纽带，被誉为储层参数和地震属性沟通的桥梁（图3-1-1）。

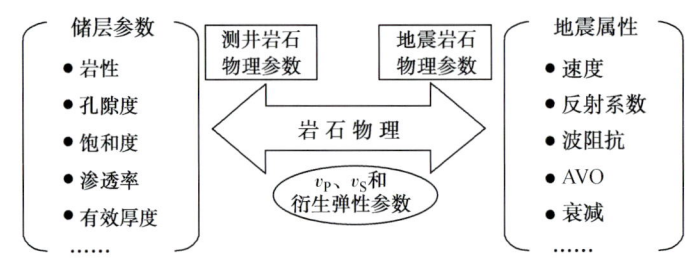

图 3-1-1　储层参数—岩石物理—地震属性关系图

岩石物理研究的主要内容包括基于岩石物理性质的建模和分析两部分。其中，建模指的是为地下岩石与流体建立相应的介质模型，分析指的是基于上述介质模型进行正演模拟分析，弄清楚储层参数与岩石弹性参数和储层参数与地震属性参数之间的关系。由此可见，岩石物理建模是进行分析的基础，它的准确性会对分析结果产生直接影响。

开展地震储层预测和烃类检测，首先要建立岩石特性和弹性参数之间的理论关系或经验公式，明确哪些岩石特性的变化会引起测井和地震响应的改变。通过岩石物理建模和地震正演模拟研究，不仅可以获得高质量的井震标定结果，还可以建立岩性、储层物性和含油气性的定量解释量版，为地震叠前反演和AVO烃类检测等技术提供更可靠的基础资料。

3.2 岩石物理模型

地壳表面岩石是一种多相介质，主要包括岩石骨架和孔隙流体，多相介质的等效（或平均）弹性是岩石弹性的主要表现。岩石的弹性模量、纵波速度 v_P、横波速度 v_S 和密度 ρ 等地震参数被广泛用于描述岩石弹性特征。岩石的弹性模量反映应力—应变关系，密度 ρ 反映比重，速度反映岩石中地震波传播特征，后者是弹性模量的函数。反之，通过密度 ρ 和纵横波速度（v_P，v_S）可以获得岩石的各类弹性模量参数。岩石弹性模量之间的关系可以通过建立理论模型来反映。基于有效介质理论和基于波传播理论是据建模方法的不同来划分的两种岩石物理基本理论模型[21,22]。

3.2.1 弹性模量

拉梅系数（λ 和 μ）常用来表示均匀各向同性弹性体介质中的应力应变关系。按照弹性介质理论，地震波纵波速度 v_P 和横波速度 v_S 与介质常数的定量关系为[23]

$$v_P = \sqrt{\frac{\lambda + 2\mu}{\rho}}, \quad v_S = \sqrt{\frac{\mu}{\rho}} \qquad (3\text{-}2\text{-}1)$$

式中，λ 和 μ 是拉梅系数；ρ 为介质密度。

在地震勘探技术中，常用的弹性模量参数有杨氏模量 E、剪切模量 G、体积模量 K（图 3-2-1）和泊松比 ν。定义杨氏模量 E 为纵向方向上应力与应变的比例系数；剪切模量 G 为剪切方向上应力与应变的比例系数；体积模量 K 为均匀各向同性介质周围的压缩模量，可用来描述岩石抗压能力；泊松比 ν 为横向正应变和纵向正应变比值的绝对值。上述岩石弹性模量参数与纵波速度 v_P、横波速度 v_S 及介质密度 ρ 之间存在如下关系，即

$$\lambda = \rho(v_P^2 - 2v_S^2), \quad \mu = \rho v_S^2 \qquad (3\text{-}2\text{-}2)$$

$$E = \frac{\mu(3\lambda + 2\mu)}{\lambda + \mu} = \frac{\rho v_S^2 (3v_P^2 - 4v_S^2)}{(v_P^2 - v_S^2)} \qquad (3\text{-}2\text{-}3)$$

$$G = \mu = \rho v_S^2 \qquad (3\text{-}2\text{-}4)$$

$$K = \lambda + \frac{2}{3}\mu = \rho\left(v_P^2 - \frac{4}{3}v_S^2\right) \qquad (3\text{-}2\text{-}5)$$

$$\nu = \frac{\lambda}{2(\lambda + \mu)} = \frac{v_P^2 - 2v_S^2}{2(v_P^2 - v_S^2)} \qquad (3\text{-}2\text{-}6)$$

由上述关系式可知，这些岩石弹性模量参数之间可以两两互相转换，因此只要已知其中两个参数，就可以推导出其他参数，根据需要还可以衍生出其他具有不同物理意义的弹性参数。

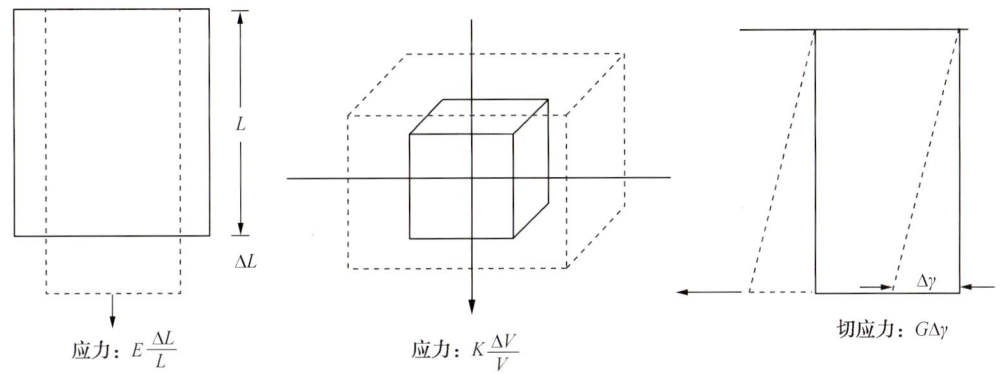

图 3-2-1 弹性模量及其物理意义（杨氏模量 E，体积模量 K，剪切模量 G）[20]

3.2.2 基于有效介质理论

有效介质理论，又称为等效介质理论，是岩石物理学研究的重要理论之一。通常地壳岩石是由多种矿物颗粒和孔隙流体组成的，具有不均匀性。为了更好地描述岩石特性，常

借助等效介质理论将岩石描述成一个"等效体",如在地震勘探中常用的密度和层速度来描述某个地层的特性。岩石在宏观上均匀、各向同性是应用等效介质理论的前提假设。在已知岩石各组成成分的体积含量、弹性模量及各组分分布细节的基础上,根据几何平均物理模型可以预测岩石的等效弹性模量。如何有效地应用等效介质理论,其关键在于等效岩石物理模型的建立。各种常用的等效介质理论模型大致可分为 3 类:空间平均模型、自适应理论模型和接触理论模型[24,25]。以下将着重介绍几种常用的等效介质理论模型。

3.2.2.1 Voigt-Reuss-Hill(V-R-H)模量平均模型[26~29]

对任意岩石,在已知各组成成分的体积百分含量和弹性模量的基础上,可以设定其等效模量的计算公式为

$$\overline{M}^a = f_1 M_1^a + f_2 M_2^a + f_3 M_3^a + \cdots + f_i M_i^a + \cdots \quad (3\text{-}2\text{-}7)$$

式中,$\overline{M}$ 表示岩石的等效弹性模量;M_i 和 f_i 分别为第 i 个组成成分的弹性模量和体积百分含量;$a \in [-1,1]$,为常数。

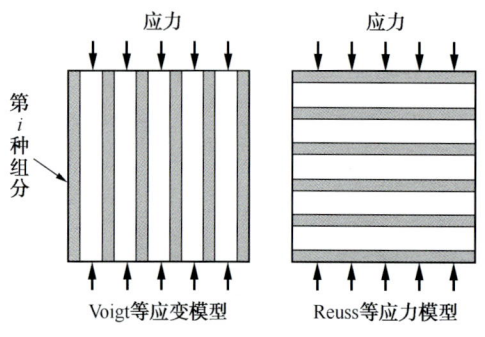

图 3-2-2 Voigt 平均模型和 Reuss 平均模型示意图

Voigt(1928)和 Reuss(1929)分别定义了岩石矿物有效弹性模量的上、下限公式。两者都是指平均应力与平均应变的比值,不同点在于 Voigt 平均假设岩石内部应变处处相等,而 Reuss 平均则假设应力处处相等(图 3-2-2)。

假设矿物有 N 种组成成分,则计算上限 M_V 和下限 M_R 的公式为

$$M_V = \sum_{i=1}^{N} f_i M_i, \quad \frac{1}{M_R} = \sum_{i=1}^{N} \frac{f_i}{M_i} \quad (3\text{-}2\text{-}8)$$

式中,M_V 为 Voigt 定义的上限;M_R 为 Reuss 定义的下限;f_i 为第 i 个组成成分所占的体积百分含量,满足 $\sum_{i=1}^{N} f_i = 1$;M_i 为第 i 个组成成分的弹性模量。

在 Voigt 和 Reuss 研究的基础上,Hill(1952)通过对上、下限取算术平均,提出了 Voigt-Reuss-Hill(V-R-H)平均模型,即

$$M_{VRH} = \frac{1}{2}(M_V + M_R) \quad (3\text{-}2\text{-}9)$$

Wang 和 Nur(1992)对 V-R-H 模型进行了实验测试:研究结果表明该模型在计算岩石组分的有效体积模量时效果较好,在估算剪切模量和岩石的总体积模量时效果不理想,也不适用于气饱和的岩石。

3.2.2.2 Hashin-Shtrikman 界限模量模型[20,30]

针对双相介质,在已知各组成成分弹性模量和孔隙度的前提下,基于变分原理,Hashin 和 Shtrikman(1963)进一步缩小了有效弹性模量的上下界限范围,即

$$K^{HS\pm} = K_1 + \frac{f_2}{(K_2 - K_1)^{-1} + f_1\left(K_1 + \frac{4}{3}\mu_1\right)^{-1}} \quad (3\text{-}2\text{-}10)$$

3.2.3 基于波传播理论

假设岩石在宏观上是均匀的、各向同性的，有效介质模量理论通过对岩石矿物各组成成分模量的简单平均来获得岩石的有效弹性模量。它没有考虑不同孔隙之间相互作用的影响，缺乏岩石介质中弹性模量相关定义的理论基础（应变随应力变化）。波传播理论考虑了弹性介质应力—应变关系。当波在岩石中传播时，孔隙受其影响会产生相对位移，孔隙流体也会发生相对运动，造成地震波能量损耗，引起岩石物性变化。因此，在岩石孔隙特征和各组分模量已知的情况下，基于波传播理论，可以更好地估算不同状态下岩石的相关弹性模量。

3.2.3.1 Gassmann 模型[25,37]

1951 年，在低频假设前提下，Gassmann 提出了流体饱和情况下计算岩石有效弹性模量的理论方程。它几乎适用于所有几何形式的孔隙，是进行地震岩石物理研究最常用的基本方程之一。其基本假设有：(1) 从宏观上看，岩石矿物是各向同性的；(2) 岩石内部所有孔隙相互连通且充满流体；(3) 岩石—流体系统相对封闭；(4) 岩石骨架与孔隙流体不发生化学反应，也不存在物理作用。

$$\frac{K_{sat}}{K_{ma}-K_{sat}}=\frac{K_{dry}}{K_{ma}-K_{dry}}+\frac{K_{fl}}{\phi(K_{ma}-K_{fl})} \tag{3-2-20}$$

$$\mu_{sat}=\mu_{dry} \tag{3-2-21}$$

式中，K_{sat} 和 μ_{sat} 分别为饱和岩石的有效体积模量和有效剪切模量；K_{ma} 为岩石骨架的体积模量；K_{dry} 和 μ_{dry} 分别为干岩石的有效体积模量和有效剪切模量；K_{fl} 是孔隙流体的体积模量；ϕ 是岩石的孔隙度。

有效体积模量关系式给出了不同孔隙度条件下，岩石骨架、干岩石和孔隙流体三者的体积模量与饱和岩石的有效体积模量之间的关系式。通过变形，不仅可以计算饱和岩石的有效体积模量，还可以计算干岩石的有效体积模量（即后向 Gassmann 方程），即

$$K_{dry}=\frac{K_{sat}\left(\dfrac{\phi K_{ma}}{K_{fl}}+1-\phi\right)-K_{ma}}{\dfrac{\phi K_{ma}}{K_{fl}}+\dfrac{K_{sat}}{K_{ma}}-1-\phi} \tag{3-2-22}$$

对于剪切模量，Gassmann 方程显示饱和岩石的有效剪切模量等于干岩石的有效剪切模量，与饱和流体无关。

应用 Gassmann 模型计算纵、横波速度的公式为

$$v_P=\sqrt{\frac{K_{sat}+4/3\mu_{sat}}{\rho_{sat}}}$$

$$v_S=\sqrt{\frac{\mu_{sat}}{\rho_{sat}}} \tag{3-2-23}$$

$$\rho_{sat}=(1-\phi)(\rho_{dry}+\phi\rho_{fl}) \tag{3-2-24}$$

式中，v_P 和 v_S 分别表示流体饱和岩石的纵、横波速度；ρ_{sat} 表示流体饱和岩石的密度；其余参数意义同上。

3.2.3.2 Biot 模型[25,38]

Biot（1956）提出了在黏性饱和流体情况下，弹性波在岩石介质中的传播理论。任意给

定一个频率，应用该理论，可以估算多孔岩石介质相应的有效弹性模量。Biot 理论揭示在无限介质中传播的纵波可分为两类：一类与地震勘探中的纵波相同，称为快纵波；另一类主要沿介质分界面传播，衰减很快，称为慢纵波。Biot 理论为双相介质波动理论的形成提供了理论基础。

孔隙流体和岩石骨架之间不发生物理作用是 Gassmann 理论的基础假设之一，Biot 理论的提出突破了这一假设的限制，更加接近地下岩石的真实状况。Biot 理论假定当孔隙流体在岩石孔隙中流动时，孔隙流体和岩石骨架之间存在相互摩擦。当频率为零时，Biot 方程完全等同于 Gassmann 方程，应用 Biot 理论估算的纵波速度与应用 Gassmann 方程估算的结果相等，因此在一定意义上可认为 Biot 理论是对 Gassmann 理论的推广；当频率为无限大时，饱和流体岩石纵波速度的计算公式为

$$v_{P\infty}(fast, slow) = \left\{ \frac{\Delta \pm [\Delta^2 - 4(\rho_{11}\rho_{22} - \rho_{12}^2)(PR - Q^2)]^{1/2}}{2(\rho_{11}\rho_{22} - \rho_{12}^2)} \right\}^{1/2} \quad (3-2-25)$$

$$v_{S\infty} = \left(\frac{\mu_{dry}}{\rho - \phi\rho_{fl}\alpha^{-1}} \right)^{1/2} \quad (3-2-26)$$

其中，$\Delta = P\rho_{22} + R\rho_{11} - 2Q\rho_{12}$

$$P = \frac{(1-\phi)(1-\phi-K_{dry}/K_{ma})K_{ma} + \phi K_{ma} K_{dry}/K_{fl}}{1-\phi-K_{dry}/K_{ma} + \phi K_{ma}/K_{fl}}$$

$$Q = \frac{(1-\phi-K_{dry}/K_{ma})\phi K_{ma}}{1-\phi-K_{dry}/K_{ma} + \phi K_{ma}/K_{fl}}$$

$$R = \frac{\phi^2 K_{ma}}{1-\phi-K_{dry}/K_{ma} + \phi K_{ma}/K_{fl}}$$

$\rho_{11} = (1-\varphi)\rho_{ma} - (1-\alpha)\phi\rho_{fl}$，$\rho_{22} = \alpha\phi\rho_{fl}$，$\rho = (1-\phi)\rho_{ma} + \phi\rho_{fl}$

式中，K_{ma}，K_{dry} 和 K_{fl} 分别代表岩石骨架、干岩石和孔隙流体的体积模量；ρ，ρ_{ma} 和 ρ_{fl} 分别代表岩石、岩石骨架和岩石流体的密度；ϕ 为岩石的孔隙度；μ_{dry} 是干岩石的剪切模量；$\alpha > 1$，为反映岩石内部孔隙弯曲程度的构造因子；取 ± 分别对应两种纵波速度：+ 表示快纵波，- 表示慢纵波。

在高频条件下，岩石孔隙流体一般会发生流体喷射现象，而 Biot 理论忽略了这一现实状况，因此利用 Biot 理论估算的饱和流体岩石速度仍然存在误差，岩石物理理论需要进一步发展完善。

3.2.3.3 BISQ 模型[39,40]

Mavko 等（1979）指出当地震波在含流体的多孔介质中传播时，局部流和喷射流现象普遍存在，大量研究表明，流体喷射是造成地震波传播过程中强衰减、高频散的重要原因。

1993 年，Dvorkin 和 Nur 在 Biot 模型研究的基础上，考虑流体喷射现象的影响，提出了更加符合实际岩石介质的 Biot-Squirt（BISQ）模型。

BISQ 模型适用于高压条件下具有柔性关闭孔隙的岩石，可以用来计算任何频率条件下部分饱和岩石的速度和衰减。假设岩石处于部分饱和或视完全饱和状态，根据 BISQ 理论，当频率为无限大时，应用 BISQ 理论估算的纵波上限速度与应用 Biot 方程估算的结果相等；当频率为零时，纵波下限速度公式为

$$v_{P0} = \sqrt{\frac{M_{dry}}{\rho}} \qquad (3\text{-}2\text{-}27)$$

式中，$M_{dry} = \rho_{dry} v_{P\text{-}dry}^2$ 表示干岩石的单轴应变模量；ρ_{dry} 和 $v_{P\text{-}dry}$ 分别表示干岩石的密度和纵波速度；ρ 表示岩石饱和状态下的密度。

在视完全饱和状态下，据 BISQ 模型可获得反映流体特性对地震波衰减、散射的影响规律，相关计算公式为

$$v_P = \frac{1}{\mathrm{Re}(\sqrt{Y})}, \quad a_P = \omega \mathrm{Im}(\sqrt{Y}), \quad Q_P^{-1} = \frac{2a_P v_P}{\omega} \qquad (3\text{-}2\text{-}28)$$

其中，$Y = -\dfrac{B}{2A} - \sqrt{\left(\dfrac{B}{2A}\right)^2 - \dfrac{C}{A}}$

$$A = \frac{\phi F_{sq} M_{dry}}{\rho_2^2}$$

$$B = \frac{1}{\rho_2}\left[F_{sq}\left(2\gamma - \phi - \phi\frac{\rho_1}{\rho_2}\right) - \left(M_{dry} + F_{sq}\frac{\gamma^2}{\phi}\right)\left(1 + \frac{\rho_a}{\rho_2} + \mathrm{i}\frac{\omega_c}{\omega}\right)\right]$$

$$C = \frac{\rho_1}{\rho_2} + \left(1 + \frac{\rho_1}{\rho_2}\right)\left(\frac{\rho_a}{\rho_2} + \mathrm{i}\frac{\omega_c}{\omega}\right)$$

$$F_{sq} = F\left[1 - \frac{2J_1(\lambda R)}{\lambda R J_0(\lambda R)}\right], \quad \lambda^2 = \frac{\rho_{fl}\omega^2}{F}\left(\frac{\phi + \rho_a/\rho_{fl}}{\phi} + \mathrm{i}\frac{\omega_c}{\omega}\right), \quad \frac{1}{F} = \frac{1}{K_{fl}} + \frac{(\gamma - \phi)}{\phi K_{ma}}$$

$$\rho_1 = (1-\phi)\rho_a, \quad \rho_2 = \phi\rho_{fl}$$

式中，v_P 为纵波速度；a_P 为纵波衰减系数；Q_P^{-1} 为逆品质因子；ω 是角频率；ϕ 为孔隙度；M_{dry} 为干岩石的单轴应变模量；J_0 和 J_1 分别为零阶和一阶的贝塞尔函数；R 是实验室特征喷射流体长度；$\gamma = 1 - K_{dry}/K_{ma}$ 为 Biot 系数；K_{ma}、K_{dry} 和 K_{fl} 分别表示岩石骨架、干岩石和孔隙流体的体积模量；$\rho_a = (1-\alpha)\phi\rho_{fl}$，为 Biot 惯性耦合密度；$\alpha > 1$，为反映岩石内部孔隙弯曲程度的构造因子；$\rho_{fl}$ 为流体密度；$\omega_c = \eta\phi/k\rho_{fl}$，为 Biot 理论的特征角频率；$k$ 为渗透率；η 为流体黏滞度。

与 Biot 理论模型相比，通常情况下 BISQ 模型能更好地反映地震波在饱含流体岩石介质中的传播规律，其预测结果更接近实测值。用 BISQ 模型计算纵波速度和纵波衰减系数时，实验室特征喷射流体长度要根据实际资料进行调整。

3.2.3.4 Xu-White 模型[33,41,42]

Xu-White（1995，1996）综合考虑了岩石骨架、孔隙和孔隙流体等的相关性质对岩石弹性模量及纵横波速度的影响，通过充分利用 Kuster-Toksöz 模型、DEM 理论和 Gassmann 方程的优势，建立了一种能适合于砂泥岩混合介质的新模型，称之为 Xu-White 模型。该模型假设岩石孔隙由砂质孔隙和泥质孔隙两部分构成，且均匀分布在砂岩和泥岩之间。

Xu-White 模型充分考虑了岩石各组成成分性质的影响，通过充分发挥不同模型的计算优势，可以提高模型估算的准确性，其求解岩石弹性模量和纵横波速度的流程如图 3-2-4 所示，具体步骤如下：

(1) 利用 Wyllie 平均时间模型估算砂泥岩混合介质的弹性模量；
(2) 利用 Wood 方程估算饱含流体岩石介质的弹性模量；

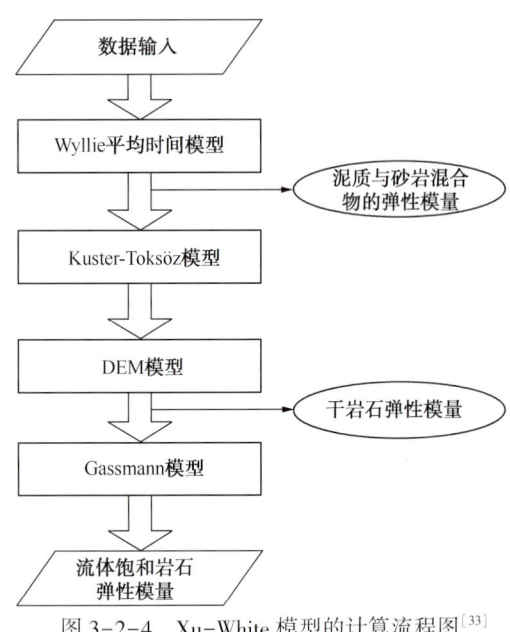

图 3-2-4　Xu-White 模型的计算流程图[33]

(3) 利用 Kuster-Toksöz 模型和 DEM 理论估算干岩石的弹性模量；

(4) 利用 Gassmann 方程求解纵横波速度。

3.2.4　理论模型的比较及适用性分析

由于地下岩石介质的复杂性及不同时期认识水平的差异，不同学者基于不同的研究目的，在不同基础假设的限制下，各自提出了不同的理论模型。本文从基于有效介质理论和基于波传播理论两个方面简单介绍了 9 种比较常用的模型。总体而言，基于有效介质理论的模型一般用于计算岩石介质的有效弹性模量，而基于波传播理论的模型在岩石介质含流体的情况下用得比较多。实际应用中，需要根据实际资料选取合适的理论模型。下面对这 9 种模型进行对比分析：

Hill（1952）通过对 Voigt 上限和 Reuss 下限取算术平均定义了 V-R-H 模型。该模型常用于估算岩石组分的有效体积模量，在估算剪切模量和岩石的总体积模量时效果不理想，也不适用于气饱和的岩石。

Hashin-Shtrikman（1963）模型基于变分原理缩小了岩石介质有效弹性模量的上下限范围。当岩石组分弹性性质差异较大、有流体存在时，上下限差异范围较大；当岩石组分弹性性质差异较小、都为固体颗粒时，上下限差异范围很小。

Wood（1955）模型基于 Reuss 的模型研究定义了矿物有效体积模量计算公式。该模型一般在两种情况下使用：一是计算孔隙流体的有效体积模量；二是计算浅海沉积物的有效体积模量。

Kuster-Toksöz（1974）模型是一种双相介质等效模型，基于弹性波散射理论和连续介质一阶差分算法可以用来计算岩石的有效弹性模量，适用于各向同性介质。该模型考虑了孔隙纵横比对岩石有效弹性模量的影响，理论上对判断储层孔隙类型意义重大。但由于没有考虑不同孔隙之间的相互作用，因此该模型更适合实验室研究。

DEM（1992）模型描述了两种相态的介质相混合的过程，通过逐步微调以满足实际岩石要求。局限性在于双相介质组成成分关系不对等，添加顺序影响最终的有效弹性模量。

Gassmann（1951）模型建立在低频假设前提下，可用于计算流体饱和时岩石的有效体积模量。Gassmann 方程用基质体积模量、干岩石体积模量、孔隙流体体积模量和孔隙度这四个参数表示流体饱和岩石的有效体积模量，仅需增加一项信息，就能够使结果和野外实测具有相当准确的相关性。局限性在于仅适用于各向同性介质，不适用于干岩石弹性模量的计算，一般在砂泥岩储层应用较多。

Biot（1956）模型是对 Gassmann 模型的推广，给出了黏弹饱和流体介质在不同频率下的有效弹性模量计算公式，揭示了慢纵波的存在，是双相介质波动理论形成的基础。局限性在于没有考虑高频条件下的流体喷射现象，用该理论计算的速度存在误差。

BISQ（1979）模型结合了 Biot 模型和流体喷射机制，能更好地反映地震波在饱含流体岩石介质中的传播规律。该模型适用于高压条件下具有柔性关闭孔隙的岩石，可以用来计算任何频率条件下部分饱和岩石的速度和衰减。

Xu-White（1995，1996）综合考虑了岩石骨架、孔隙和孔隙流体等的相关性质对岩石弹性模量及纵横波速度的影响，适用于砂泥岩混合介质新模型，一般在碳酸盐岩储层应用较多。

3.3 岩石物理应用研究

3.3.1 横波速度估算

横波速度是一种重要的岩石物理参数，是储层精细描述中不能缺少的基础数据。在实际测井工作中，基于各种原因，横波资料一般比较匮乏，因此需要利用已知信息开展横波速度估算工作。目前主要有两种方法：一种是 Greenberg 和 Castagna 提出的纵、横波经验公式 $v_s=f(v_p)$；二是在叠前反演中应用较多的岩石物理理论模型法。这两种方法各有优缺点（表3-3-1），应用过程中需要根据实际资料，针对不同的研究目的择优选择。

表 3-3-1　两种横波速度预测方法对比

方法分类	经验公式法	岩石物理理论模型法
优点	计算简单、快速，只需纵波速度	具有明确的物理意义；精度高；适于流体替代和正演模拟等
缺点	只适宜局部范围，不宜用在大范围工区，流体替代困难	处理起来困难，需要其他的辅助参数；如干燥岩石泊松比、泥质含量、孔隙度、饱和度等

经验公式法是一种统计分析方法，主要是指根据室内实验数据或实际测井数据在坐标系中的映射显示，建立横波速度与其他已知参数或较易获得参数的统计关系。

岩石物理理论模型法是一种比较复杂的估算方法，处理过程中需要的辅助参数较多。参考文献［43］对利用岩石物理技术计算横波速度曲线方法进行了研究，并给出了具体的计算流程。该方法主要通过岩石物理建模（比较经典的理论模型是 Biot-Gassmann 模型）和地震正演模拟来实现，为提高预测精度，可以利用反演技术进行优化（图3-2-4 中给出了利用 Xu-White 模型估算纵横波速度的方法）。

3.3.2 测井曲线重构和流体替换

开展 AVO 正演、叠前反演研究，最好采用岩石物理正演模拟的测井曲线，主要原因是：(1) 受声波测井探测深度的限制，通常在测井时，位于井筒一定范围内孔隙中的流体都被泥浆所替代了，所以声波所测量的含烃地层实际上是含水的响应。不过，测井对含烃层的划分主要采用电阻率和感应电导，对含油气层的解释比较准确，因而利用已有的测井解释结论（泥质含量、孔隙度、流体饱和度等信息）正演出的声波时差曲线，与原状地层的弹性特征更为接近。(2) 由于地震资料采集时，地层孔隙中的流体状况未改变，资料所反映的是原始特征。但地层被钻穿后，地层压力、孔隙流体性质都发生了变化。因此必须结合测井解释结论,进行含烃层的流体替代模拟,才能真实反映含烃层的 AVO 异常响应特征变化。

根据 Xu-White 模型可以进行纵波速度 v_P、横波速度 v_S 的重构[20],纵波速度是介质密度和有效体积弹性模量的函数,即

$$v_P = \sqrt{\frac{K + \frac{4\mu}{3}}{\rho}} \quad (3-3-1)$$

横波通过固相弹性介质的速度可表示为

$$v_S = \sqrt{\frac{\mu}{\rho}} \quad (3-3-2)$$

式中,K 为有效体积弹性模量;μ 为有效切变弹性模量;ρ 为介质的密度。依据 Xu-White 模型求出 Gassmann 方程的各个变量,就可以进行流体替代,先给出替代孔隙流体,计算新的 ρ 和体积模量 K_f,然后利用新孔隙流体即可估算 v_P、v_S。

测井曲线重构结果合理性分析的基本原则是重构曲线与实测曲线在非含烃层段应基本重合,在油层(或气层)段的差异应符合基本规律。

3.3.3　储层敏感参数研究

以岩石物理研究为基础,通过地震反演技术,对储层敏感储层岩石的各种属性参数,如纵横波速度(v_P、v_S)、ρ、λ 和 μ 等。通过简单计算还可以获得岩石的各类其他弹性模量参数。

为了更好地进行岩性识别和烃类检测,发挥各种属性参数的作用,可将岩石属性参数分为 3 类:(1)剪切方向属性参数;(2)体方向属性参数;(3)不同方向组合参数[44]。其中剪切方向属性参数一般包括剪切模量 μ、横波速度 v_S 和横波波阻抗 I_S 等,它们对岩石的流体性质不敏感,对岩性区分较为有利。体方向属性参数一般包括体积模量 K、拉梅系数 λ、纵波速度 v_P 和纵波阻抗 I_P 等,它们对岩石的压缩性比较敏感,可以反映岩石内部的耦合状况。第(3)类是基于前两类参数的不同组合,目前应用较多,如纵横波速度比 v_P/v_S、泊松比常被认为是油气识别标志。更多组合参数类型的物理意义有待研究。

储层敏感参数研究一般从岩性敏感参数、物性敏感参数和流体敏感参数 3 个方面进行展开。现阶段研究较多的是流体敏感参数,其优选方法主要通过流体替换来实现。实际介质中,饱含流体不同的岩石,其相应的地震响应(弹性属性)也会不同,利用这种差异进行交会图分析可以为流体参数的敏感性排序,指导储层识别[45]。

3.3.4　地震响应与正演模拟分析

在地下介质中,储层岩石的岩性、厚度、孔隙度和孔隙流体的饱和度是研究储层性质的几个关键参数。基于岩石物理理论,通过地震正演模拟分析可以研究不同储层参数下的地震响应特征变化,为岩性识别、流体预测、AVO 分析和叠前反演等提供基础资料。

开展地震响应与正演模拟研究主要为了解决以下问题:

(1)分析地震资料的极性问题。

3 岩石物理基础

在隐蔽油气藏勘探研究过程中，需要保证地震剖面极性的确定性，这对开展地震属性分析和地震反演研究具有重要的意义。即地震数据加载到工作站后，解释人员首先要知道数据是什么极性，处理人员提交的成果数据是否已经过零相位化处理，波峰是否代表高速层顶界面。当地下地质情况很复杂时，通常难以达到理想要求，要进行相位校正等处理。

（2）研究地震振幅与储层岩石的岩性、孔隙流体等的关系。

在岩石物理认识的基础上，基于 Shuey 简化方程，对岩石特性和地震反射振幅关系的理解，分析不同岩性、流体、埋深情况对应的地震响应特征。这里所说的岩石特性主要包括岩性、物性、流体性质。根据 Shuey 等人对波动方程的理解，地震近角度响应主要受声阻抗变化的影响，中等角度响应受泊松比变化的影响，而远角度响应受纵波速度变化的影响，在 30°范围以内，远角度响应的贡献微小可忽略。综合不同特性岩石在近、中、远角度的响应特征，分析其振幅随角度（或偏移距）的变化特征，即 AVO 响应特征。

（3）分析利用地震资料进行目的层储层预测的可行性。

在隐蔽油气藏勘探中，由于地震分辨率的限制，利用地震技术进行储层预测对储层厚度有一定的限制。通过薄互层地震正演模拟和利用正演模拟的地震数据进行波阻抗反演，可以分析现有的叠后地震资料分辨薄砂层的能力，判断是否能够通过直接分析振幅与偏移距（或入射角）的关系进行油气检测，研究如何通过（细分）部分叠加进行砂体预测和流体检测。

4 地震属性分析技术

　　叠前、叠后地震数据体中包含着大量对储层预测有用的信息，这些信息一般可以通过数学变换获得，称之为地震属性（seismic attribute），具体指的是表征地震数据特性的几何学、运动学、动力学和统计学特征参数，目前这些参数部分物理意义明确，部分物理意义未知[46]。

4.1 地震属性的发展历程

　　从20世纪30年代地球物理工作者开始拾取野外记录中地震波旅行时开始，地震属性就成为反射波地震解释的一个重要部分。到目前为止，已经有近百种地震属性被计算提取出来，应用到地质构造、地层层序、岩石孔隙和流体性质解释中。地震属性的发展与计算机科学技术的发展紧密联系，例如20世纪60年代数字记录的出现就使得地震振幅的测量精度得到提高，随即发现了碳氢化合物孔隙流体与强振幅之间的相关性（即亮点技术）。20世纪70年代早期，彩色打印机的出现，使得黑白地震记录与彩色的地震反射强度、频率、相位和层速度的重叠显示成为可能。20世纪80年代，大型解释工作站的出现，使得地震解释工作者可以快速实现与地震数据之间的交互式操作，例如快速改变地震数据显示的尺度、颜色，或者将地震数据与其他信息如测井资料进行整合[47]。图4-1-1展示了各种重要地震属性产生的时间，以及每种属性与关键地震勘探技术进步之间的对应关系[48]。

　　常规地震属性研究是建立在叠后地震数据基础上的，主要的发展大致经历了三个阶段。第一个阶段是从20世纪60年代末到70年代末，这是地震属性发展的起步阶段，以"亮点"技术为代表。这时的地震属性不是利用数学方法进行提取的，而是对地震剖面特征的定性描述和分析[50]。第二个阶段是从20世纪70年代末到80年代末，这是地震属性技术的快速发展阶段，以属性定量提取方法大量出现为主要特征。在这个阶段，大量的地震属性从地震数据中提取出来，如与瞬时相位相关的各种属性、反映以某个层位为中心一定时窗范围内平均性质的层段和地层属性等。这一时期，交互式工作站的出现，地震数据处理和显示能力得到了显著提高，也促进了地震属性的飞速发展。但是，伴随地震属性的快速发展，在实际应用时却由于缺乏经验和指导，也没有对所有地震属性所代表的地质意义进行分析，很多地震属性被不加分辨地使用，研究人员对地震属性失去信任，致使这一阶段后期，地震属性的研究从高潮跌入低谷。第三个阶段是20世纪90年代后，称为基本成熟阶段。伴随着三维地震勘探技术的日趋成熟，多维属性的出现成为这一时期地震属性发展的主要标志。20世纪90年代初出现的以相干、倾角、方位角等为代表的多维属性，能够直观地反映地层的构造信息，如倾角、倾向、断裂带、裂缝和孔洞发育带等，得到了研究者的广泛认同。除了多维属性的不断涌现，地震属性应用方法也得到了规范和发展，这一时期出现的地震属性的应用方法包括地震属性交会分析（以叠前AVO交会分析为代表）、地震

4 地震属性分析技术

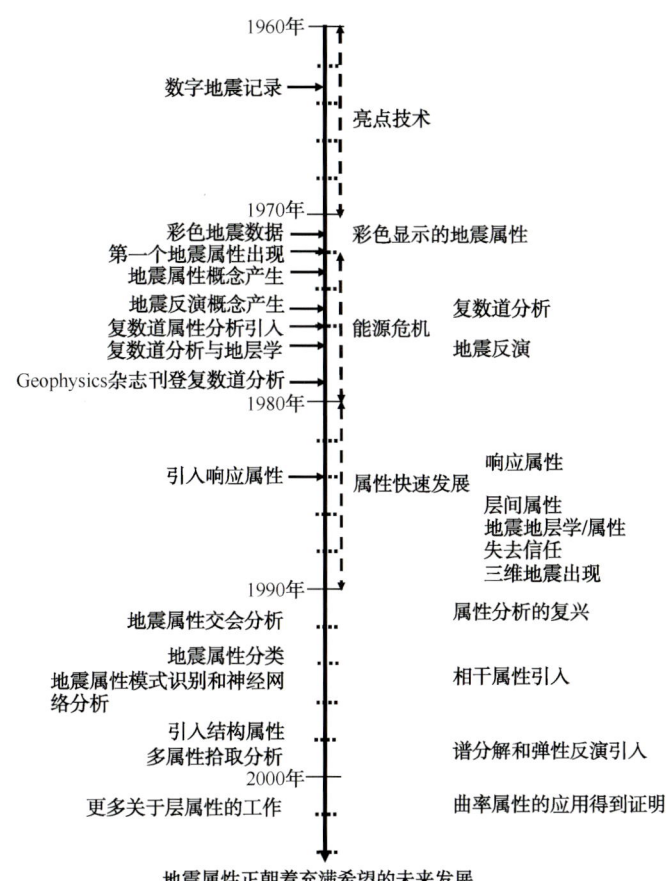

图 4-1-1 地震属性发展与地震勘探技术主要进步关系时间线[49,52]

属性自动模式识别、神经网络应用于多属性分析、可视化的增强以帮助进行精确的地震解释等。地震属性的研究开始向着规范科学的方向蓬勃发展[48,51]。

以储层预测为目标的地震属性研究主要包含地震属性分类、地震属性提取、地震属性优化和储层预测方法 4 个方面的内容。

4.2 地震属性的分类及描述

4.2.1 地震属性的分类

要利用地震属性分析技术，首先需要对地震属性的分类进行了解。从不同角度考虑，不同学者对地震属性分类进行了研究，在地震属性发展的第二个阶段，大量地震属性从地震数据中被提取出来。到目前为止，可以从叠后地震数据中提取的地震属性多达百种，面对数量巨大的地震属性，属性分类成为一个不可回避的问题。从 20 世纪 90 年代开始，地震属性的不同分类方法就相继开展起来。目前普遍认可的分类方法有以下几种：Taner 等（1994）将地震属性分为几何属性和物理属性两类[53]，Brown（1996）将地震属性分为时间、振幅、频率和衰减 4 类（图 4-2-1）[54]，Chen 等（1997）提出了两种属性分类方法：

一种是基于地震波的动力学和运动学特征将地震属性分为振幅、波形、频率、衰减、相位、相关、能量和比率八类（图4-2-2）；另一种是基于储层的地质特征将地震属性分为亮点与暗点、不整合圈闭或断块脊、含油气异常、薄储层、地层不连续性、石灰岩和碎屑岩储层差异、构造不连续性和岩性尖灭八大类（图4-2-3）[46]。Liner等（2004）将属性分为基本属性和特殊属性[55]，随后Chopra和Marfurt（2005）在此基础上补充了第三类属性即复合类属性[48]。

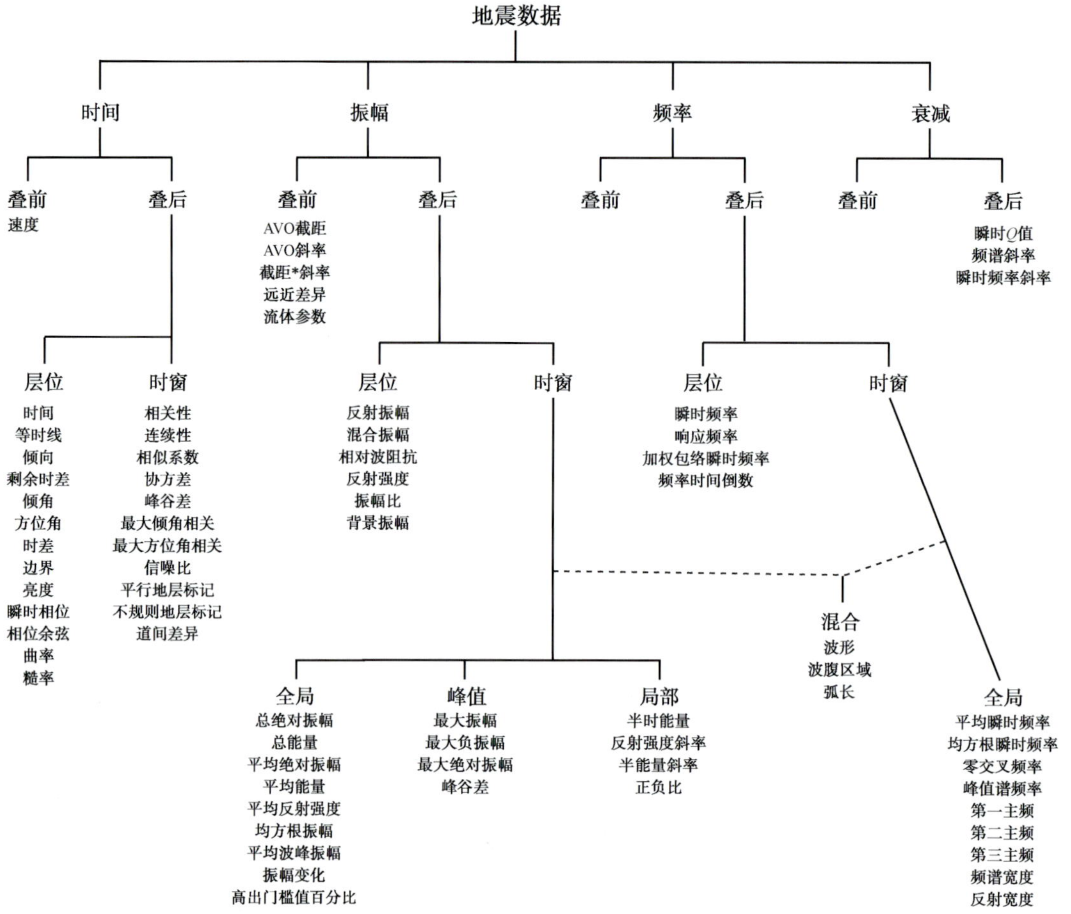

图 4-2-1　Brown 分类图[53]

4.2.2　常用地震属性的具体描述

4.2.2.1　地震瞬时谱属性[56]

Gabor于1946年提出复信号的概念并将其应用于电子工程领域；1979年，Taner等人提出了复地震道的概念，并利用复地震道分析的思想来提取地震资料的瞬时谱属性（瞬时频率、瞬时相位和瞬时振幅）进行地震资料分析；Barnes提出用瞬时带宽、瞬时主频、瞬时Q值与其他瞬时谱属性配合进行地震资料分析[57,58]。瞬时谱属性的求取需要利用Hilbert变换，假设实际地震道$S_r(t)$为复地震道信号$S(t)$的实部，即

$$S(t) = S_r(t) + jS_i(t) \tag{4-2-1}$$

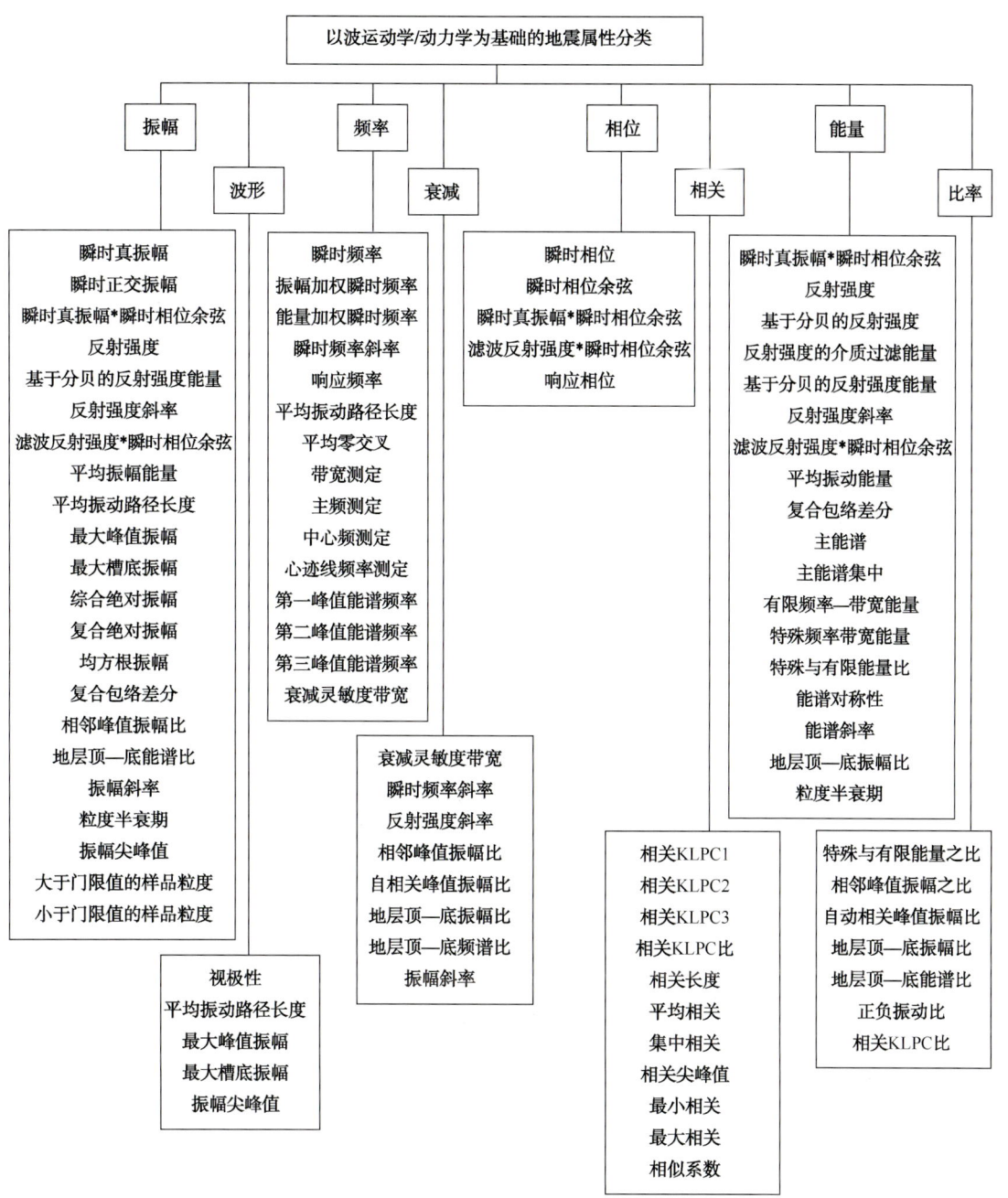

图 4-2-2　Quincy Chen 分类图（基于波动学/动力学特征）[46]

其中，j 为虚数单位，$j=\sqrt{-1}$。根据该解析信号 $S(t)$，对瞬时谱属性做如下定义，即

$$A(t)=\sqrt{S_r^2(t)+S_i^2(t)} \tag{4-2-2}$$

$$\varphi(t)=\tan^{-1}\left(\frac{S_i(t)}{S_r(t)}\right) \tag{4-2-3}$$

$$f(t)=\frac{\mathrm{d}\varphi(t)}{2\pi\mathrm{d}t} \tag{4-2-4}$$

图 4-2-3 Quincy Chen 分类图（基于储层特征）[46]

$$\sigma(t) = \frac{1}{2\pi A(t)} \left| \frac{\mathrm{d}A(t)}{\mathrm{d}t} \right| \qquad (4\text{-}2\text{-}5)$$

$$f_d(t) = \sqrt{f^2(t) + \sigma^2(t)} \qquad (4\text{-}2\text{-}6)$$

$$Q(t) = \frac{f(t)}{2\sigma(t)} \qquad (4\text{-}2\text{-}7)$$

式中，$A(t)$、$\varphi(t)$、$f(t)$、$\sigma(t)$、$f_d(t)$ 和 $Q(t)$ 分别表示瞬时振幅、瞬时相位、瞬时频率、瞬时带宽、瞬时主频和瞬时 Q 值。

瞬时振幅（又称反射强度或振幅包络）的值与相位无关，它可能在实数地震道的非波峰或波谷位置得到最大值，尤其在某一同相轴为多个反射层叠加得到的情况之下。瞬时振幅的高值通常指示相邻岩层之间存在明显的岩性变化或指示气体的聚集，因此瞬时振幅属性可以用于判断地下介质与岩性相关的性质。

瞬时相位主要表现地震同相轴的连续性。瞬时相位是一个与时间采样点对应的值，因此它和与频率相关的相位（比如傅里叶变换得到的相位）的概念是完全不同的。在瞬时相位的显示中，真实地震道中的波峰、波谷和过零点都是用同一种颜色显示，以便于道与道之间的同相轴追踪。由于瞬时相位与反射强度无关，因此它可以使弱同相轴得到更清楚的显示。当地震波在均匀介质中传播时，相位是连续的，而当地震波在存在异常体的介质中传播时，相位会在异常体所在位置发生显著变化，在瞬时相位的剖面显示中出现明显的不连续。因此，瞬时相位属性可以有效指示同相轴不连续、断层、地层尖灭、棱角和不同倾角产状的同相轴互相干涉的情况。

瞬时频率是瞬时相位的时间导数，是地震波传播效应与沉积特征的响应。它可以作为低频异常的烃类指示，也可以作为地层厚度的指示：低频指示厚层，高频指示薄层。此外，它可以反映地层的岩性变化或构造断裂，当地震波通过不同介质界面或断裂破碎区域时，频率将会发生明显变化，这种变化在瞬时频率图像剖面中就能显示出来。

瞬时带宽是瞬时振幅时间导数的绝对值除以瞬时振幅，瞬时主频是瞬时频率和瞬时带宽的均方根值，瞬时 Q 值是瞬时频率与瞬时带宽之比。这三种属性都是三瞬属性的补充，用于揭示地震数据中的一些细节特征。瞬时带宽属性比瞬时振幅的值稍小，它的高值所在位置指示新的子波到达。瞬时频率和瞬时带宽都会在高衰减区域的下面记录到一个低频阴影，因此两种属性配合使用可以使解释结果更加可信。这三种属性都可以用于识别地震数据的时变频谱特征，在地震属性分析中有着广泛应用。

4.2.2.2　时窗振幅类属性

时窗振幅类属性是直接在地震道数据上计算得到的指定时窗范围内的属性值。这类属性是时窗范围内振幅得到的平均属性，它们一般用于指示流体、岩性、储层孔隙度的变化，用于地层岩性相变分析、计算薄砂层厚度、识别亮点、暗点、烃类显示等。常用的时窗振幅类属性有均方根振幅、平均绝对振幅、平均振幅、平均波峰/波谷振幅、最大波峰/波谷振幅、能量值、振幅方差等。

4.2.2.3　统计类属性

统计类属性包括谱统计属性和序列统计属性两种。前者是对地震道的频谱特征进行统计，得到的属性如有效带宽、弧长、峰值谱频率等，这些属性可以揭示裂缝发育带、含气吸收区、调谐效应、岩性或吸收引起的子波变化；后者是直接对地震道特征进行统计，得到的属性如波峰/波谷数、过零点数、正负采样点比例、相邻波峰振幅比等，这些属性有助于区分进积/退积层序，分析主要的沉积趋势，区分整合沉积物、丘状沉积物和杂乱的沉积物。

4.2.2.4 断裂裂缝指示属性

相干性和曲率是两类非常重要的用于地层不连续、断裂、裂缝特征指示的属性。相干性是地震波形之间相似性的度量。高度相似的地震波形在地质上表示岩性横向上的连续。波形的快速变化指示地层中存在断层或裂缝。曲率属性的研究最早可以追溯到1994年，Lisle通过对露头的测量阐明了裂缝和曲率的关系[59]。2000年以后，关于曲率的研究开始兴起，曲率属性可以反映精细断层和微小裂缝，有利于地下地质细节的精细解释。

4.3 地震属性的提取

地震属性的提取就是对原始地震数据直接进行计算，或者变换到不同域进行计算，得到可以反映地震波几何学、运动学、动力学或统计学特征的物理量的过程。通过对这些物理量进行显示或者更进一步的处理，进而反映地下介质岩性特征、构造特征或储集物性特征，使之可以为地质解释和油藏工程服务。

4.3.1 地震属性提取方法和方式

地震属性的提取方法包括：直接从地震数据中提取时间、振幅、能量等信息；利用谱分解技术进行属性提取；利用多道相关提取相关类属性；利用复数地震道技术进行属性提取；基于小波变换的地震属性提取；利用分形方法提取地震道波形特征属性；利用道积分、波阻抗方法提取。

按照提取对象的不同，可以将地震属性的提取方式分为3类[60]：

（1）基于地震剖面的属性提取。采用该方法提取出的地震属性构成特殊的地震剖面，如三瞬剖面、波阻抗剖面和速度剖面等。

（2）基于同相轴的属性提取，也称基于层位或时窗的属性提取。它是从地震数据中提取与界面有关的时窗范围内的特征属性，提取出的地震属性可以反映界面、界面上下或界面之间属性变化的信息。若时窗范围设置很小，提取出的属性只反映一个同相轴信息，则属性为层位属性；若时窗范围设置较大，或者将时窗设置为两个界面之间的部分，则提取的属性为层间属性。这种属性提取方法在实际生产中应用较为普遍。

（3）基于三维地震数据体的属性提取。采用该方法可以得到三维属性体，可以反映地震道之间的地震信号的相似性和连续性，直观揭示地下构造和裂缝发育等信息，如目前应用非常广泛的三维相干数据体等。

4.3.2 属性提取窗口选取方法

大部分属性在提取时需要在选取的时窗内进行，按窗口选取方法不同，属性提取方法有四种：体属性提取、沿层垂直时窗属性提取、沿层水平窗口属性提取和层间提取属性。

（1）体属性提取方法是将整个地震剖面在某一段时窗内直接通过数学变换转换成属性剖面。

（2）沿层垂直时窗属性提取方法是对每一道地震记录均在目的层位上下某一固定时窗内提取属性。这种方法提取出来的属性主要用于研究具体某一目的层周围的地层变化。时窗大小的选取需要针对不同的研究目标和研究对象，时窗过大，会包含不必要信息；时窗过小，会丢失有效信息。在提取振幅类和混合类属性时，选取的时窗应尽量小，否则属性代表的是地层平均效应，造成其地质意义的不明确；在提取频谱类属性时，应选取较大时窗，否则在傅里叶变换时，会丢失一些频率成分[61]。

（3）沿层水平窗口属性提取方法是在各地震道的给定层位所在处，以该点为中心，在水平 x，y 方向取一定范围的矩形网格点，一般情况下取 3×3 范围共 9 个点，利用这 9 个点计算需要的地震属性。这种提取方法主要用于曲率属性的提取，着重于目标层水平方向的空间变化趋势，在刻画裂缝细节方面更为有效，更为灵活，不但可以展示整个数据空间的断裂系统分布情况，而且可以有针对性地提取构造面曲率、曲率剖面和曲率时间切片等，满足多种解释需要。

（4）层间提取属性方法是以给定两层位之间的时间间隔为时窗提取属性。由于时窗一般会比较大，地质物理意义可能会不明确。得到的属性通常表示两层位间地层的平均变化趋势，用于对储层的整体描述。

4.4 地震属性的优化

地震属性优化是多属性综合分析应用中一个非常重要的内容。目前，可以从地震数据中提取出来的地震属性多达百种，这些属性不可能全部用于目标储层的解释和预测，这是因为：（1）有些属性对目标储层特征的反映并不明显，而是反映某些干扰因素的变化，若对其不加鉴别地使用，会引起解释的混乱；（2）属性的增加会对计算造成困难，因为过多的数据会占用大量的内存，耗费大量的计算时间；（3）属性与属性之间存在信息的重复和冗余；（4）在利用地震属性进行储层预测时，地震属性的数目与训练样本数目需要满足一定的要求，因为当样本数量固定时，属性数目过多会造成分类效果变差[62]。基于以上理由，需要针对具体问题，从众多的地震属性中挑选一些对目标储层的解释比较敏感或有较好反映的属性或属性组合，即实现将属性由多变少的过程。

地震属性优化是依靠专家经验或使用数学方法，从提取出的众多属性中选择对所求解问题最敏感（或最有效、最具代表性）的个数最少的地震属性组合，以提高储层预测的精度，改善与地震属性相关的处理和解释方法的效果。

地震属性优化之前，需要对原始地震数据进行预处理，预处理主要包含地震数据的规则化和地震数据的平滑处理两方面内容[63]。地震属性的优化方法大体上可以分为两大类：地震属性降维和地震属性选择。

4.4.1 地震属性预处理

不同地震属性的量纲和数值量级之间存在差异，如果直接使用提取出的地震属性，会突出绝对值大的属性，减小绝对值小的地震属性对储层预测的贡献，因此需要对提取出的所有属性进行标准化处理，使它们的数值范围统一。常用的方法有下列几种。

4.4.1.1 标准差标准化

将属性的每个观测值减去所有观测值的平均值,再除以标准差。标准化后的观测值平均值为 0,标准差为 1。具体变换公式为

$$y_i = \frac{x_i - \bar{x}}{\sqrt{\frac{1}{N}\sum_{i=1}^{N}(x_i - \bar{x})^2}} \quad (4\text{-}4\text{-}1)$$

式中,y_i 表示标准化后的数据;x_i 表示某种属性的第 i 个值;N 表示该属性的观测值个数;$\bar{x}$ 表示该属性的观测平均值,$\bar{x} = \frac{1}{N}\sum_{i=1}^{N}x_i$;分母表示该属性观测值的标准差。

4.4.1.2 极差标准化

将属性的每个观测值减去所有观测值的平均值,再除以观测值的极差。具体公式为

$$y_i = \frac{x_i - \bar{x}}{x_{\max} - x_{\min}} \quad (4\text{-}4\text{-}2)$$

式中,y_i 表示标准化后的数据;x_i 表示某属性的第 i 个值;$\bar{x}$ 表示该属性的观测平均值,$\bar{x} = \frac{1}{N}\sum_{i=1}^{N}x_i$,其中 N 表示该属性的观测值个数;分母表示该属性观测值的极差。

4.4.1.3 极差正规化

将属性的每个观测值减去所有观测值的最小值,再除以观测值的极差。变换后观测值的范围变成 0 到 1。具体公式为

$$y_i = \frac{x_i - x_{\min}}{x_{\max} - x_{\min}} \quad (4\text{-}4\text{-}3)$$

式中,y_i 表示规则化后的数据;x_i 表示某属性的某个值;$x_{\min}$ 表示该属性的观测最小值;分母表示该属性观测值的极差。

在实际操作中,通常采用极差正规化方法将地震属性进行标准化。

地震属性的提取难免会受到噪声的干扰,使得提取的属性存在"野值","野值"的存在进一步导致模式识别中出现假异常,影响最终的预测或解释结果。因此对地震数据进行平滑以去除噪声的影响是必要的,常用的方法有中值滤波和滑动加权平均等。

4.4.2 地震属性降维

地震属性的降维处理是指通过空间映射或数学变换方法,将地震属性空间由高维压缩至低维,去除原始地震属性中的冗余信息,得到少数更有代表性的地震属性。地震属性的降维方法可以分为线性降维和非线性降维两种,其中线性降维方法有主成分分析和独立成分分析,非线性降维方法有核主成分分析、局部线性嵌入和等距映射法等。目前应用较广泛的是线性降维方法,非线性降维方法因为计算复杂、运算量大、效率不高而未能普及,然而地震属性间的关系并不是线性的,因此在保证计算效率的前提下,推广地震属性的非线性降维方法是未来的发展趋势。下面分别介绍主成分分析优化方法和核心成分分析优化方法。

(1) 主成分分析优化方法。

该方法由 Karhunen 于 1947 年提出，Loeve 于 1963 年对其进行了归纳总结，因此主成分分析也被称为 K-L 变换[64]。从本质上讲，主成分分析就是将高维的数据通过线性变换投影到低维空间上去，在实际问题中，将多个向量（如多条测井曲线或多个地震属性）重新融合生成一组新的数量较少的向量来代替原来的向量。主成分分析需要遵循的指导思想是找出最能够代表原始数据的投影方法，因此被主成分分析降掉的维度只能是噪声或冗余的数据。主成分分析的处理目标是：降低原始数据的维数；最大限度地提取原始数据的信息；降维后得到的向量与原始向量之间的误差最小；将复杂数据以简单的方式可视化[65]。

协方差矩阵是主成分分析处理中的关键，协方差矩阵度量的是维度与维度之间的关系，协方差矩阵的主对角线上的元素表示各个维度上的方差（即能量），其他元素表示两两维度间的协方差（即相关性）。为了达到"降噪"的目的，需要使协方差矩阵中非对角线元素基本为零，通过矩阵的对角化即可实现，对角化后的新矩阵，对角线上的元素是协方差矩阵的特征值，表示各个维度上的新方差，也表示各个维度本身应该拥有的能量。通过对角化后，剩余维度间的相关性已经减到最弱，不再受噪声影响，这时再进行"去冗余"。对角化后的协方差矩阵，对角线上较小的新方差对应的就是那些应该去掉的维度，因此只取含有较大能量（特征值）的维度，其余舍弃即可。

主成分分析本质上是一种线性映射算法，它建立在原始向量之间存在线性关系的假设之上。对于复杂的情况来说，线性模型显得过于简单，无法反映复杂模式的内在规律。理论与实验都证明，复杂模式的特征之间往往存在着高阶的相关性，观测数据集呈现明显的非线性，因此主成分分析虽然具有简单、计算效率高、应用广泛等优点，但线性方法向非线性方法发展是研究趋势。

（2）核心成分分析优化方法。

该方法是一种基于核函数的主成分分析方法，关于核函数的研究最早是由 Vapnik 提出并应用于支持向量机方法中，Scholkopf 等将其应用于特征提取[66]。核主成分分析是一种成功的非线性处理方法，其基本思想是将输入空间经过非线性函数映射到高维线性可分的特征空间，然后在高维特征空间中使用 PCA 方法，实现原始数据的特征提取[67,68]。

从本质上讲，核函数方法实现了数据空间、特征空间和类别空间的非线性变换。假设 x_i 和 x_j 是数据空间中的两个样本点，数据空间到特征空间的映射函数为 $\boldsymbol{\Phi}$，核函数的基础是实现向量的内积变换，即

$$(x_i, x_j) \rightarrow K(x_i, x_j) = \boldsymbol{\Phi}(x_i) \cdot \boldsymbol{\Phi}(x_j) \tag{4-4-4}$$

非线性映射函数 $\boldsymbol{\Phi}$ 通常比较复杂，而实际运算中用到的核函数 K 则相对简单得多。研究表明，核函数必须满足 Mercer 定理：对于任意给定的对称函数 $K(x_i, x_j)$，它是某个特征空间中内积运算的充要条件是：对于任意不为零的函数 $g(x)$，满足

$$\int g(x)^2 \mathrm{d}x < \infty, \int K(x,y)g(x)g(y)\mathrm{d}x\mathrm{d}y \geq 0 \tag{4-4-5}$$

常用的核函数有以下几种：

①线性核函数 $K(x_i, x_j) = x_i \cdot x_j$；

② p 阶多项式核函数 $K(x_i, x_j) = [(x_i \cdot x_j) + 1]^p$；

③高斯径向基函数核函数 $K(x_i, x_j) = \exp\left(-\dfrac{\|x_i - x_j\|^2}{\sigma^2}\right)$；

④多层感知器核函数 $K(x_i, x_j) = \tanh[v(x_i \cdot x_j) + c]$，其中的 v、c 为标量。

假设 $X = [x_1, x_2, \cdots, x_m]^T$ 是输入空间的数据集，其中 $x_i (i = 1, 2, 3, \cdots, m)$ 是 n 维向量，m 表示数据集中的样本个数。假设存在一个非线性算子 Φ 可以将输入空间的样本数据映射到高维（甚至无限维）的希尔伯特空间，即

$$\Phi: \mathscr{R}^n \mapsto F$$
$$x_i \mapsto \Phi(x_i) \tag{4-4-6}$$

并且映射后的数据满足中心化条件，即

$$\sum_{i=1}^{m} \Phi(x_i) = 0 \tag{4-4-7}$$

则映射空间中 $\Phi(X)$ 的协方差矩阵为

$$C = \frac{1}{m} \sum_{i=1}^{m} \Phi(x_i) \Phi^T(x_i) \tag{4-4-8}$$

得到 C 的特征值 λ_1、λ_2、$\cdots$、λ_m 和特征向量 V，由于特征向量 V 为 $\Phi(x_1)$、$\Phi(x_2)$、$\cdots$、$\Phi(x_m)$ 张成的空间，即

$$V = \sum_{i=1}^{m} \alpha_i \Phi(x_i) \tag{4-4-9}$$

特征值和特征向量满足 $\lambda V = CV$，等式两边分别乘以 $\Phi^T(x_j)$，且定义 $m \times m$ 的矩阵 K，$K_{ij} = [\Phi(x_i), \Phi(x_j)]$，有

$$\lambda \cdot \Phi^T(x_j) \cdot V = \lambda \left[\sum_{i=1}^{m} \alpha_i \Phi^T(x_j) \Phi(x_i) \right] = \lambda \left(\sum_{i=1}^{m} \alpha_i K_{ij} \right) = \lambda (K\alpha)_j \tag{4-4-10}$$

$$\begin{aligned}
\Phi^T(x_j) \cdot C \cdot V &= \Phi^T(x_j) \cdot \frac{1}{m} \sum_{l=1}^{m} \Phi(x_l) \Phi^T(x_l) \cdot \sum_{i=1}^{m} \alpha_i \Phi(x_i) \\
&= \frac{1}{m} \sum_{l=1}^{m} \sum_{i=1}^{m} \alpha_i [\Phi^T(x_j) \Phi(x_l) \cdot \Phi^T(x_l) \Phi(x_i)] \\
&= \frac{1}{m} \sum_{l=1}^{m} \sum_{i=1}^{m} \alpha_i K_{jl} K_{li} \\
&= \frac{1}{m} (K^2 \alpha)_j
\end{aligned} \tag{4-4-11}$$

左右两式联立，有

$$m\lambda\alpha = K\alpha \tag{4-4-12}$$

由于 K 是半正定的，并且其解与 $m\lambda$ 等价，因此，只需要对角化 K，利用 $\lambda_1 \leqslant \lambda_2 \leqslant \cdots \lambda_m$ 表示特征值，α_1、α_2、$\cdots$、α_m 表示对应的特征向量。在前面推导中指出映射后的 $\Phi(x)$ 需要满足均值为零的条件。对于不满足的情况，对核矩阵 K 应作相应的修正，即

$$\widetilde{K}_{ij} = K_{ij} - \frac{1}{m} \left(\sum_{w=1}^{m} K_{iw} + \sum_{w=1}^{m} K_{wj} \right) + \frac{1}{m^2} \sum_{w,\tau=1}^{m} K_{w\tau} \tag{4-4-13}$$

这里特别需要说明的是，KPCA 和 PCA 有一个本质上的区别，PCA 是基于指标（维度）的，而 KPCA 是基于样本的。PCA 是直接在输入空间中对角化协方差矩阵，非零特征根的数目最多为 n（样本向量的维数）；而 KPCA 是在高维特征空间中对角化核矩阵 K，非零特征根的数目最多为 m（样本个数）。在标准的核主成分分析计算过程中，空间复杂度为

$O(m^2)$，对核函数矩阵进行特征分解的时间复杂度为 $O(m^3)$，因此，当样本数据量较大时，KPCA 的计算复杂度比 PCA 要高出很多。

4.4.3 地震属性选择

地震属性选择方法大致可以分为 4 类[69]。

（1）专家经验法。

专家经验法包括专家选定属性组合和专家指定优选属性准则两种方式来选择属性。该方法建立在经验基础上，主观性大，对属性的地质意义和工区的地质概况都要有相当程度的了解。

（2）数学理论法（也称自动优选法）。

数学理论法是利用数学方法进行属性的优选，如属性比较法、顺序前进/后退法、神经网络法、遗传算法、粗集理论决策分析法等。此类方法的优点是减少了人为的工作量，并且不需要对工区和地震属性的含义有深入的理解，优选的过程比较客观。此类方法的缺点是缺乏人为主观判断，不易判断可信度高低，优选出的地震属性缺乏明确的物理意义。

（3）专家经验与数学理论结合法。

这种方法是对前两种方法的折中，在客观操作中加入了一定的主观因素，对属性的优选具有一定的人为控制作用。

（4）正演模拟确定法。

利用测井、岩心等资料建立一定条件下的地质模型，然后研究各个地震属性在该模型下的地震响应，将可以反映储层特征的地震属性挑选出来并进行分类。该方法的优点是地质意义明确，缺点是需要很多先验信息来建立相对准确的地质模型，模拟的精确性难以保证。

总的来说，用于模式识别或油藏描述的地震属性选择需要遵循以下原则[62]：不同研究区域应以该区域的地质特征为基础进行属性的选择；岩性、地层结构、含油气性、断裂等不同的解释目标应选择不同的地震属性；应选择对所求解目标最灵敏、物理意义明确的地震属性参与运算；若存在若干个对目标的异常特征反映相似的地震属性，选择其中一个即可；参与综合分析和解释的地震属性一般在 3 到 9 个为佳。

4.5 地震属性储层预测

4.5.1 多属性聚类分析

聚类分析法是指将具有相同或相似特征的数据对象归为一类来进行分析的方法。归类完之后，相同类的数据相似度高，不同类的数据差异很大，最早于 20 世纪 80 年代开始应用于地震勘探领域，称之为地震多属性聚类分析。多属性聚类分析法是一种从海量数据中快速优选有效信息的数学分类方法，在无井条件下也可适用，其关键步骤在于聚类方法的选择。常规聚类算法大多具有单一性或继承性的特点。参考文献 [70] 对国内外不同的聚类方法进行了研究（图 4-5-1），详细阐述了基于量子蒙特卡罗的变尺度聚类方法，该方法可以显示不同属性的细节特征，弥补传统方法的不足。

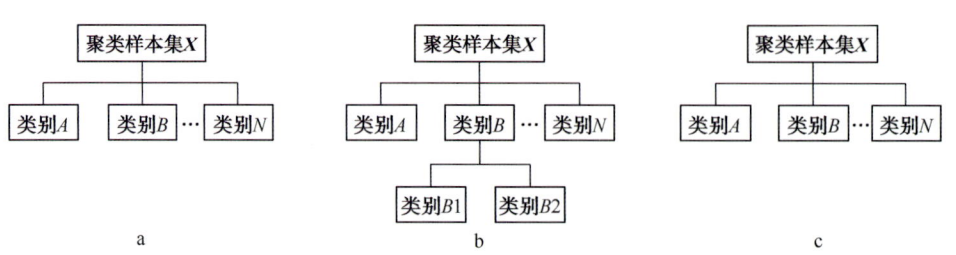

图 4-5-1　不同聚类方法示意图
a—单一聚类；b—继应性聚类；c—变尺度聚类

目前实际处理中可提取的地震属性多达 200 多种，这些属性中部分物理意义已知，部分物理意义未知。实际处理过程中需要对这些属性进行处理，直接或间接地放大属性差异。地震多属性聚类分析关键步骤如下[71]：

（1）对提取的地震属性进行单独显示，筛选对储层敏感的属性参数，确定油藏的空间范围；

（2）应用聚类分析方法对筛选出的属性参数进行分析（如相关分析、交会分析等），确定油气分布范围，进行储层预测。

4.5.2　井震联合属性分析

井震联合属性分析技术是在建立储层参数与（一种或多种）地震敏感属性相关关系的基础上，通过多元回归、神经网络、模糊数学、灰色系统等数学统计方法，定量预测储层厚度或物性参数的一种储层预测方法，适用于钻井多且平面分布均衡、地震资料品质较好的地区。该技术在应用过程中以地震数据为主，同时需要利用测井数据来共同控制，因此也可称为地震多属性综合分析技术。

井震联合属性分析技术流程如图 4-5-2[72]所示，关键步骤如下：

（1）综合利用从测井数据提取的储层参数信息对地震数据信息进行可靠性评估，参照测井曲线对目的层段进行精细的层位解释。

（2）根据目的储层信息和测井资料确定提取地震属性的时窗。若时窗过大，噪声影响严重；若时窗过小，不能满足地震分辨率的要求。

（3）根据目的层位置及时窗大小沿层提取地震属性，并对提取的地震属性进行预处理，包括数据标准化、剔除异常值和平滑滤波等。

（4）属性分析及优化。对提取的属性进行单独可视化显示，从有效数、离散度和相关性等方面优选出与储层相关性强的参数，运用数学变换（如 K-L 变换）对优选的属性进行组合优化，提高预测精度。

（5）综合利用各种预测方法对储层参数进行定量预测，并结合测井等资料评价预测结果的可靠性。

4.5.3　波形分析

野外地震记录是离散采样的，不同采样点之间根据相对振幅强弱对应不同的形状分布，最终在地震道上显示为特征不同的波形。地震波形分析技术就是利用这种波形差异来识别地下地质体的。波形显示是地震数据运动学特征、动力学特征和图像学等特征的一种显示

4 地震属性分析技术

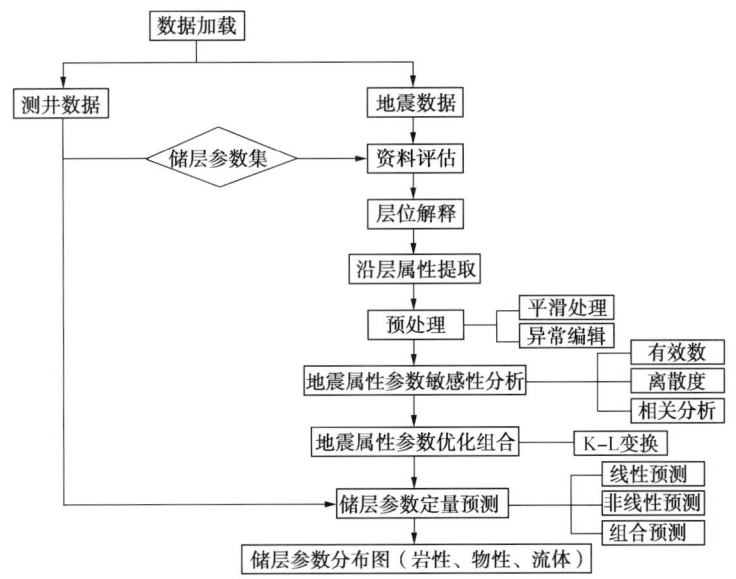

图 4-5-2　井震联合属性分析基本流程[72]

方式。在一个特定的地区,地震波形主要反映一种特定的地震响应,这是利用波形分析技术的前提条件。

波形特征的变化主要由纵向沉积序列和横向非均质性所控制,也就是说,纵向上岩性及厚度的变化和横向非均质性都能够引起波形变化。所以说,通过研究地震波形,同样能够得出与地层岩性、油藏含油气性等相关的储层参数,至少可以作为一种定性说明的有效手段。

波形分析技术在非均质性强的储层中应用效果明显,主要在多井地区应用。参考文献[73] 系统地探讨了利用波形分析技术进行裂缝预测的方法,实际应用获得高产油流。具体实现步骤如下:

(1) 选取时窗长度。

根据实际资料选取合适的时窗长度来估算地震道之间的相似性,一般选取 20~100ms。若时窗过小,噪声影响严重;若时窗过大,会掩埋有效信息细节。当实际资料信噪比较高时,可以适当地选取小时窗。

(2) 建立神经网络训练组,合成模型道。

根据精细地震解释的结果建立研究层段,并对层段内的实际地震数据进行神经网络训练,反复迭代摄动合成模型道;工区较小时,可以直接使用所有记录进行神经网络训练,工区较大时,可以适当抽稀地震道来提高计算效率。

(3) 分析模型道,对地震数据分类。

通过分析不同道之间的差别累积波形曲线,基于地质目标,利用神经网络技术对地震数据进行分类,一般分类数在 5~15 之间。若分类数过小,结果粗糙,不能识别细节特征;若分类数过大,结果详细,影响工作效率。

(4) 建立地震裂缝相图。

根据地震数据分类结果,分别构建相应的地震裂缝相图,通过对比分析模型道和实际地震道的波形差异来研究地震裂缝相的变化。

（5）用井数据拟合验证利用实际测井数据检验地震裂缝相图是否正确，对于不准确的井段，需要重复步骤（3）~（5），直到满足要求。

4.5.4 谱分解技术

谱分解技术是目前应用较多的一种地震属性分析技术，自20世纪80年代以来，国内外学者对其进行了大量研究，证实了谱分解技术在薄层预测、碳酸盐岩储层预测、小断层识别和烃类检测等方面的应用优势。谱分解技术就是指利用某些数学变换将叠后时间域数据转换为频率域数据进行处理，通过直接研究地震数据的振幅谱和相位谱等频谱信息来识别地下地质体[74]。

谱分解技术处理过程中采用短时窗进行数据分析，可以弥补传统长时窗不能识别薄层反射的不足，两者的区别在于：（1）传统方法中，信号为无限长，而谱分解技术时窗一般小于60ms；（2）传统方法中，反射系数和噪声为白噪，频谱形态为梯形；而谱分解技术中，反射系数和噪声没有白噪特点，薄层振幅谱有频陷（图4-5-3）。

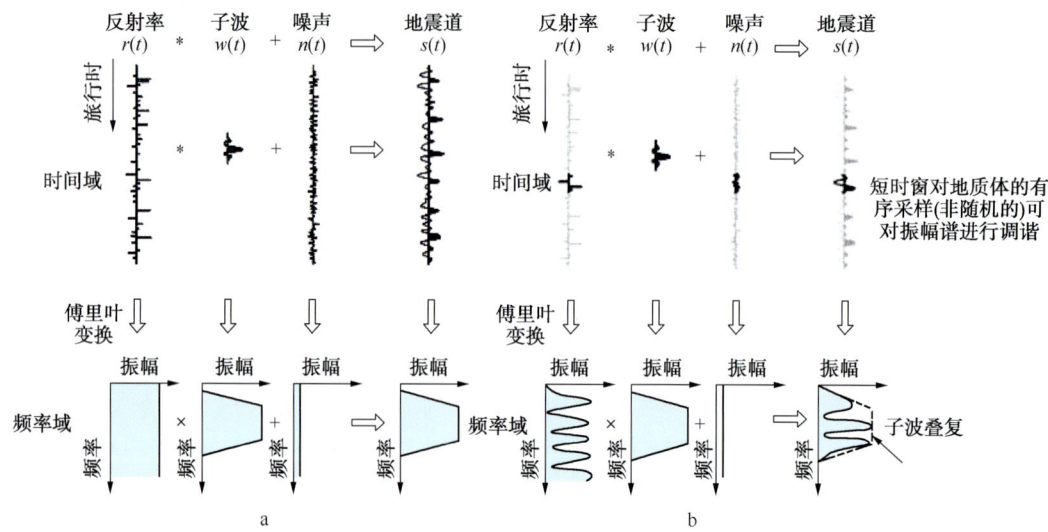

图4-5-3 长、短时窗的频谱分解及其与褶积模型的关系[75]
a—长时窗的频谱分解及其与褶积模型的关系；b—短时窗的频谱分解及其与褶积模型的关系

利用频谱分解技术主要可以产生调谐数据体和共频数据体。调谐数据体又可以分为振幅调谐数据体和相位调谐数据体两种，振幅调谐数据体在研究薄储层平面分布特征中应用较多，相位调谐数据体在识别构造边界上效果显著[76]。调谐数据体处理流程如图4-5-4所示，具体步骤如下：

（1）对叠后地震数据目的层段进行精细的解释，得到解释后的三维地震数据；
（2）提取目的层数据体，利用短时傅里叶变换进行数据域转换，得到目的层频率域数据体；
（3）对所有调谐体频率切片进行动画显示，对薄层干涉等进行分析。

共频数据体也叫做离散频率能量数据体，是另一种表征储层特征的方法。在地震数据有效频带范围内，通过数学变换可以获得一系列时间域的离散频率能量数据体，这些数据体是针对特定频率的，可用于断层解释和流体识别。共频数据体处理流程如图4-5-5所示。

4 地震属性分析技术

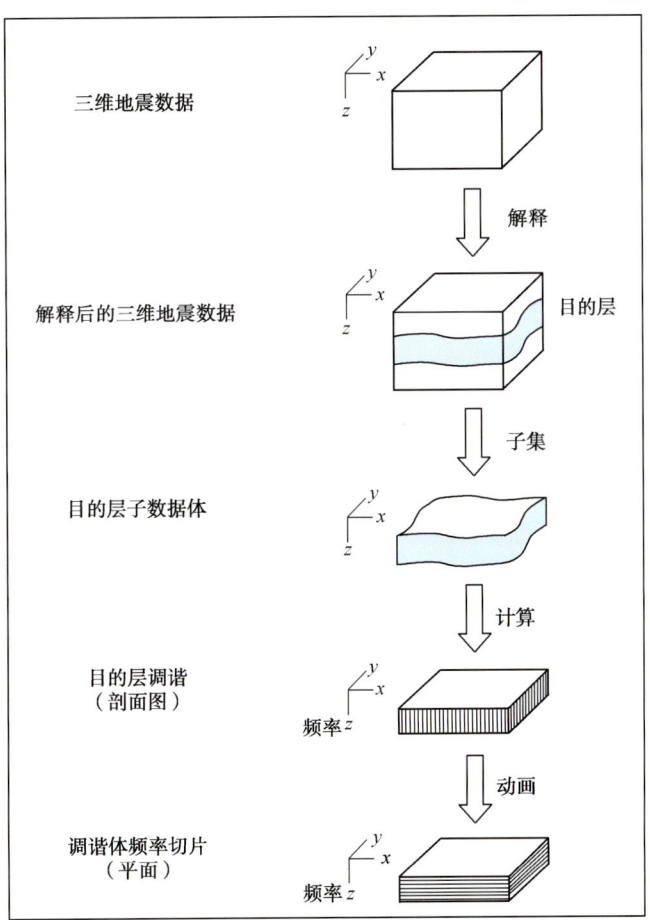

图 4-5-4 目的层调谐数据体处理流程[75]

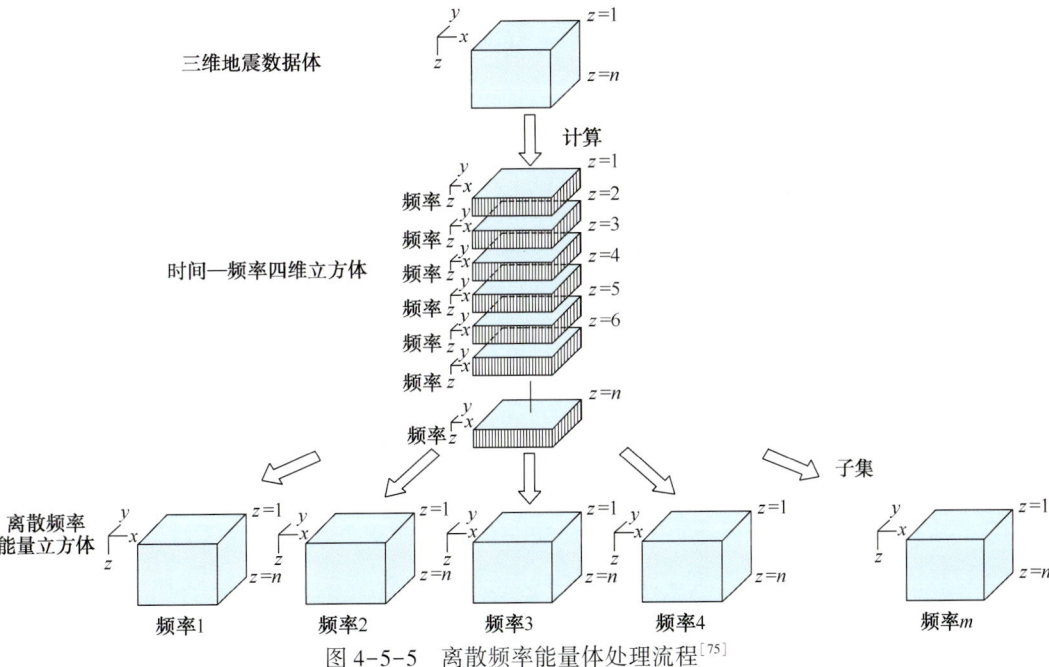

图 4-5-5 离散频率能量体处理流程[75]

5 地震反演技术

5.1 地震反演简介

地震反演,也叫做弹性波阻抗反演,是地震正演的逆过程(图 5-1-1)。它是指以地质、钻井和测井等资料为约束条件,充分利用地表观测到的地震资料对地下地质构造成像,即将界面型的地震反射转换成岩层型的波阻抗剖面。地震反演技术能充分发挥地震资料横向分辨率高的优势,是地震储层预测的关键技术之一。

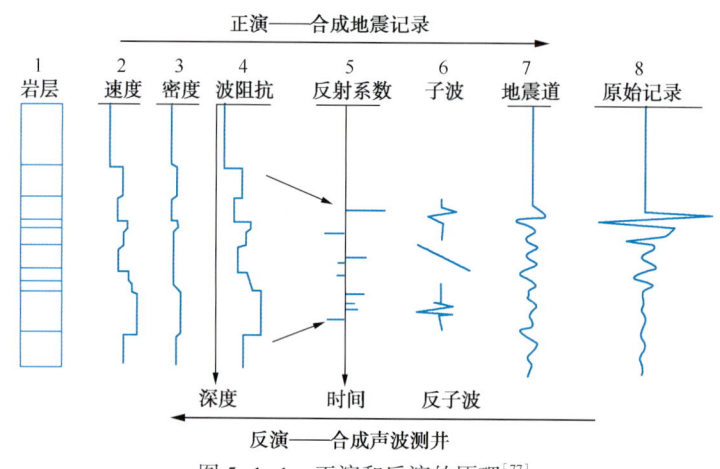

图 5-1-1 正演和反演的原理[77]

在针对不同类型隐蔽圈闭勘探的实践中,地震反演储层预测技术日渐丰富和成熟,从道积分反演到递推反演、测井约束反演,从叠后反演到叠前反演,从单一反演到不同反演的结合,地震储层预测的精度越来越高。很多商业软件公司都纷纷推出了不同的地震反演模块,如 Jason、Paradigm、Seislog、Glog、Strata、Emerge、ISIS 等。

在叠后反演方法中,道积分、递推反演适用于少井或无井的新区,对井、地震资料的要求较低,技术流程简单,分辨率较低。测井约束反演适用于多井且纵波阻抗对储层有较好辨识能力的地区,其流程较复杂,对测井、地震资料的要求相对较高。反演结果分辨率较高,由于不利用 AVO 信息,具有多解性[78]。

叠前地震反演能充分利用叠前地震资料的 AVO 信息,可以解决"储层与围岩纵波阻抗叠置地区"的储层预测问题,相应地,对井、地震资料的要求更高,技术流程更复杂。它与叠后反演的主要区别在于:(1)叠后反演的声阻抗计算公式仅考虑了纵波速度和密度,只能部分表述岩石弹性特征;而叠前反演的计算公式不仅考虑了纵波速度和密度,还考虑了入射角的影响,能充分利用由速度和密度计算的反射系数与反射界面两侧岩石的纵波、横波速度、密度等参数的关系,更符合地下岩石的弹性特征。(2)野外采集过程中,地震采集的炮点和检波点存在炮检距,即地震波基本上不是垂直入射的,而是存在一定的入射角。在地震资料叠后处理过程中,水平叠加的基础理论条件是地震记录自激自收、振幅不随炮检距变化,可见水平叠加损失了隐含在叠前地震道集中的 AVO 信息,并不符合实际的观测结果,因而叠后反演缺少了反映岩石特性的 AVO 信息(主要是横波信息)。叠前同时反演以道集数据为基础,充分利用原始资料中包含的岩性、物性信息,弥补了叠后资料处理的缺陷。(3)叠前反演所使用的测井资料更丰富,不仅有纵波数据,还包括横波、密度资料。在分析 v_P、v_S 关系时,还要进一步利用孔隙度、电阻率、自然伽马、自然电位等资料。特别是当岩石孔隙中含流体后,v_P 降低,储层和围岩纵波阻抗相差不大,岩性分布直方图明显重叠时,仅依靠叠后反演无法解决问题,而同时利用横波、纵波、密度及地震资料的 AVO 信息(泊松比、梯度、截距、纵横波速度比等),岩性和含油性的判断依据将更加充分,精度明显提高。

5.2 叠后地震反演

叠后地震反演技术是地震储层预测的关键技术之一,其基础假设为反射系数垂直入射。进行叠后地震反演的意义在于将反映构造信息的地震剖面,转换成反映岩性信息的波阻抗剖面,叠后地震波阻抗反演就是通过对叠后地震数据分析与处理的过程,将叠后地震记录道转换成波阻抗剖面或伪速度剖面,其依托的数学模型是一维褶积模型,即

$$s(i) = \sum_{j} r(j)w(i-j+1) + n(i) \tag{5-2-1}$$

式中,$r(j)$ 表示垂直入射的时间域反射系数;$w(i)$ 表示地震子波,一般假定其是稳定的;$n(i)$ 表示噪声。(5-2-1)式假定多次波等褶积性噪声已经过去除或压制,在地震数据中所占的比例可以忽略不计。

叠后地震波阻抗反演可看作是求解反射系数序列的过程,因为波阻抗与反射系数存在如下的密切关系,即

$$r(j) = \frac{I(j) - I(j-1)}{I(j) + I(j-1)} \tag{5-2-2}$$

式中,$I(j) = \rho(j)v(j)$,表示波阻抗;$\rho(j)$ 表示密度;$v(j)$ 表示速度。

叠后地震波阻抗反演主要涉及地震子波提取问题及波阻抗反演非唯一性问题的处理。

假设地震波是垂直界面入射的平面波,地震子波 $w(t)$ 不随传播的时间、空间而变,地震记录 $s(t)$ 已经过必要的振幅补偿并消除了多次反射和其他干扰,反射系数 $r(t)$ 已从声波测井曲线计算得知,于是可以进行地震子波及反子波提取。

(1)地震子波求取法。

以反射系数 $r(t)$ 作为输入,地震记录 $s(t)$ 作为期望输出,求取滤波器,即地震子波 $w(t)$,使得反射系数 $r(t)$ 经过该滤波器后,其输出为地震记录 $s(t)$,即

$$\boldsymbol{S} = \boldsymbol{R}\boldsymbol{W} \tag{5-2-3}$$

式中,$\boldsymbol{W} = [w(1), w(2), \cdots, w(m)]^T \in \mathscr{R}^{m \times 1}$;

$\boldsymbol{S} = [s(1), s(2), \cdots, s(n+m)]^T \in \mathscr{R}^{(n+m) \times 1}$;

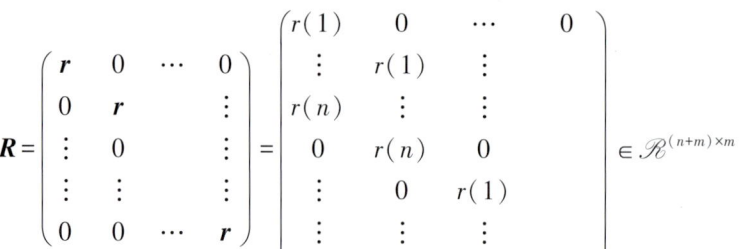

$$r = [r(1), r(2), \cdots, r(n)]^T \in \mathscr{R}^{n \times 1}$$

由（5-2-3）式得

$$(R^T R + \lambda I) W = R^T S \quad (5\text{-}2\text{-}4)$$

式中，$R^T R$ 为输入信号（即反射系数）自相关；$R^T S$ 为输入信号与期望输出（即地震记录）互相关；为了确保有稳定解，需要引入白噪因子 λ；I 为单位矩阵。一般采用托布尼兹递推法求取（5-2-4）式中的地震子波 W，当然也可以采用矩阵求逆的方法求取地震子波，即

$$W = (R^T R + \lambda I)^{-1} R^T S \quad (5\text{-}2\text{-}5)$$

其中要求方阵 $R^T R$ 为满秩。

(2) 地震反子波求取法。

以地震记录 $s(t)$ 作为输入，反射系数 $r(t)$ 作为期望输出，求取滤波器，即地震反子波 $w^{(-1)}(t)$，使得地震记录 $s(t)$ 经过该滤波器后，其输出为反射系数 $r(t)$，即

$$R = S W^{(-1)} \quad (5\text{-}2\text{-}6)$$

与（5-2-4）式相类似，可得托布尼兹递推法求取地震反子波 $W^{(-1)}$ 的矩阵方程为

$$(S^T S + \lambda I) W^{(-1)} = S^T R \quad (5\text{-}2\text{-}7)$$

矩阵求逆的方法求取地震反子波 $W^{(-1)}$ 为

$$W^{(-1)} = (S^T S + \lambda I)^{-1} S^T R \quad (5\text{-}2\text{-}8)$$

其中要求方阵 $S^T S$ 为满秩。

(3) 反褶积。

反褶积的主要作用是压缩子波，提高地震记录的垂向分辨率。

假设地震记录为 $s(t)$，相应的反射系数为 $r(t)$，反褶积的目的是寻找一个滤波因子，即地震反子波 $a(t)$，使得地震记录 $s(t)$ 经过滤波后的输出与反射系数 $r(t)$ 的误差最小，即

$$E = (SA - R)^p = \min \quad (5\text{-}2\text{-}9)$$

式中，$A = [a(1), a(2), \cdots, a(m)]^T \in \mathscr{R}^{m \times 1}$

$R = [r(1), r(2), \cdots, r(n+m)]^T \in \mathscr{R}^{(n+m) \times 1}$

$$S = \begin{pmatrix} s & 0 & \cdots & 0 \\ 0 & s & & \vdots \\ \vdots & 0 & & \vdots \\ \vdots & \vdots & & \vdots \\ 0 & 0 & \cdots & s \end{pmatrix} \in \mathscr{R}^{(n+m) \times m}, s \in \mathscr{R}^{n \times 1}$$

$s = [s(1), s(2), \cdots, s(n)]^T \in \mathscr{R}^{n \times 1}$

当（5-2-9）式中的模 $p=2$ 时，则最小平方误差为非负，取值为 0 得

$$\min(\boldsymbol{SA}-\boldsymbol{R})^2=0 \tag{5-2-10}$$

即 $\boldsymbol{SA}-\boldsymbol{R}=0$

由上式可得托布尼兹递推法求取地震反子波的矩阵方程为

$$\boldsymbol{S}^{\mathrm{T}}(\boldsymbol{SA}-\boldsymbol{R})=0 \tag{5-2-11}$$

若用矩阵求逆的方法求取地震反子波，则有

$$\boldsymbol{A}=(\boldsymbol{S}^{\mathrm{T}}\boldsymbol{S}+\lambda\boldsymbol{I})^{-1}\boldsymbol{S}^{\mathrm{T}}\boldsymbol{R} \tag{5-2-12}$$

其中要求方阵 $\boldsymbol{S}^{\mathrm{T}}\boldsymbol{S}$ 为满秩，把所有地震道与反子波相褶积，即完成 L_2 模地震反褶积。

当（5-2-9）式中的模 $p<2$ 时，设误差为 $\boldsymbol{y}\in\boldsymbol{R}^{(m+n)\times 1}$，且

$$\boldsymbol{y}=\boldsymbol{SA}-\boldsymbol{R} \tag{5-2-13}$$

构造对角矩阵 $\boldsymbol{Y}\in\mathscr{R}^{(m+n)\times(m+n)}$，且

$$Y_{ii}=|y_i|^{p-2} \tag{5-2-14}$$

改写（5-2-11）式成为

$$\boldsymbol{S}^{\mathrm{T}}\boldsymbol{Y}(\boldsymbol{SA}-\boldsymbol{R})=0 \tag{5-2-15}$$

则同样有矩阵求逆的方法求取地震反子波为

$$\boldsymbol{A}=(\boldsymbol{S}^{\mathrm{T}}\boldsymbol{YS}+\lambda\boldsymbol{I})^{-1}\boldsymbol{S}^{\mathrm{T}}\boldsymbol{YR} \tag{5-2-16}$$

其中要求方阵 $\boldsymbol{S}^{\mathrm{T}}\boldsymbol{YS}$ 为满秩。

设 k 为迭代次数，则由（5-2-13）、（5-2-14）、（5-2-16）三式可构造如下的迭代计算方法，即

$$\begin{cases}\boldsymbol{y}^{(k)}=\boldsymbol{SA}^{(k)}-\boldsymbol{R}\\ Y_{ii}^{(k)}=|y_i^{(k)}|^{p-2}\\ \boldsymbol{A}^{(k+1)}=(\boldsymbol{S}^{\mathrm{T}}\boldsymbol{Y}^{(k)}\boldsymbol{S}+\lambda\boldsymbol{I})^{-1}\boldsymbol{S}^{\mathrm{T}}\boldsymbol{Y}^{(k)}\boldsymbol{R}\end{cases} \tag{5-2-17}$$

把所有地震道与反子波相褶积，即完成 L_p 模地震反褶积。

在（5-2-9）式中，经常遇到工区内没有可用的测井反射系数的情况，为了在无井时实现反褶积处理，需要分别对地震子波和反射系数进行最小相位及白噪假设，地震道所包含的噪声是随机且白噪的，于是（5-2-12）式可改写为

$$\boldsymbol{A}=(\boldsymbol{S}^{\mathrm{T}}\boldsymbol{S}+\lambda\boldsymbol{I})^{-1}\boldsymbol{D} \tag{5-2-18}$$

其中，$\boldsymbol{D}=[1,0,0\cdots,0]^{\mathrm{T}}\in\mathscr{R}^{m\times 1}$。

（5-2-18）式可通过莱文森递推的方法来求取地震反子波，把所有地震道与反子波相褶积，即完成了 L_2 模最小平方地震反褶积。若修改 $\boldsymbol{D}$ 中"1"的位置，则可分别获得三种不同相位的反子波：最大相位、零相位和混合相位。

叠后地震反演是一种基于褶积模型的反演方法。按照实现方法的不同，可以派生出许多不同的方法。

5.2.1 道积分反演

道积分反演又称为连续反演，是一种以地震资料为基础的直接反演方法。在波阻抗随深度变化连续可微的假设条件下，逐层推导地层的相对波阻抗。

令 $\Delta I=I_{i+1}-I_i$，且假定 ΔI 很小，则反射系数

$$r_i = \Delta I/(2I_i + \Delta I) \approx \frac{1}{2}d(\ln I_i) \tag{5-2-19}$$

若对（5-2-19）式两边进行积分，则

$$\sum_{i=1}^{k} r_i = \frac{1}{2}(\ln I_{i+1} - \ln I_1) = \frac{1}{2}\ln(I_{i+1}/I_1) \tag{5-2-20}$$

可得

$$I_{k+1} = I_1 \exp\left(2\sum_{i=1}^{k} r_i\right) \tag{5-2-21}$$

写成积分的形式，则道积分相对波阻抗计算公式为

$$I(t) = I_0 \exp\left[2\int_0^t r(\tau)\mathrm{d}\tau\right] \tag{5-2-22}$$

式中，I_0 是地表处的波阻抗；$r(\tau)$ 是反射系数序列，通常指反褶积后"恢复了的宽带反射系数序列"。

道积分反演方法计算简单，实用性强，没有井资料也可以进行，在勘探初期即可应用。其缺点是：（1）受地震分辨率低的限制，不能识别薄层；（2）不能获得地层波阻抗和速度的绝对值；（3）计算结果是相对波阻抗值，不适用于储层参数的定量描述；（4）不受地质、钻井、测井资料的约束，计算结果不够精细[77,79]。

5.2.2 递推反演

递推反演又称为直接反演，是一种以地震资料为主、控制井资料为辅的地震反演方法，其本质是根据反射系数来推导地层波阻抗或层速度。

理想状况下（无噪声），地震记录的理论模型为

$$x(t) = r(t) * w(t) \tag{5-2-23}$$

式中，$x(t)$ 为地震记录；$r(t)$ 为地层脉冲响应，即地层反射系数；$w(t)$ 为地震子波；t 为记录时间。以地震记录为基础，经过反褶积处理，可以获得相关反射系数。

假设地震波垂直入射，则反射系数 r_i 与波阻抗的关系式为

$$r_i = (I_{i+1} - I_i)/(I_{i+1} + I_i) \tag{5-2-24}$$

I_i、I_{i+1} 分别代表第 i 层和第 $i+1$ 层的波阻抗，求解 I_{i+1}，则有

$$I_{i+1} = I_i(1 + r_i)/(1 - r_i) \tag{5-2-25}$$

当第 1 层的波阻抗 I_1 已知时，则有相对波阻抗递推公式为

$$I_{k+1} = I_1 \prod_{i=1}^{k}(1 + r_i)/(1 - r_i) \tag{5-2-26}$$

由地震记录与地层反射系数、地层反射系数与相对波阻抗的关系可知，递推反演的关键在于地层反射系数的估算。实际地震记录中，地震噪声无法回避，将影响地层反射系数和最终的反演结果。递推反演是以地震资料为主的反演方法，简单易行，可用于勘探初期有少量钻井的情况。基于控制井资料，能对反演层位进行质控，一定程度上可以提高反演结果的可靠性，但由于受地震分辨率低的限制，也不能识别薄层[77,79]。

5.2.3 测井约束反演

上述道积分反演和递推反演都属于直接反演方法，其反演过程完全受地震资料的控制。

受球面扩散和大地滤波影响,实际采集的地震资料是频带宽度有限,缺乏低频、高频信息的资料,而测井资料中包含完整的频率信息(图5-2-1)。测井约束反演也称为宽带约束反演(Broad-band Constrained Inversion,BCI),顾名思义,是一种利用测井资料来进行过程约束的地震反演方法,它能充分利用测井资料垂向分辨率高和地震资料横向分辨率高的优点,提高地层识别的分辨率[80]。

图5-2-1 测井资料与地震资料的频带范围对比

测井约束反演是一种基于波阻抗模型的反演方法,在井资料比较丰富的情况下应用较多。其技术流程如图5-2-2所示[80],具体步骤如下:

(1)对处理后的地震剖面和测井资料进行综合解释,建立符合工区地质概况的初始波阻抗模型。

(2)根据初始波阻抗剖面获得合成地震记录,然后与初始地震剖面进行作差比较。如果差值趋于0,输出初始模型作为反演结果;如果差值较大,求取深度、密度和速度等模型参数。

(3)以测井资料为约束条件摄动修改相关模型参数,重复步骤(2),直至最终合成地震记录与初始地震剖面差值趋于0。输出高分辨率波阻抗模型作为反演结果。

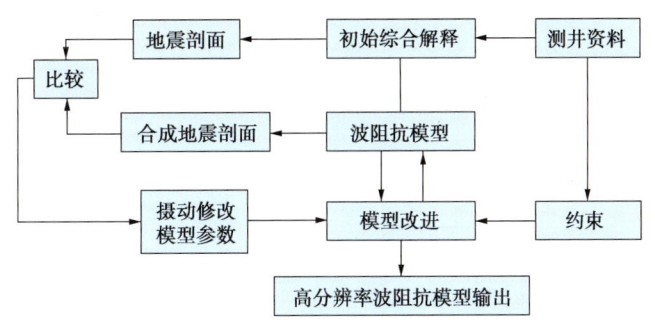

图5-2-2 测井约束反演技术流程[80]

测井约束反演所用的公式为

$$M_i = M_0 + [G^\mathrm{T} \cdot G + C_n \cdot C_m^{-1} I]^{-1} G^\mathrm{T}(S - D_i) \quad (5\text{-}2\text{-}27)$$

式中,M_i为第i次更新的波阻抗模型;M_0为初始波阻抗模型;G为灵敏度矩阵,由一系列偏导数组成;C_n为噪声协方差矩阵;C_m为模型协方差矩阵;S为初始地震记录;D_i为第i

次更新后的合成地震记录；M_i-M_0 为模型修改量；S-D_i 为剩余残差。

测井约束反演突破了传统直接反演方法中地震分辨率的限制，将测井资料的低、高频信息与地震资料的中频信息有机结合，获得了比较全面的频带范围。理论上可以提高反演精度，有利于识别薄层。一般在钻井数较多且井位分布均匀的情况下效果尤其明显，是储层精细描述的关键技术之一。缺点是技术流程复杂，且对原始地震记录和测井资料的要求相对较高，多解性强[80~82]。

5.2.4 多参数岩性反演

同测井约束反演类似，多参数岩性反演也是一种基于模型的反演方法，它是指将测井资料提供的对区分岩性比较敏感的储层参数与地震资料相关联，运用非线性函数映射和神经网络方法等技术手段，预测出整体岩性参数的反演方法。多参数岩性反演不仅可以获得常规反演方法能得到的波阻抗信息，还可以获得反映储层性质的孔隙度、泥质含量等地质特征参数，对某些特殊储层的识别具有独特优势。

运用多参数岩性反演首先需要建立一个思想：在同一模型层中，任意地震道数据都可以通过地震记录中的不同地震道加权求得。多参数岩性地震反演技术流程如图 5-2-3 所示[83]，具体步骤如下：

（1）数据准备，包括对测井资料进行分析校正和子波提取；

（2）输入叠后地震资料、校正后的测井资料和提取的子波，正演合成地震记录，进行综合解释。

（3）建立初始低频地质模型。根据地震解释层位构建大体地质框架，利用测井数据按照一定方式进行内插外推，建立一个平滑闭合的模型。

（4）进行主组分分析，剔出非特征成分。

（5）模型估算，涉及的参数有目的层的厚度和深度、子波的起始时间和道均衡因子。

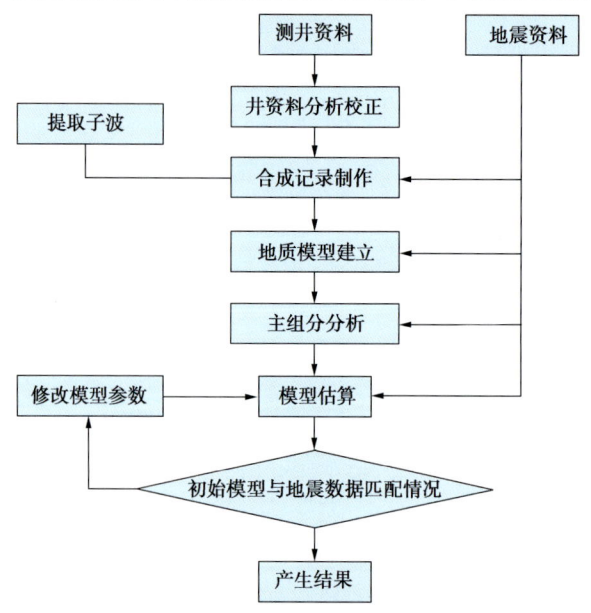

图 5-2-3 多参数岩性反演技术流程[83]

（6）判断模型与原始地震数据的相似程度。若相似度高，达到反演精度要求，可直接输出结果；若相似度低，不能满足要求，需要修改模型参数，重新估算判断，直至满足要求。

其中地质模型建立、主成分分析和模型估算等3个环节是多参数岩性反演的关键步骤。

多参数岩性反演在钻井数较多、井位分布均匀，且相关测井曲线特征敏感的情况下，效果突出，一般用于油气开发阶段中后期。

5.3 叠前地震反演

根据反演所用的地震资料进行分类，反演可以分为叠后地震反演和叠前地震反演两类，其中叠后地震反演也叫做波阻抗反演，其反射系数是密度和速度的函数，叠前地震反演又叫做弹性波阻抗反演，其反射系数是入射角、密度和速度的函数，因此相较于叠后地震反演，叠前地震反演充分利用了叠前地震资料的AVO信息，适用于储层与围岩纵波阻抗叠置的地区，对测井、地震资料的要求更高，技术流程更复杂。

反射系数方程是进行叠前地震反演的基础，下面介绍基于地震波反射、透射理论的 Zoeppritz 方程和相关的3种近似公式。

（1）Zoeppritz 方程。

如图 5-3-1 所示，界面将空间分成上下两部分 I 和 II，上下两部分具有不同的弹性性质，其参数分别表示为 v_{P1}、v_{S1}、ρ_1 和 v_{P2}、v_{S2}、ρ_2。在 P 波入射的情况下，产生反射 P 波、反射 S 波、透射 P 波及透射 S 波。AVO 技术的理论基础是描述平面波在水平分界面上反射和透射的 Zoeppritz 方程[84]。

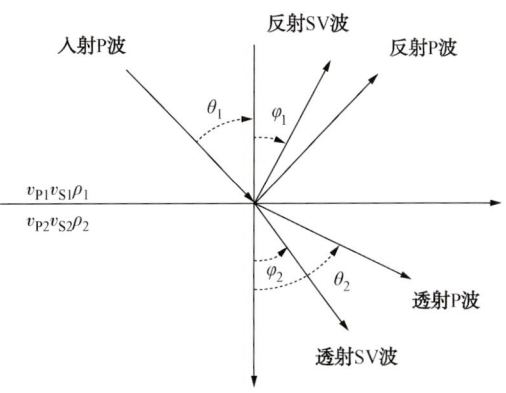

图 5-3-1 纵波入射时产生的透射与反射示意图

$$\begin{bmatrix} \sin\theta_1 & \cos\varphi_1 & -\sin\theta_2 & \cos\varphi_2 \\ \cos\theta_1 & -\sin\varphi_1 & \cos\theta_2 & \sin\varphi_2 \\ \sin2\theta_1 & \dfrac{v_{P1}}{v_{S1}}\cos2\varphi_1 & \dfrac{v_{P1}v_{S2}^2\rho_2}{v_{P2}v_{S1}^2\rho_1}\sin2\theta_2 & -\dfrac{v_{P1}v_{S2}\rho_2}{v_{S1}^2\rho_1}\cos2\theta_2 \\ \cos2\varphi_1 & -\dfrac{v_{S1}}{v_{P1}}\sin2\varphi_1 & -\dfrac{v_{P2}\rho_2}{v_{P1}\rho_1}\cos2\varphi_2 & -\dfrac{v_{S2}\rho_2}{v_{P1}\rho_1}\sin2\varphi_2 \end{bmatrix} \begin{bmatrix} R_{PP} \\ R_{PS} \\ T_{PP} \\ T_{PS} \end{bmatrix} = \begin{bmatrix} -\sin\theta_1 \\ \cos\theta_1 \\ \sin2\theta_1 \\ -\cos2\varphi_1 \end{bmatrix}$$

(5-3-1)

式中，R_{PP}、R_{PS}、T_{PP} 和 T_{PS} 分别表示纵波反射系数、转换波反射系数、纵波透射反射系数和转换波反射系数；v_P、v_S 和 ρ 分别表示界面两侧的 P 波平均速度、S 波平均速度和密度平均值，角标 1 表示上界面，2 表示下界面。

该方程是一个四阶矩阵组成的联立方程组，当入射角已知时，按 Snell 定律求出 θ_1、θ_2、φ_1、φ_2 后再解上式，就可得到 4 个未知数 R_{PP}、R_{PS}、T_{PP} 和 T_{PS}。

（2）Aki-Richards 近似公式。

Aki-Richards（1980）在沿用前人假设条件的基础上[85]，深入研究泊松比对反射系数

的影响，通过利用射线参数和角度增量的近似关系，给出了弱反射近似公式，即

$$R_{PP}(\theta) \approx \frac{\sec^2\theta}{2}R_P - 4\frac{v_S^2}{v_P^2}\sin^2\theta R_S + \frac{1}{2}\left(1 - 4\frac{v_S^2}{v_P^2}\sin^2\theta\right)R_D \qquad (5-3-2)$$

式中，$R_P = \dfrac{\Delta v_P}{v_P}$ 表示纵波速度反射系数；

$R_S = \dfrac{\Delta v_S}{v_S}$ 表示横波速度反射系数；

$R_D = \dfrac{\Delta \rho}{\rho}$ 表示密度反射系数；

$v_P = (v_{P1}+v_{P2})/2$ 表示平均纵波速度；$\Delta v_P = (v_{P2}-v_{P1})/2$ 表示纵波速度差；
$v_S = (v_{S1}+v_{S2})/2$ 表示平均横波速度；$\Delta v_S = (v_{S2}-v_{S1})/2$ 表示横波速度差；
$\rho = (\rho_1+\rho_2)/2$ 表示平均密度；$\Delta\rho = (\rho_2-\rho_1)/2$ 表示密度差；
$\theta = (\theta_1+\theta_2)/2$ 表示反射角和透射角的平均值。

Aki-Richards 公式中的 R_D、R_P、R_S 常用于定性岩性分析。

(3) Shuey 近似公式。

Shuey（1985）给出了不同角度项表示的突出泊松比的反射系数近似表达形式[86]，即

$$R_{PP}(\theta) \approx R_0 + \left[A_0 R_0 + \frac{\Delta\sigma}{(1-\sigma)^2}\right]\sin^2\theta + \frac{1}{2}\frac{\Delta v_P}{v_P}(\tan^2\theta - \sin^2\theta) \qquad (5-3-3)$$

式中，$R_0 = R_{PP}(0) = \dfrac{1}{2}\left[\dfrac{\Delta v_P}{v_P}+\dfrac{\Delta\rho}{\rho}\right]$；$A_0 = B - 2(1-B)[(1-2\sigma)/(1-\sigma)]$；$B = \left(\dfrac{\Delta v_P}{v_P}\right)/$
$\left(\dfrac{\Delta v_P}{v_P}+\dfrac{\Delta\rho_P}{\rho_P}\right)$；$\sigma = \dfrac{\sigma_1+\sigma_2}{2}$，表示平均泊松比；$\Delta\sigma = \sigma_2 - \sigma_1$；$R_{PP}(\theta)$ 表示入射角为 θ 的反射系数；R_0 表示 P 波法向入射反射率。

方程右端第一项声阻抗项，表征近角度响应，与入射角无关；第二项为含泊松比项，表征中等角度响应，在入射角 15°或更大时才开始有明显作用；第三项为 P 波速度项，表征远角度响应，在入射角小于 30°时贡献非常小可以忽略。

Verm 和 Hilterman（1995）对 shuey 方程进行了简化[87]，即

$$R_{PP}(\theta) = P + G\sin^2\theta \qquad (5-3-4)$$

式中，$P = R_0$；$G = \dfrac{1}{2}\dfrac{\Delta v_P}{v_P} - 4\left(\dfrac{v_S}{v_P}\right)\dfrac{\Delta v_S}{v_S} - 2\left(\dfrac{v_S}{v_P}\right)^2\dfrac{\Delta\rho}{\rho} = A_0 R_0 + \dfrac{\Delta\sigma}{(1-\sigma)^2}$

该方程表明反射振幅与入射角 θ 成抛物线关系并赋予了明确的物理意义，其中 P 为垂直入射反射系数，G 为该方程的斜率或梯度。上式也表明反射波振幅与 $\sin^2\theta$ 近似呈直线关系。

在作 AVO 正演模型时，反射系数是根据 Zoeppritz 方程或其简化式计算出来的，包含了射线入射角的影响，所以在处理时，近似认为振幅的计算仅与反射系数有关。根据 Shuey 公式，在已知角度 θ 和对应反射系数 $R(\theta)$ 的情况下，可用最小二乘拟合或其他准则求出截距 P 和斜率 G，把 P 和 G 进行组合运算，就可得到具有不同意义的 AVO 属性剖面。

(4) Hilterman 近似公式

Shuey 公式的第二项不仅与反应流体特性的泊松比参数 σ 有关，还受到纵横波速度和密

度变化的影响。为了更好地突出泊松比变化，Hilterman 等对公式重新改写[88]，即

$$R_{\mathrm{PP}}(\theta) = R_0 \left[1 - 4\left(\frac{v_\mathrm{S}}{v_\mathrm{P}}\right)^2 \sin^2\theta\right] + \frac{\Delta\sigma}{(1-\sigma)^2}\sin^2\theta + \frac{1}{2}R_0\frac{\Delta v_\mathrm{P}}{v_\mathrm{P}}\left[\tan^2\theta - 4\left(\frac{v_\mathrm{S}}{v_\mathrm{P}}\right)^2\sin^2\theta\right]$$

(5-3-5)

由上式知，Hilterman 近似公式也是由 3 个独立项构成，其中第二项的系数 $\frac{\Delta\sigma}{(1-\sigma)^2}$ 仅与泊松比相关，能更好地指示油气。

从上述近似公式得知，叠前弹性参数反演不仅考虑了速度与密度信息，还考虑了与岩性有唯一关系的泊松比信息，能更准确地反映岩性与含气性的变化。事实表明上述简化方程是 AVO 分析的基础[89]。

5.3.1 AVO 属性反演

AVO 是 Amplitude Versus Offset 的缩写，通常可翻译为"振幅随偏移距变化"。AVO 属性反演指的是根据 Zoeppritz 方程的近似公式，针对叠前地震记录的 AVO 信息进行反演，提取与入射角无关的纵横波速度、密度和泊松比，然后利用岩石物理中各弹性参数关系和交会图法进行 AVO 属性分析。

要进行 AVO 属性反演首先需要明确基于流体识别的 AVO 分类和 AVO 属性分析方法。

5.3.1.1 AVO 分类

Castagana 等人（1998）在 Rutherford 和 Williams（1989）研究的基础上，根据振幅随偏移距变化的差异将 AVO 分为 4 种类型[90]（如图 5-3-2 所示）。

第一类 AVO 在地震剖面上的标志是俗称的"暗点"，指的是储层砂岩的波阻抗比上覆盖层的波阻抗高，反射系数一般为正数。在交会图上的特征显示为：AVO 截距值 P 为正值，AVO 斜率 G 为负值，振幅随炮检距增大而减小。

第二类 AVO 的标志是相位反转，此时储层砂岩的波阻抗与上覆盖层的波阻抗值几乎相等，即地震波垂直入射的波阻抗值接近零，反射系数有正有负。在交会图上的特征显示为：AVO 截距值 P 为正值或负值，AVO 斜率 G 为负值，振幅随炮检距增大的变化规律是可能增大或可能减小，还可能发生极性反转。

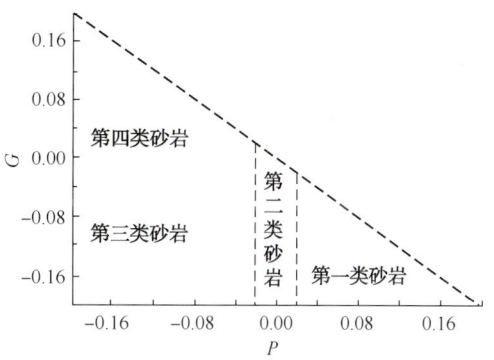

图 5-3-2　4 种含气砂岩的 AVO 属性参数交会图[90]

第三类 AVO 在地震剖面上的标志是俗称的"亮点"，指的是储层砂岩的波阻抗值比上覆盖层的波阻抗低，反射系数为负数且当偏移距增加时，反射系数的绝对值也增加，没有极性反转现象，易识别。在交会图上的特征显示为：AVO 截距值 P 为负值，AVO 斜率 G 为负值，振幅随炮检距增大而增大。

第四类 AVO 中储层砂岩的波阻抗值也比上覆盖层的波阻抗低，反射系数为负。与第三类 AVO 不同是偏移距增加时，反射系数的绝对值将减少，但减少的幅度较小，不易识别。在交会图上的特征显示为：AVO 截距值 P 为负值，AVO 斜率 G 为正值，振幅随炮检距增大

而减小。

5.3.1.2 AVO 属性分析

Shuey 公式的截距和斜率可以组合成 AVO 属性剖面，截距 P 可变形为

$$P = R_0 = \frac{1}{2}\left(\frac{\Delta v_P}{v_P} + \frac{\Delta \rho_P}{\rho_P}\right) = \frac{v_{P2}-v_{P1}}{v_{P2}+v_{P1}} + \frac{\rho_2-\rho_1}{\rho_2+\rho_1} = R_P + R_D \qquad (5\text{-}3\text{-}6)$$

P 是入射角为零时的反射系数，因此，截距 P 完全可以用来代替 P 波叠加记录。

假设 $v_P/v_S = 2$，则有

$$\begin{cases} P = R_P + R_D \\ G = P - 2R_S \\ R_{PP}(\theta) = P + G\sin^2\theta \end{cases} \qquad (5\text{-}3\text{-}7)$$

故有

$$R_S = \frac{1}{2}(P - G) \qquad (5\text{-}3\text{-}8)$$

因此，可以用 $(P-G)/2$ 近似模拟零炮检距处的横波反射系数。

根据纵、横波速度与泊松比的关系式：

$$\frac{v_P^2}{v_S^2} = \left(\frac{1-\sigma}{\frac{1}{2}-\sigma}\right) \qquad (5\text{-}3\text{-}9)$$

对泊松比 σ 求偏导数，由于

$$\frac{\partial(v_P/v_S)}{\partial \sigma} = v_P/v_S = \frac{1}{(1-2\sigma)^2} > 0 \qquad (5\text{-}3\text{-}10)$$

v_P/v_S 的变化近似反映 σ 的变化，而

$$\Delta\left(\frac{v_P}{v_S}\right) = \frac{\Delta v_P}{v_P}\frac{v_P}{v_S} - \frac{\Delta v_S}{v_S}\frac{v_P}{v_S} \qquad (5\text{-}3\text{-}11)$$

在 $v_P/v_S = 2$ 的假设条件下，有

$$\Delta\left(\frac{v_P}{v_S}\right) \approx 2(P + G) \qquad (5\text{-}3\text{-}12)$$

因此，可以用 $(P+G)$ 的值近似代替泊松比变化率。

综合上述推导，AVO 属性参数剖面主要有以下几种[91]：

(1) P 剖面（垂直入射 P 波反射系数，截距剖面）；

(2) G 剖面（梯度剖面）；

(3) $P\text{-}G$ 剖面（垂直入射 S 波反射系数）；

(4) $R_P\text{-}R_S$ 剖面（$P+G$ 剖面，P 波和 S 波反射系数差异剖面）；

(5) $P*G$ 剖面或 $P*|G|$ 剖面（AVO 异常指示因子）；

(6) 泊松比变化量（$\Delta\sigma$），即

$$\Delta F = \frac{\Delta v_P}{v_P} - 1.16\frac{v_S}{v_P}\frac{\Delta v_S}{v_S} \qquad (5\text{-}3\text{-}13)$$

(7) AVO 属性加权剖面 $aP+bG$。

利用交会图技术，将上述任意两种 AVO 属性参数关系直观表示，以实钻井资料为约束，可以建立比较精确的烃类检测模量。

AVO 属性反演主要是针对叠前地震记录的 AVO 信息进行反演的，反演过程中需要以工区地质资料、预处理后的测井资料以及精细解释后的叠后地震资料为约束条件。AVO 属性反演技术流程如图 5-3-3 所示[92]，具体步骤如下：

(1) 资料预处理，主要是指对叠前道集进行保幅处理，消除一切非地质因素对振幅的影响。

(2) 根据 Zoeppritz 方程的近似公式，针对保幅处理后的道集数据建立方程求解，提取截距梯度参数。

(3) 利用测井数据获得纵、横波速度和密度资料求取截距梯度参数。

(4) 将地震求取的截距梯度参数和测井资料求取的截距梯度参数进行对比分析，若误差在合理范围内，即可进行储层参数反演，求取横波阻抗、流体因子等参数，若误差较大，对地震叠前道集进行处理，重复上述步骤直到满足要求。

(5) 对反演的储层参数进行相关性分析（如交会图分析），结合地质资料进行综合预测研究。

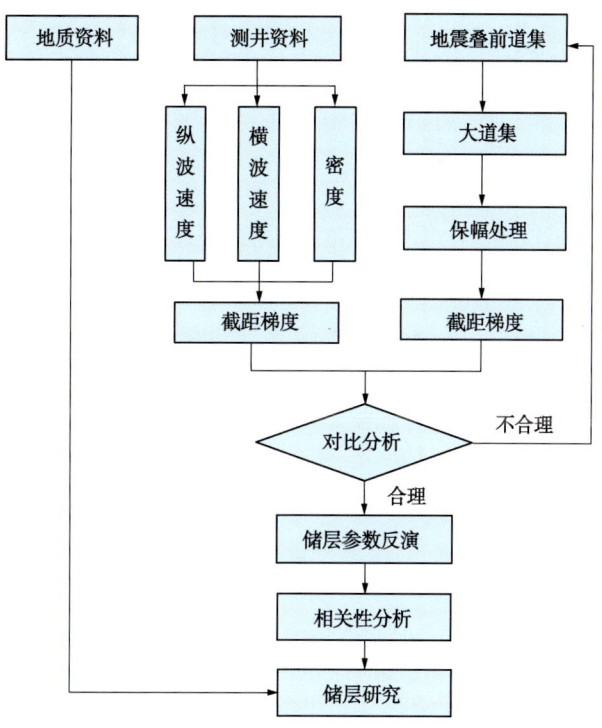

图 5-3-3　AVO 属性反演技术流程[92]

5.3.2　弹性波阻抗反演

Connoly（1999）最早定义了弹性阻抗（Elastic Impedance，EI）的概念。传统波阻抗（Acoustic Impedance，AI）是密度和速度的乘积。EI 在 AI 的基础上引入了入射角影响因子，因此可以认为 EI 是对 AI 的推广[93]。弹性波阻抗反演以地震波传播的反射理论和投射理论为基础，通过反射系数，建立振幅信息与入射角、纵波速度、横波速度及密度信息的联系，联合不同炮检距道集数据与地质、测井数据反演出多种弹性参数，提高储层油气的识别能力。

当入射角为 0 时，弹性阻抗与声阻抗相等，即 $I_a = \rho v$ 纵波反射系数为

$$R_{\mathrm{PP}}(0°) = \frac{I_{a2} - I_{a1}}{I_{a2} + I_{a1}} \quad (5\text{-}3\text{-}14)$$

式中，v 为纵波速度；ρ 为密度。

当以任意角 θ 入射时，根据纵波弹性阻抗可以构造纵波反射系数为

$$R_{\mathrm{PP}}(\theta°) = \frac{EI_2(\theta) - EI_1(\theta)}{EI_2(\theta) + EI_1(\theta)} \quad (5\text{-}3\text{-}15)$$

Connolly 基于经典的 Zoeppritz 方程定义此时的弹性阻抗为

$$EI(\theta) = v_{\mathrm{P}}(v_{\mathrm{P}}^{\tan^2\theta} v_{\mathrm{S}}^{-8(\frac{v_{\mathrm{S}}}{v_{\mathrm{P}}})^2 \sin^2\theta} \rho^{1-4(\frac{v_{\mathrm{S}}}{v_{\mathrm{P}}})^2 \sin^2\theta}) \quad (5\text{-}3\text{-}16)$$

式中，$v_{\mathrm{P}} = \sqrt{\frac{\lambda + \mu}{\rho}} = \sqrt{\frac{K + \frac{4}{3}\mu}{\rho}}$ 为纵波速度；$v_{\mathrm{S}} = \sqrt{\frac{\mu}{\rho}}$ 为横波速度；ρ 为密度；λ 和 μ 为拉梅系数；K 为体积模量。

式（5-3-16）中，v_{P}，v_{S} 和 ρ 是 3 个未知量，此时综合利用远、中、近 3 种不同炮检距道集的数据，即 3 个不同入射角数据进行反演，就可以建立 3 个弹性阻抗方程组。3 个未知量 3 个方程组，通过求解方程组可以获得 3 个未知量的数值解。根据弹性模量与纵横波速度关系式，进一步可求得拉梅系数和体积模量等相关弹性参数，用于岩性识别和储层预测。

弹性波阻抗反演是以地震资料为主，以地质和测井资料为辅的反演方法，其技术流程如图 5-3-4 所示[94,95]，主要包括以下 4 个部分：

（1）地震资料处理。弹性波阻抗反演主要是通过弹性波阻抗与入射角的函数关系来求解纵、横波速度和密度的，因此地震资料必须具有 AVA 特性，即用于反演的地震数据是炮检距部分叠加的角道集数据。角度的确定主要是根据目的层来估算的，既要包含足够的目的层信息，还要具有较高的分辨率。

（2）测井资料处理。测井资料具有地震资料缺乏的低频信息，为约束角道集反演。提高反演精度，需要计算井旁道弹性阻抗伪测井曲线。

（3）角度子波提取。子波提取是反演的关键环节，子波提取的好坏能直接影响反演精度。最好的子波提取建立在由测井资料合成的地震记录与井旁地震道相似度最高的基础之上。

（4）弹性阻抗体反演。包括低频模型的建立和反演两部分，其中低频模型是针对特定角度建立的，通过井间低频分量按距离加权获得，同时需要以精细解释的地震层位为约束条件进行外推。弹性波阻抗反演是基于褶积模型的反演过程，反演结果与低频模型相加就是实际的绝对波阻抗。

5.3.3 叠前同时反演

Hampson & Russell（2005）最早提出了叠前同时反演技术，其主要思路是把不同角度范围对应的多个角度叠加的地震数据联合应用，以地质、测井资料为约束条件，同时反演

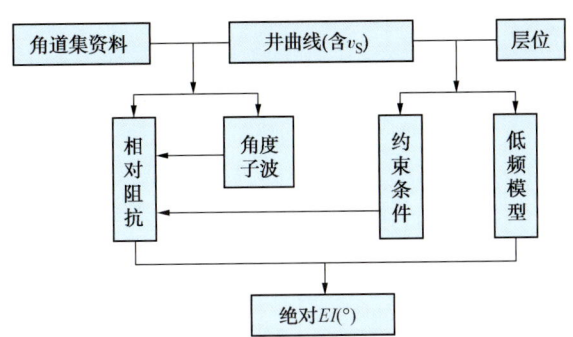

图 5-3-4 弹性波阻抗反演技术流程[95]

出纵、横波阻抗和密度参数的反演方法。在此基础上，可推导出纵、横波速度比和泊松比、拉梅常数等常用的岩石弹性参数，从而进行储层预测。其原理主要基于 Fatti 对 Zoeppritz 方程的简化[96]，即

$$R_{PP}(\theta) = c_1 R_P + c_2 R_S + c_3 R_D \tag{5-3-17}$$

式中，$R_P = \left[\dfrac{\Delta v_P}{v_P} + \dfrac{\Delta \rho}{\rho}\right]$ 表示垂直入射 P 波反射系数；$R_S = \left[\dfrac{\Delta v_S}{v_S} + \dfrac{\Delta \rho}{\rho}\right]$ 表示横波反射系数；$R_D = \dfrac{\Delta \rho}{\rho}$ 表示密度反射系数；$c_1 = 1 + \tan^2\theta$；$c_2 = -8\gamma^2 \sin^2\theta$；$c_3 = 2\gamma^2 \sin^2\theta - \dfrac{1}{2}\tan^2\theta$；$\gamma = \dfrac{v_S}{v_P}$。

对于垂直入射的纵波反射系数，纵波反射系数为

$$R_P(i) = \dfrac{I_P(i+1) - I_P(i)}{I_P(i+1) + I_P(i)} \tag{5-3-18}$$

如果定义 $L_P = \ln(I_P)$，则有

$$R_P \cong \dfrac{1}{2}[L_P(i+1) - L_P(i)] \tag{5-3-19}$$

类似地有

定义 $L_S = \ln(I_S)$，横波反射系数 $R_S \cong \dfrac{1}{2}[L_S(i+1) - L_S(i)]$

定义 $L_D = \ln(\rho)$，密度反射系数 $R_D \cong \dfrac{1}{2}[L_D(i+1) - L_D(i)]$

由此纵波的反射系数可以写成

$$R_P = \dfrac{1}{2} D L_P \tag{5-3-20}$$

即

$$\begin{bmatrix} R_{P1} \\ R_{P2} \\ \vdots \\ R_{PN} \end{bmatrix} = \dfrac{1}{2} \begin{bmatrix} -1 & 1 & 0 & \cdots \\ 0 & -1 & 1 & \ddots \\ 0 & 0 & -1 & 1 \\ \vdots & \ddots & \ddots & \ddots \end{bmatrix} \begin{bmatrix} L_{P1} \\ L_{P2} \\ \vdots \\ L_{PN} \end{bmatrix} \tag{5-3-21}$$

地震记录 T 是地震子波 W 和反射系数 R_P 的褶积：$T = \dfrac{1}{2} W D L_P$，写成矩阵如下，即

$$\begin{bmatrix} T_1 \\ T_2 \\ \vdots \\ T_N \end{bmatrix} = \frac{1}{2} \begin{bmatrix} w_1 & 0 & 0 & \cdots \\ w_2 & w_1 & 0 & \ddots \\ w_3 & w_2 & w_1 & 0 \\ \vdots & \ddots & \ddots & \ddots \end{bmatrix} \begin{bmatrix} -1 & 1 & 0 & \cdots \\ 0 & -1 & 1 & \ddots \\ 0 & 0 & -1 & 1 \\ \vdots & \ddots & \ddots & \ddots \end{bmatrix} \begin{bmatrix} L_{P1} \\ L_{P2} \\ \vdots \\ L_{PN} \end{bmatrix} \qquad (5\text{-}3\text{-}22)$$

依此类推，最后 Fatti 方程可以写成

$$T(\theta) = \frac{1}{2}c_1 W(\theta) DL_P + \frac{1}{2}c_2 W(\theta) DL_S + W(\theta)c_3 DL_D \qquad (5\text{-}3\text{-}23)$$

这里的子波指的是不同角度道集的子波。

利用测井资料计算纵横波波阻抗和密度，进行交会可以得到如下公式，即

$$\begin{cases} \ln(I_S) = k\ln(I_P) + kc + \Delta L_S \\ \ln(I_D) = m\ln(I_P) + mc + \Delta L_D \end{cases} \qquad (5\text{-}3\text{-}24)$$

式中，k 和 m 是斜率；kc 和 mc 直线截距；ΔL_S 和 ΔL_D 是油气散点的偏离距离。

Fatti 方程可以改写成

$$T(\theta) = \tilde{c}_1 W(\theta) DL_P + \tilde{c}_2 W(\theta) D\Delta L_S + W(\theta)c_3 D\Delta L_D \qquad (5\text{-}3\text{-}25)$$

式中，$\tilde{c}_1 = \frac{1}{2}c_1 + \frac{1}{2}kc_2 + mc_3$；$\tilde{c}_2 = \frac{1}{2}c_2$。

最后可以得到解，即

$$\begin{bmatrix} T(\theta_1) \\ T(\theta_2) \\ \vdots \\ T(\theta_N) \end{bmatrix} = \begin{bmatrix} \tilde{c}_1(\theta_1)W(\theta_1)D & \tilde{c}_2(\theta_1)W(\theta_1)D & c_3(\theta_1)W(\theta_1)D \\ \tilde{c}_1(\theta_2)W(\theta_2)D & \tilde{c}_2(\theta_2)W(\theta_2)D & c_3(\theta_2)W(\theta_2)D \\ \vdots & \vdots & \vdots \\ \tilde{c}_1(\theta_N)W(\theta_N)D & \tilde{c}_2(\theta_N)W(\theta_N)D & c_3(\theta_N)W(\theta_N)D \end{bmatrix} \begin{bmatrix} L_P \\ \Delta L_S \\ \Delta L_D \end{bmatrix} \qquad (5\text{-}3\text{-}26)$$

根据上述公式，叠前地震同时反演计算步骤如下：

（1）给定一组角度道集和对应每个角度道集的地震子波；

（2）利用测井数据最优拟合出的 k 和 m 值；

（3）给定初始解 $[L_P \quad \Delta L_S \quad \Delta L_D]^T = [\ln(I_P) \quad 0 \quad 0]^T$；

（4）利用共轭梯度法求解方程，反演得到纵波阻抗 I_P、横波阻抗 I_S 和密度 ρ，或可由这三项推导出的其他弹性参数组合。

$$\begin{cases} I_P = \exp(L_P) \\ I_S = \exp(kL_P + kc + \Delta L_S) \\ \rho = \exp(mL_P + mc + \Delta L_D) \end{cases} \qquad (5\text{-}3\text{-}27)$$

叠前同时反演的技术流程如图 5-3-5[97] 所示，具体步骤如下：

（1）在测井曲线预处理、岩石物理建模与分析的基础上，得到典型井的 v_P、v_S、ρ 等弹性参数曲线，建立岩石物理解释量版；

（2）开展叠前 CRP 道集保幅处理，在一定的入射角（或炮检距）范围内生成多个部分叠加道集（一般3~5个）；

（3）通过井震精细标定提取每个部分角度叠加地震体对应的地震子波，利用三维地质统计学技术建立用于同时反演的初始低频模型；

（4）开展反演敏感性参数测试，选择合适的反演参数，进行叠前弹性参数同时反演，

输出纵、横波速度和密度弹性参数数据体，估算其他相关弹性参数；

（5）对输出的弹性属性体进行质量分析，然后进行储层预测。

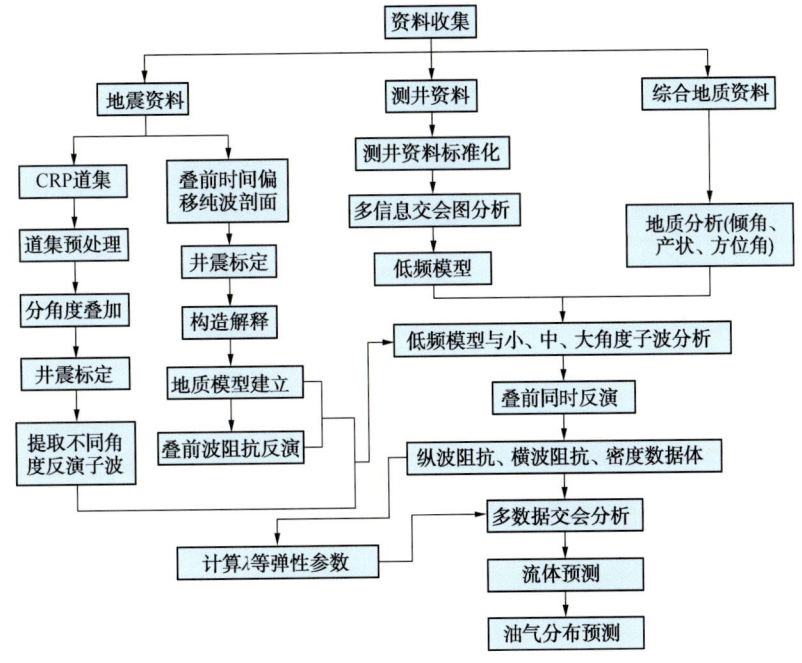

图 5-3-5　叠前同时反演技术流程[97]

要想得到质量好的反演结果，关键在于对输入数据和反演过程的质量控制，包括地震资料质量控制、测井资料质量控制、岩石物理建模质量控制、层位标定及提取角度子波的质量控制、反演参数质量控制等。

5.3.4　地质统计学反演

地质统计学反演（Geostatistical Inversion）的概念最早是由 Bortoli（1992）年提出来的，主要包括随机模拟和反演两个过程，因此也称为随机反演（Stochastic Inversion）。

随机模拟也叫序贯模拟，根据估算概率密度函数方法的不同，可分为序贯高斯和序贯指数两种随机模拟方法[98]。随机模拟的过程包括：（1）建立随机路径；（2）随机选取井间网格点，并估算该网格点的概率密度函数；（3）随机抽取一个函数值，利用反射系数公式合成地震记录；（4）对比合成地震记录与实际地震记录的相似程度，若满足要求则输出结果；（5）重复步骤（2）~（4），直到对所有地震道记录完成模拟为止。

地震反演一般采用的是基于蒙特卡罗法的模拟退火算法。通过优化随机模拟结果，提高地质统计学反演结果与实际地震记录匹配程度，达到理想效果。

地质统计学反演技术流程如图 5-3-6 所示[99]，具体步骤如下：

（1）数据准备。主要是指对测井数据进行环境校正和标准化处理。

（2）根据工区地质概况和精细的地震解释成果，分析工区层序地层格架，建立初始地质模型。

（3）拟合变差函数。纵向上根据标准化处理后的测井数据，基于序贯高斯模拟方法，提取垂直变差函数；横向上利用稀疏脉冲约束反演方法，提取水平变差函数；

（4）基于模拟退火算法，确定控制参数，进行地质统计学反演。

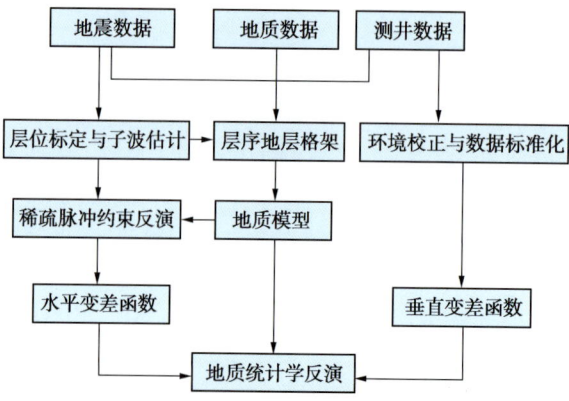

图 5-3-6　地质统计学反演技术流程[99]

地质统计学反演建立在地质统计学分析的基础之上。通过将常规确定性反演和随机建模技术结合，可以充分利用测井数据的垂向分辨率和地震资料的横向分辨率来进行储层空间分布预测，不仅可以识别薄层，还可以识别波阻抗与围岩叠置的隐蔽储层。

5.3.5　PP 波和 PS 波 AVO 联合反演

与传统的单一 PP 波反演相比，基于 Aki-Richards 公式和贝叶斯原理的 PP 波和 PS 波 AVO 联合反演具有稳定性好、反演精度高等优点[100]。

为克服反射系数形式复杂、数值计算困难的缺点，Aki 和 Richards（1980）对 Richards 和 Frasier 等近似公式进行了简化，即

$$R_{PP} = \frac{1}{2}\left[1 - 4\gamma^2 \sin^2\overline{\theta}_{12}\right]\frac{\Delta\rho}{\overline{\rho}} + \frac{1}{2\cos^2\overline{\theta}_{12}}\frac{\Delta v_P}{\overline{v}_P} - 4\gamma^2 \sin^2\overline{\theta}_{12}\frac{\Delta v_S}{\overline{v}_S} \quad (5\text{-}3\text{-}28)$$

$$R_{PS} = 2\frac{\sin\overline{\theta}_{12}}{\cos\overline{\theta}_{34}}\left[\gamma^2 \sin^2\overline{\theta}_{12} - \gamma\cos\overline{\theta}_{34}\cos\overline{\theta}_{12}\right]\frac{\Delta v_S}{\overline{v}_S} - \frac{\sin\overline{\theta}_{12}}{2\cos\overline{\theta}_{34}}\left[1 - 2\gamma^2\sin^2\overline{\theta}_{12} + 2\gamma\cos\overline{\theta}_{34}\cos\overline{\theta}_{12}\right]\frac{\Delta\rho}{\overline{\rho}}$$

$$(5\text{-}3\text{-}29)$$

式中，R_{PP}、R_{PS} 表示随角度变化的 PP 波和 PS 波反射系数；v_P、v_S、ρ、γ、$\overline{\theta}_{12}$ 和 $\overline{\theta}_{34}$ 分别表示界面两侧的 P 波平均速度、S 波平均速度、密度平均值、S 波的平均速度和 P 波的平均速度比值（v_S/v_P）、PP 波反射角和透射角的平均角度及 PS 波反射角度和透射角度的平均角度；Δv_P、Δv_S、$\Delta\rho$ 分别为界面两侧 P 波速度差、S 波速度差及密度差。

研究表明，Cauchy 准则在描述反演参数的稀疏性上有特殊优势。为了提高反演结果分辨率，我们通过贝叶斯方法引入对参数序列的 Cauchy 稀疏约束。假设记录的误差服从正态分布，则似然函数为

$$P(\boldsymbol{D} \mid \hat{\boldsymbol{X}}, \boldsymbol{I}) \propto \left(\frac{1}{2\pi\delta_{er}}\right)^{\frac{M+N}{2}} \exp\left[\frac{-(\hat{\boldsymbol{G}}\hat{\boldsymbol{X}} - \boldsymbol{D})^T(\hat{\boldsymbol{G}}\hat{\boldsymbol{X}} - \boldsymbol{D})}{2\delta_{er}^2}\right] \quad (5\text{-}3\text{-}30)$$

式中，δ_{er} 为误差的标准差；$M+N$ 为地震记录的道数。

假设参数序列 $\hat{\boldsymbol{X}}=(\hat{x}_1, \hat{x}_2, \cdots, \hat{x}_{3n})$ 的先验分布服从 Cauchy 分布，并由其构造出向量序列 $\boldsymbol{U}=(u_1, u_2, \cdots, u_{3n})$，则其先验分布函数可表示为

$$P(\hat{\boldsymbol{X}} \mid I) \propto \left(\frac{1}{2\pi\delta_{\hat{x}}}\right)^{\frac{3n}{2}} \prod_{i=1}^{3n} \exp\left[C_{st} - \ln\left(\frac{u_i^2}{2} + 1\right)\right] \tag{5-3-31}$$

式中，$\delta_{\hat{x}}$ 为参数序列的标准差；$3n$ 为参数序列长度；C_{st} 为常数；参数序列 u_i 为

$$u_i = \begin{cases} \hat{x}_i/\delta_1, & 1 \leqslant i \leqslant n \\ \hat{x}_i/\delta_2, & n < i \leqslant 2n \\ \hat{x}_i/\delta_3, & 2n < i \leqslant 3n \end{cases} \tag{5-3-32}$$

根据贝叶斯公式得到参数序列后验概率分布为

$$P(\hat{\boldsymbol{X}} \mid \boldsymbol{D}, I) \propto \left(\frac{1}{2\pi\delta_{\hat{x}}}\right)^{\frac{3n}{2}} \prod_{i=1}^{3n} \exp\left[C_{st} - \ln\left(\frac{u_i^2}{2} + 1\right)\right] \left(\frac{1}{2\pi\delta_{er}}\right)^{\frac{M+N}{2}} \exp\left[\frac{-(\hat{\boldsymbol{G}}\hat{\boldsymbol{X}} - \boldsymbol{D})^\mathrm{T}(\hat{\boldsymbol{G}}\hat{\boldsymbol{X}} - \boldsymbol{D})}{2\delta_{er}^2}\right] \tag{5-3-33}$$

可将式（5-3-33）进一步简化为

$$P(\hat{\boldsymbol{X}} \mid \boldsymbol{D}, I) \propto \prod_{i=1}^{3n} \exp\left[C_{st} - \ln\left(\frac{u_i^2}{2} + 1\right)\right] \exp\left[\frac{-(\hat{\boldsymbol{G}}\hat{\boldsymbol{X}} - \boldsymbol{D})^\mathrm{T}(\hat{\boldsymbol{G}}\hat{\boldsymbol{X}} - \boldsymbol{D})}{2\delta_{er}^2}\right] \tag{5-3-34}$$

对式（5-3-34）右边取对数可得目标函数为

$$J = \frac{\|\hat{\boldsymbol{G}}\hat{\boldsymbol{X}} - \boldsymbol{D}\|^2}{2\delta_{er}^2} + \sum_{i=1}^{3n}\left[C_{st} - \ln\left(\frac{u_i^2}{2} + 1\right)\right] \tag{5-3-35}$$

在目标函数式（5-3-35）中对向量 $\hat{\boldsymbol{X}}$ 求偏导数

令

$$H(\hat{\boldsymbol{X}}) = \frac{\|\hat{\boldsymbol{G}}\hat{\boldsymbol{X}} - \boldsymbol{D}\|^2}{2\delta_{er}^2}, \quad F(\boldsymbol{U}) = \sum_{i=1}^{3n}\left[C_{st} - \ln\left(\frac{u_i^2}{2} + 1\right)\right] \tag{5-3-36}$$

则

$$\frac{\partial H}{\partial \hat{\boldsymbol{X}}} = \frac{\hat{\boldsymbol{G}}^\mathrm{T}\hat{\boldsymbol{G}}\hat{\boldsymbol{X}} - \hat{\boldsymbol{G}}^\mathrm{T}\boldsymbol{D}}{\delta_{er}^2}, \quad \frac{\partial F}{\partial \hat{\boldsymbol{X}}} = -\sum_{i=1}^{3n}\frac{u_i}{u_i^2/2+1}\frac{\partial u_i}{\partial \hat{x}_i} = -\sum_{i=1}^{3n}\frac{\hat{x}_i}{\hat{x}_i^2/2+\delta_i^2} = -\boldsymbol{Q}\hat{\boldsymbol{X}} \tag{5-3-37}$$

整理可得

$$(\hat{\boldsymbol{G}}^\mathrm{T}\hat{\boldsymbol{G}} + \lambda\boldsymbol{Q})\hat{\boldsymbol{X}} = \hat{\boldsymbol{G}}^\mathrm{T}\boldsymbol{D} \tag{5-3-38}$$

式中，λ 为常数加权因子；$\boldsymbol{Q}$ 是对角加权矩阵，满足

$$Q_{i,i} = \begin{cases} \dfrac{1}{(\delta_1^2 + \hat{x}_i^2/2)}, & i \leqslant n \\[6pt] \dfrac{1}{(\delta_2^2 + \hat{x}_i^2/2)}, & n < i \leqslant 2n \\[6pt] \dfrac{1}{(\delta_3^2 + \hat{x}_i^2/2)}, & 2n < i \leqslant 3n \end{cases} \tag{5-3-39}$$

应用共轭梯度法迭代求解非线性方程组（5-3-39）便可以得到要反演的参数 $\hat{\boldsymbol{X}}$，但要得到最终结果还需做如下转化，即

$$\boldsymbol{X} = \boldsymbol{V}\hat{\boldsymbol{X}} \tag{5-3-40}$$

6 地震资料在苏北盆地隐蔽圈闭识别中的应用实例

6.1 苏北盆地隐蔽圈闭的主要类型及特征

苏北盆地隐蔽油藏分布广、类型多样，纵向上主要分布在戴二段（E_2d_2）、戴一段（E_2d_1）、阜三段（E_1f_3）、阜二段（E_1f_2）、泰一段（K_2t_1）；平面上，在高邮、金湖、海安、盐城凹陷均可能存在隐蔽油气藏；按储集类型划分，包括扇三角洲、三角洲前缘砂体、湖底浊积扇、沙坝、沙坪、生物丘、生物滩等；在不同沉积相带、构造背景条件下可形成"扇控型"、岩性尖灭、构造—岩性、透镜体、地层超覆、构造—地层超覆等多种类型的隐蔽油藏（图6-1-1）。

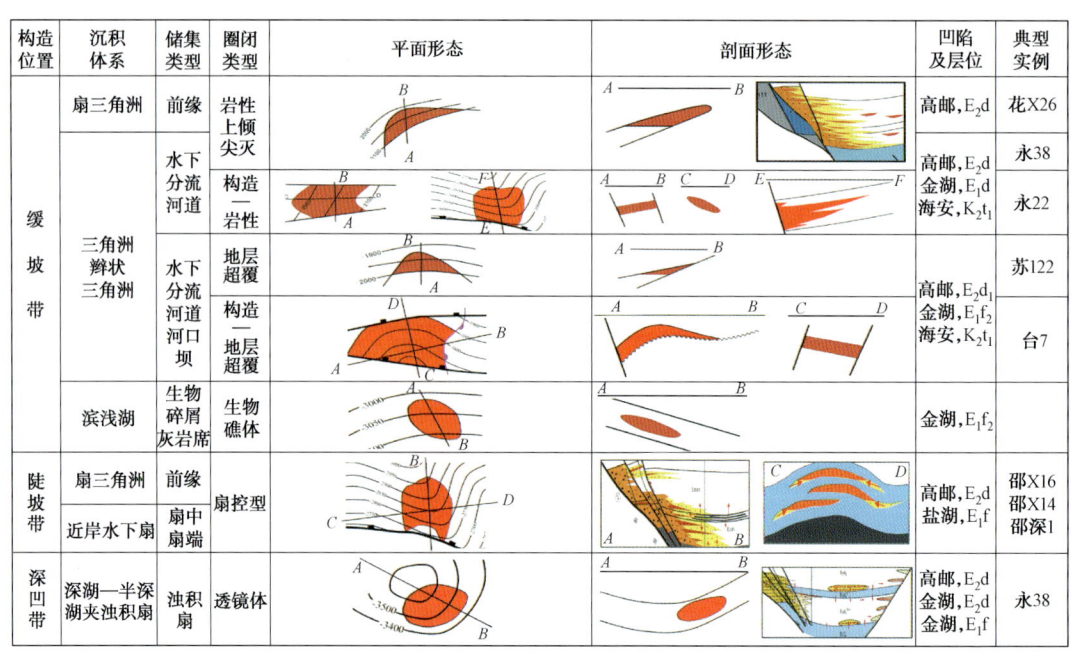

图 6-1-1 苏北盆地主要隐蔽圈闭类型及示意图

6.1.1 扇控型（陡坡扇、湖底扇）

6.1.1.1 圈闭发育背景及分布特征

高邮凹陷古近系总体表现为箕状断陷盆地的特征，平面上发育陡坡带、深凹带和斜坡带3个次级构造单元。其中陡坡带沿边界断层分布，长而窄。由于控凹断层的长期活动，不但形成了断阶带、逆牵引背斜和反转构造等多种构造样式，而且还控制着沉积砂体的类型和展布。受构造背景的控制，凹陷陡坡带沉积具有近物源、多物源、沉积厚度大、相变快的特点，在不同部位分别形成扇三角洲、水下扇、深水浊积扇和冲积扇等沉积体。在扇三角洲和近岸水下扇前端可发育滑塌浊积扇和深水浊积扇，沉积类型丰富，期次明显。平面上陡坡带一般发育裙边状分布的各种扇体，紧邻生油中心，有利于油藏的形成，是有利的勘探地区。

在高邮凹陷中西部，近岸水下扇的发育出现在戴南组断陷扩张期，即湖盆水体相对较深的戴一段和戴二段沉积早期；平面上，由于通扬大断层活动剧烈，在邵伯、肖刘庄等地区形成较陡的大断层，在通扬隆起快速隆升过程中，沉积物通过断层进入湖盆，快速、完全地沉积在较深的湖水中（图6-1-2）。

6.1.1.2 砂体特征与地震反射特征

6.1.1.2.1 砂体特征

高邮凹陷南部陡坡带 E_2d_1 发育近岸水下扇、扇三角洲沉积体系，其中近岸水下扇可划分为扇根、扇中、扇端三个亚相，在纵向上由扇根→扇端组成由粗变细的沉积层序。

（1）扇根亚相。

扇根是近岸水下扇的顶部，发育主水道，根据富11井资料，岩性主要由砾岩、砂砾岩、含砾砂岩和砾、砂、泥混杂的含砾泥岩组成（图6-1-3）。砾石成

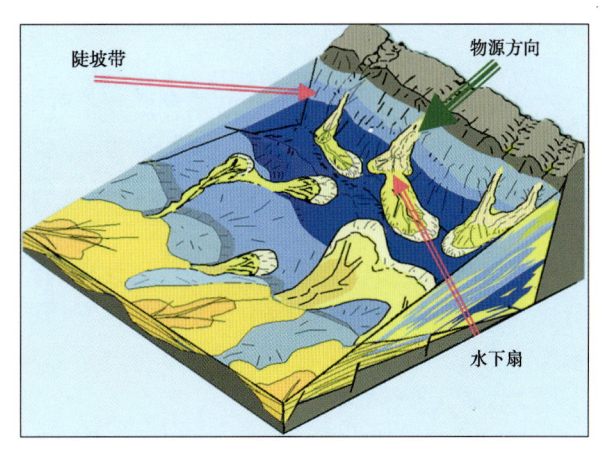

图6-1-2 高邮凹陷南部陡坡带水下扇形成模式图

分较复杂，以泥岩、粉砂质泥岩、粉砂岩、石灰岩为主，成分成熟度和结构成熟度均较低。砂屑成分中长石及不稳定岩屑的含量较高（长石平均占21.48%，不稳定岩屑平均占25.14%）。岩石成熟度指数低 [$Q/(F+R)$ 值平均为1.15，其中 Q 表示石英含量，F 为长石含量，R 为岩屑含量]。

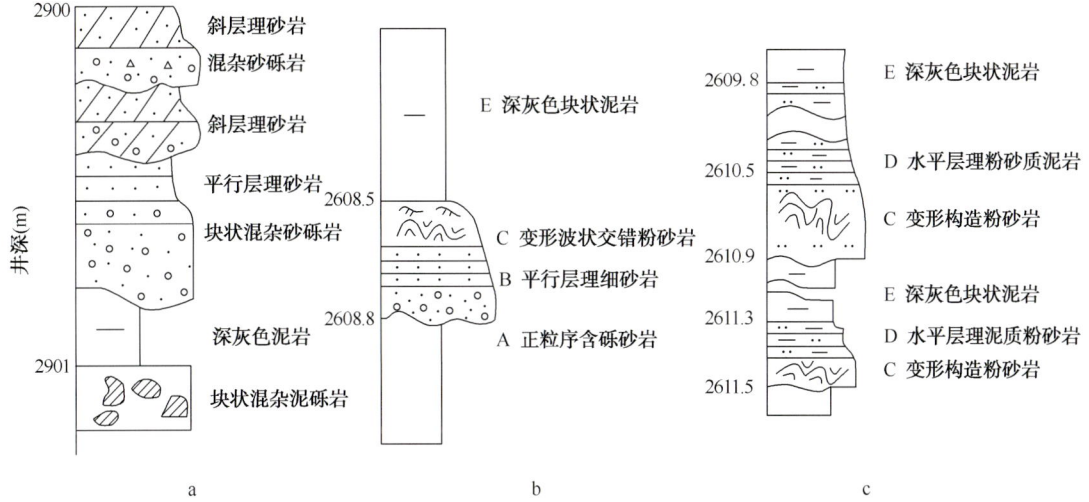

图6-1-3 近岸水下扇不同亚相的沉积序列特征

a—富11井扇根水道充填沉积；b—真8井扇中似鲍玛序列沉积；c—真8井扇端似鲍玛序列沉积

扇根亚相粒级范围广，各粒级连续过渡，反映了很强的水动力携带大量粗细碎屑物后，顺陡坡，未经重力分异就进入湖盆沉积下来，形成砾砂泥的混杂堆积。砂岩的粒度概率累积曲线有两种类型，其一是以滚动总体为主（占50%以上）的二—三段式曲线；其二是斜率仅35°左右的单一直线。

沉积构造以混杂块状构造、大型交错层理、滑塌变形构造和发育冲蚀构造为主。

（2）扇中亚相。

扇中是近岸水下扇的中段，发育水下网状水道。根据真8井资料，岩性以砂岩为主。主要由含砾砂岩、砂岩和粉砂岩组成。纵向上具有由含砾砂岩、砂岩和粉砂岩组成的似鲍玛层序。成熟度和分选性与扇根亚相类似，均较差，不稳定组分含量较高（长石平均占20.87%，不稳定岩屑平均占20.24%），成熟度指数低（$Q/F+R$ 值平均为1.32），标准偏差 δ_i 平均为1.69。

砂岩的粒度概率累积曲线有两种。其一是以悬浮总体为主（占60%以上）的类型，与典型浊积相曲线形态相似；其二是以跳跃总体为主（占50%以上），带少量滚动总体（小于2%）和较多的悬浮总体（占25%~50%）的类型，与典型河床相曲线形态相近，反映水道沉积特征，但斜率比河床相低。

沉积构造类型较丰富，有体现浊流性质的粒序层理、似盘状层理、断续平行层理和平行层理；有反映冲积特征的中、小型槽状交错层理、板状交错层理和波状交错层理；还有表现快速堆积特点的生物逃逸构造和反映地形较陡造成的滑塌变形构造等。韵律方面均呈下粗上细的正粒序结构。

（3）扇端亚相。

扇端是近岸水下扇体向平缓湖底过渡的前缘斜坡段。由于大量碎屑物质在扇根和扇中的卸载，高密度重力流至此已转化为低密度流，故扇端以低密度浊流为主，并逐渐向前方过渡为湖相泥岩沉积。

根据真8井资料，岩性是以粒度细、成分成熟度低、分选中等为特征的粉砂岩、泥质粉砂岩和粉砂质泥岩为主的。纵向上具有由细砂岩、粉砂岩、泥质粉砂岩组成的似鲍玛层序。砂岩中不稳定组分的含量较高（长石平均占22.38%，不稳定岩屑平均占16.22%），成熟度指数比扇根和扇中亚相好，标准偏差 δ_i 平均为1.14。

砂岩概率累积曲线可归为三类：一类是斜率为45°~50°的单一直线型，这是典型的低密度浊积相曲线，是扇端亚相的主要类型；另一类是由低斜率的细粒段与斜率为55°~60°的较粗粒段组合成的二段式，这类曲线形态与扇中亚相的曲线相似，只不过粒度较细，是扇中前缘—扇端上部的过渡类型；还有一类是由低斜率的较粗粒段与斜率为55°~60°的细粒主体段组合成的二—三段式，是扇端前缘的主要类型。这三种类型均以细粒悬浮总体沉积为主。

扇端亚相的沉积构造以波状—水平层理和因重力作用造成的变形构造为主。在扇端上部因具一定的牵引流特征，可见小型槽状等交错层理，常见反映堆积特点的生物逃逸构造。沉积层序以鲍玛序列的C、D、E段组合为主。

6.1.1.2.2 地震反射特征

常规剖面上，扇体主要依据 T_2^3、T_2^4、T_2^5 和 T_3^0 等反射波组由深凹至陡坡，相应波阻特征由稳定变化为杂乱、丘状和平行状地震反射来识别。

根据近岸水下扇体剖面的地震形态，结合地形特征，可以将高邮凹陷南部陡坡带的近岸水下扇体划分为3种类型（图6-1-4、图6-1-5）：

（1）陡岸阶梯型扇体，其内幕反射具有较为稳定的波组，其次为空白反射，扇体被一系列断层切割后纵向上呈阶梯状；

（2）平行陡岸型扇体，其内幕波组较为连续，波组延续方向与陡岸坡度近乎平行；

（3）陡岸丘状型扇体，其内幕反射以不连续的丘状反射为主，其次为空白反射。

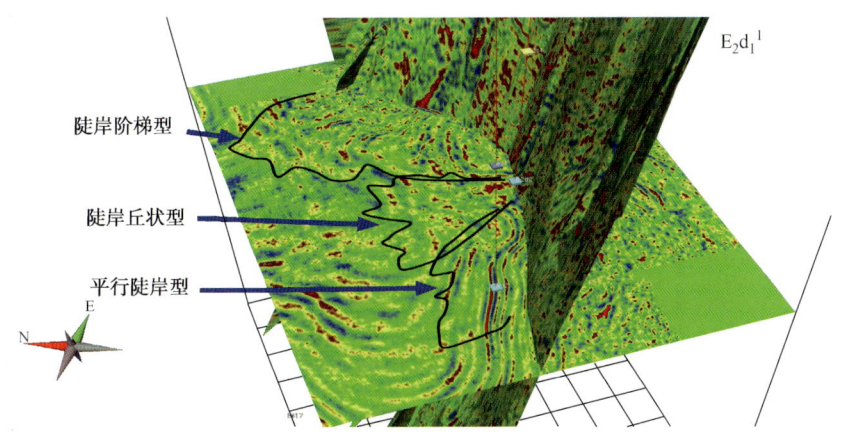

图6-1-4 近岸水下扇的地震相特征

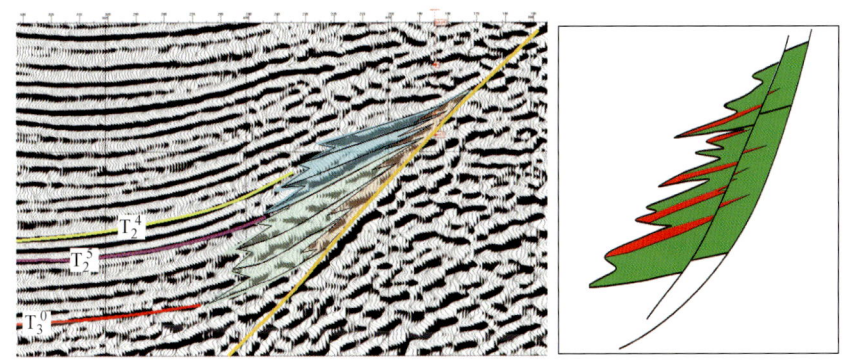

图6-1-5 扇体剖面特征

6.1.1.3 勘探研究关键点

高邮凹陷戴南组发育有各种成因的扇体，且距油源区较近，是油气聚集的有利地区。陡坡带勘探实践表明：

（1）有断层沟通油源的扇体利于油气聚集；

（2）扇三角洲前缘亚相和近岸水下扇扇中亚相是常见的油气聚集场所；

（3）具有构造背景的扇体最利于油气富集高产。

因此，在陡坡带寻找具有储层发育相带或具备沟通油源断层的扇体是关键。下一步勘探的关键环节是利用地震资料预测扇体展布范围和扇中砂岩发育区。

6.1.2 岩性尖灭、构造—岩性尖灭型

6.1.2.1 圈闭发育背景及分布特征

高邮凹陷戴南组岩性尖灭、构造—岩性尖灭型圈闭主要发育在来自北部物源的三角洲

前缘—前三角洲沉积体系中，其砂体类型以三角洲前缘被波浪改造的分支河道砂体和滩坝砂体为主，同时，伴随有大量的滑塌变形砂体；砂体主要垂直断层的延伸方向展布。

E_2d_1 沉积时期，北部缓坡带发育源自柘垛低凸起的三角洲沉积体系。$E_2d_1^3$ 是吴堡事件后戴南组初始沉积层，沉积范围较小，主要局限在真武断层与汉留断层之间（图6-1-6）。$E_2d_1^2$ 继前期充填性沉积之后，沉积范围已明显向北斜坡扩大，沉积体系类型无明显变化（图6-1-7）。$E_2d_1^1$ 沉积期由于以"五高导"泥岩为标志的湖平面上升波动，沉积范围明显扩大，北斜坡三角洲地带的湖岸线已向北移；随着湖盆扩大、波浪作用增强，北部三角洲前缘砂体向岸推移，前缘砂体展布范围明显扩大，导致有些地区（如沙埝）朵状三角洲砂体向南与富民水下冲积扇朵状砂体相互重叠、拼接，构成良好的储集场所（图6-1-8）。

E_2d_2 沉积时期，构造活动趋于平缓，物源供应充足。北部缓坡带依然主要发育三角洲沉积体系，三角洲平原亚相发育于北斜坡的卸甲庄—沙埝—瓦庄一带；三角洲前缘亚相发育于永安—沙埝南部—花庄—瓦庄一带，是在较平缓的斜坡上形成的，它前伸的距离较远，表现在砂岩百分比图上虽然是高值区，但等值线的递减较均匀、较稀疏。其中隐蔽油藏主要发育在戴二段五亚段（$E_2d_2^5$），该时期由于凹陷内构造活动相对减弱，其沉积范围明显较前期缩小，沉积格局与前期类似，缓坡带发育三角洲沉积，但前缘滑塌浊积体沉积相对减弱（图6-1-9）。

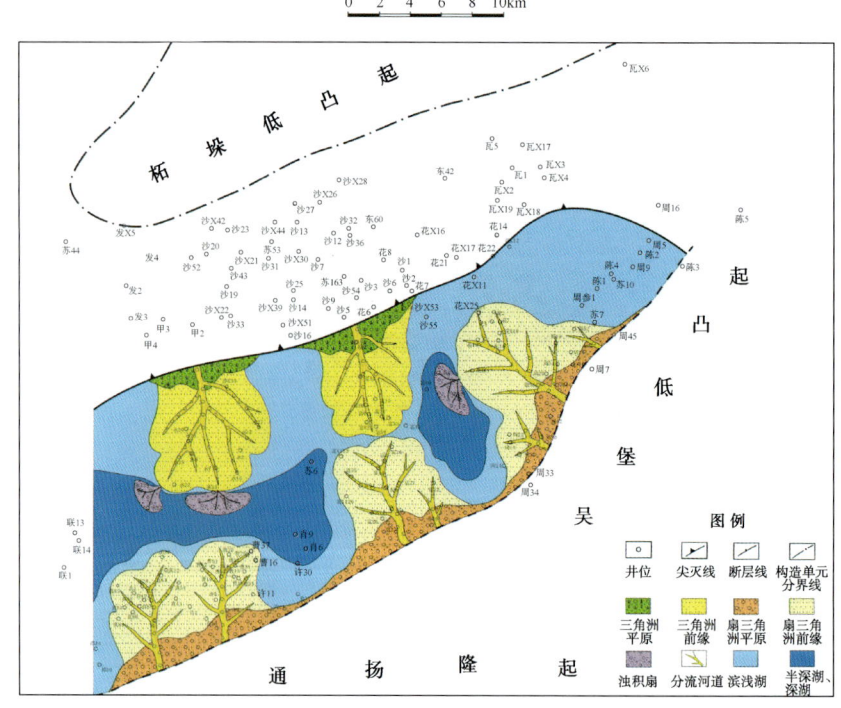

图6-1-6 高邮凹陷中东部 $E_2d_1^3$ 沉积相图

6.1.2.2 砂体特征与地震反射特征

6.1.2.2.1 砂体特征

以联盟庄—永安地区为例，该区戴南组发育来自北物源的三角洲沉积体系。汉留断层下降盘的永安南地区为三角洲前缘与前三角洲过渡带，水下分流河道砂是主要的储层，主

6 地震资料在苏北盆地隐蔽圈闭识别中的应用实例

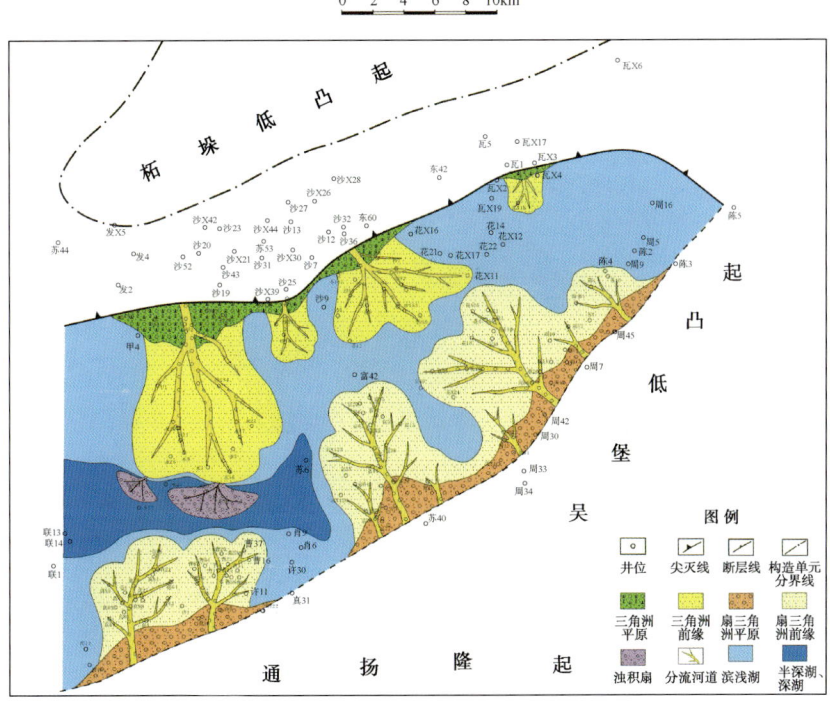

图 6-1-7 高邮凹陷中东部 $E_2d_1^2$ 沉积相图

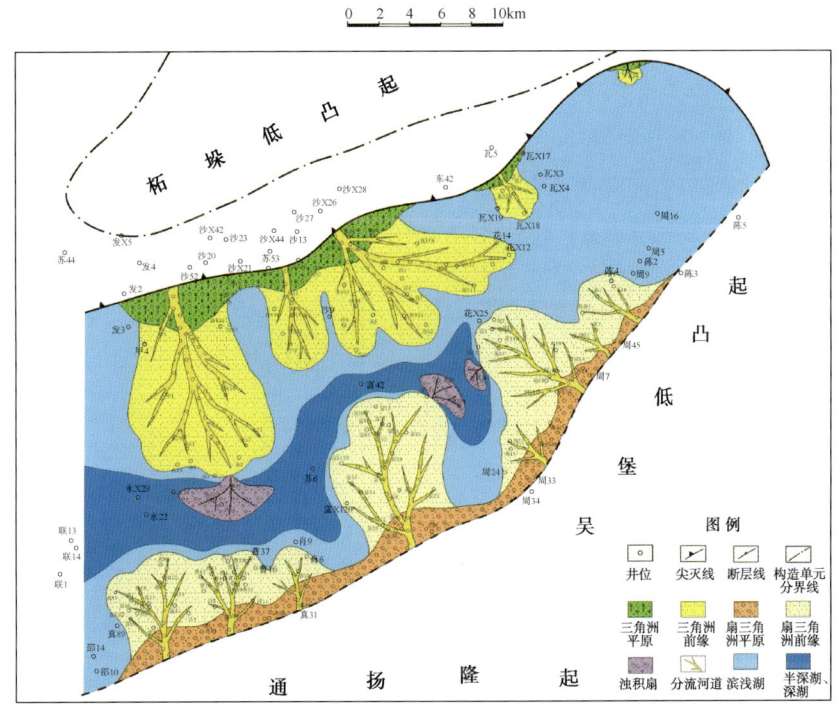

图 6-1-8 高邮凹陷中东部 $E_2d_1^1$ 沉积相图

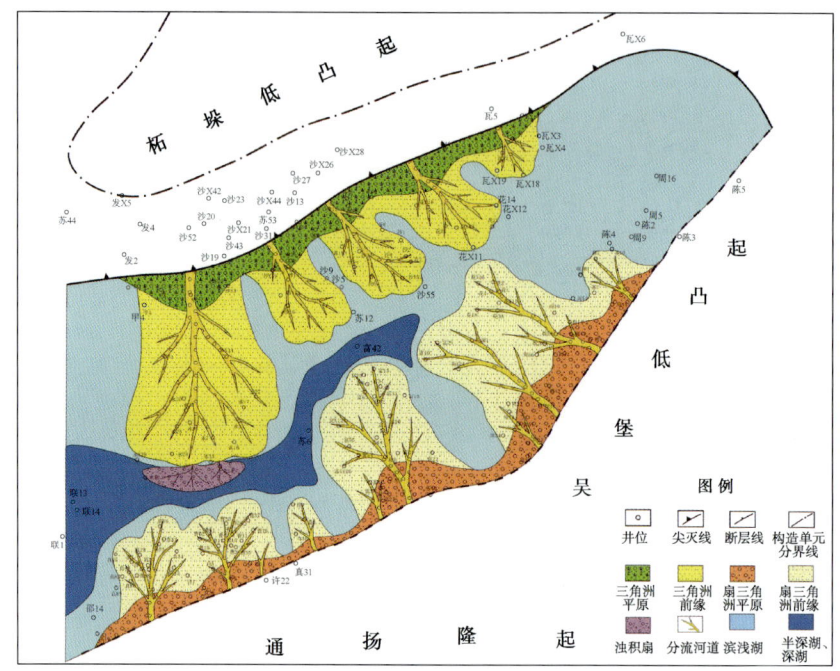

图 6-1-9　高邮凹陷中东部 $E_2d_2^5$ 沉积相图

要发育两支分流河道，一支沿沙 X34-永 X35 井一线向南推进，在永 14 井附近逐渐过渡为前三角洲沉积；另外一支沿沙 X34-永 21—永 15-永 22-1-永 38 井一线向南推进，越过汉留断层在真武北断鼻构造背景上形成砂岩上倾尖灭。在联盟庄地区，三角洲砂体由北向南推进分支成联西、联东两支分流河道，越过汉留断层向深凹尖灭，形成断层—砂岩尖灭圈闭。尽管离物源相对较远，砂层较薄，延伸范围较小，但油气丰度高。探井岩性样品分析表明，该区储层物性和孔隙结构表现为中、低孔—低渗、特低渗特征。对区内戴南组埋深大于 3000m 的 800 多个岩性样品进行物性统计分析，其中孔隙度在 5%～10% 之间的样品占 24.65%，10%～15% 之间的样品占 60.9%，15%～20% 之间的样品占 8.2%，没有大于 20% 的样品；渗透率小于 $1\times10^{-3}\mu m^2$ 的样品占 39.4%，渗透率为 $(1\sim10)\times10^{-3}\mu m^2$ 的样品占 30.2%，$(10\sim100)\times10^{-3}\mu m^2$ 的样品占 28.7%，大于 $100\times10^{-3}\mu m^2$ 的样品占 1.6%。

6.1.2.2.2　地震反射特征

根据地震反射内部结构和外部形态可以将联盟庄—永安地区三角洲前缘相带的地震相类型划分为：

（1）亚平行席状地震相。

本区亚平行地震相以中振幅、差连续为特征，地震相单元并不是完全水平，而是以较小的角度呈席状披盖在古地貌缓坡带上，向盆地方向厚度略有增大，局部有前积的特点（图 6-1-10），常反映水动力能量不强、变化较大、沉积作用相对不太稳定的沉积环境。其振幅为中等，连续性为中—好，该地震相类型所对应的沉积相一般为三角洲平原或前缘沉积，砂地比（砂岩总厚度/地层厚度）明显增大，一般为 20%～40%，这反映了沉积水体的能量较强或者能量变化较大。

6 地震资料在苏北盆地隐蔽圈闭识别中的应用实例

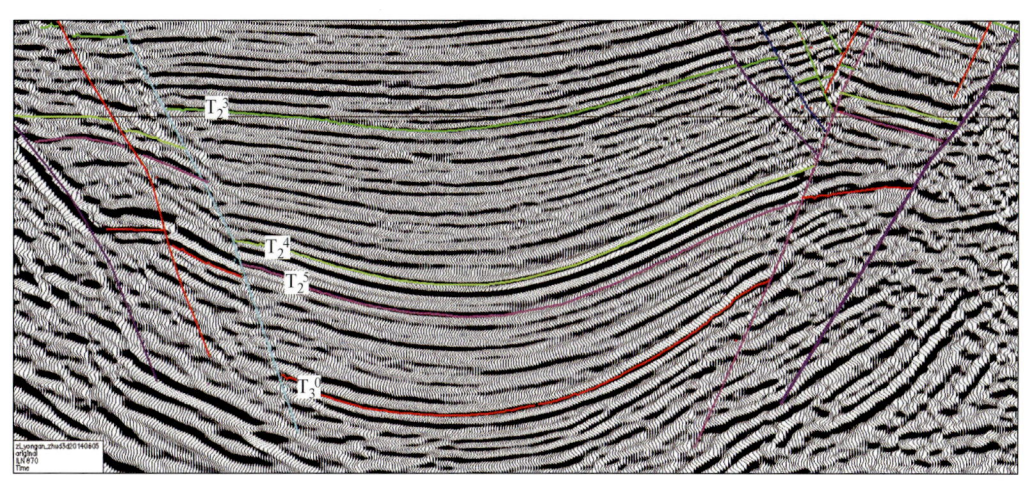

图 6-1-10 亚平行席状地震相

（2）前积楔状地震相。

前积反射结构外形主要为楔状，其振幅为中等，连续性亦为中等，在倾向剖面上相对于其上、下反射层均是斜交的（图 6-1-11）。它是三角洲体系向盆地方向迁移过程中的沉积地震响应。该地震相一般是在相对陡倾的斜坡地形上形成的，对应的岩性为砂泥岩互层，砂地比大于 30%，代表了较强的沉积水动力条件，为三角洲平原或三角洲前缘沉积。

图 6-1-11 前积楔状地震相

6.1.2.3 勘探研究关键点

以测井、岩屑、古生物和地震剖面等资料为基础，参考测井曲线形态特征、岩性组合特征、古生物特征，充分利用地震剖面的横向连续性，分析地震剖面上的前积朵叶体、沉积背斜、前积复合体、河道、沉积坡折等现象，来分析不同层序的沉积体系特征。以层序或体系域为作图单元，研究地层厚度的展布特征、地震相类型及其分布规律。在此基础上，求得不同层序、体系域中的砂岩百分含量，确定砂岩相对富集区及古水流方向。根据单井及层序地层学的研究成果，建立研究区层序地层模式，从而确定不同层序内的油藏类型及其分布模式，指出下一步油气勘探的主要类型及其有利勘探区。最后利用地震资料精确描述砂体的展布。

6.1.3 地层超覆、构造—地层超覆型

6.1.3.1 圈闭发育背景及分布特征

地层超覆油气藏的圈闭条件是：在非渗透性底板上沉积的砂岩，其上又被水进期的泥岩覆盖。其特征是，超覆线与构造线相交，古湖岸线位置相当于地层超覆线位置。该类油气藏主要分布于凹陷边缘。目前已发现的超覆油气藏主要依附于斜坡的背景上，在落实超覆圈闭的诸因素中，构造背景最易发现并确定，因此构造线最容易确定；不整合面位置的确定相对困难些；超覆线确切位置及延伸形态最难确定。因此，寻找超覆圈闭的关键在于确定超覆线的准确位置。

高邮凹陷戴南组是在阜宁组顶部不整合面上沉积的，由于断陷湖盆的不断拉张，由$E_2d_1^3$至$E_2d_2^1$沉积范围逐渐扩大，具有典型的超覆沉积特征。戴南组由早期至晚期的沉积边界，除南部受边界大断裂所限，北、东、西分别逆斜坡倾向推进，尤以北斜坡推进速度最快。在南部断阶带，戴南组逐层超覆在控凹断层之上，具断层—超覆沉积特征，在断面较缓处，超覆特征较清楚；断面较陡处，则特征不明显。在北斜坡及凹陷东、西两侧，戴南组早期沉积边界在汉留断裂附近，晚期沉积边界大致推进到柘垛低凸起和菱塘桥低凸起的前缘，往前伸展了 7~14km，地层逐层超覆特征非常明显，砂体不断被水进期的湖相泥岩覆盖，易发育地层超覆圈闭。

海安凹陷 $K_2t_1^2$、$K_2t_1^3$ 充填超覆于浦口组泥岩之上，上覆地层分别为 $K_2t_1^1$ 与 $K_2t_1^2$，$K_2t_1^3$ 与 $K_2t_1^3$ 之间连续分布的暗色泥岩，具有良好的封盖能力，在地层抬升方向上，$K_2t_1^2$、$K_2t_1^3$ 地层超覆，可能形成地层超覆、构造—地层超覆型圈闭。辫状三角洲沉积主体向东西两侧的地层超覆带可能发育这类圈闭（图6-1-12），如台7块由西至东 $K_2t_1^2$、$K_2t_1^3$ 地层超覆尖灭，$K_2t_1^2$ 油藏高部位受构造控制，东侧受地层超覆控制。

6.1.3.2 砂体特征与地震反射特征

6.1.3.2.1 砂体特征

以高邮凹陷北斜坡 E_2d_1 为例。地层超覆型圈闭在整个斜坡带都有分布，E_2d 地层由深凹向斜坡带抬升减薄并最终尖灭在不整合面上，靠不整合面遮挡形成隐蔽圈闭，如沙3块（图6-1-13）。由于戴一段沉积物源由北部斜坡带向南部深凹带逆向地层扩张—超覆方向推进，在地层超覆带，戴一段主要为三角洲平原—前缘亚相沉积（并以前缘亚相为主），分流河道砂体极为发育，砂地比高，一般为 40%~60% 以上，单层砂岩厚度大，砂岩类型以粉砂岩、细砂岩为主，相带和埋深决定了其物性极好。砂体过发育却并不利于隐蔽圈闭的形成，因而，北斜坡戴一段地层超覆圈闭的形成条件相对苛刻，往往受沉积构造背景、断层和沉积微相变化多重因素综合控制。

6.1.3.2.2 地震反射特征

高邮凹陷 E_2d_1、海安凹陷 K_2t_1 的地层超覆在剖面上均表现为上超充填型地震相，地层

6 地震资料在苏北盆地隐蔽圈闭识别中的应用实例

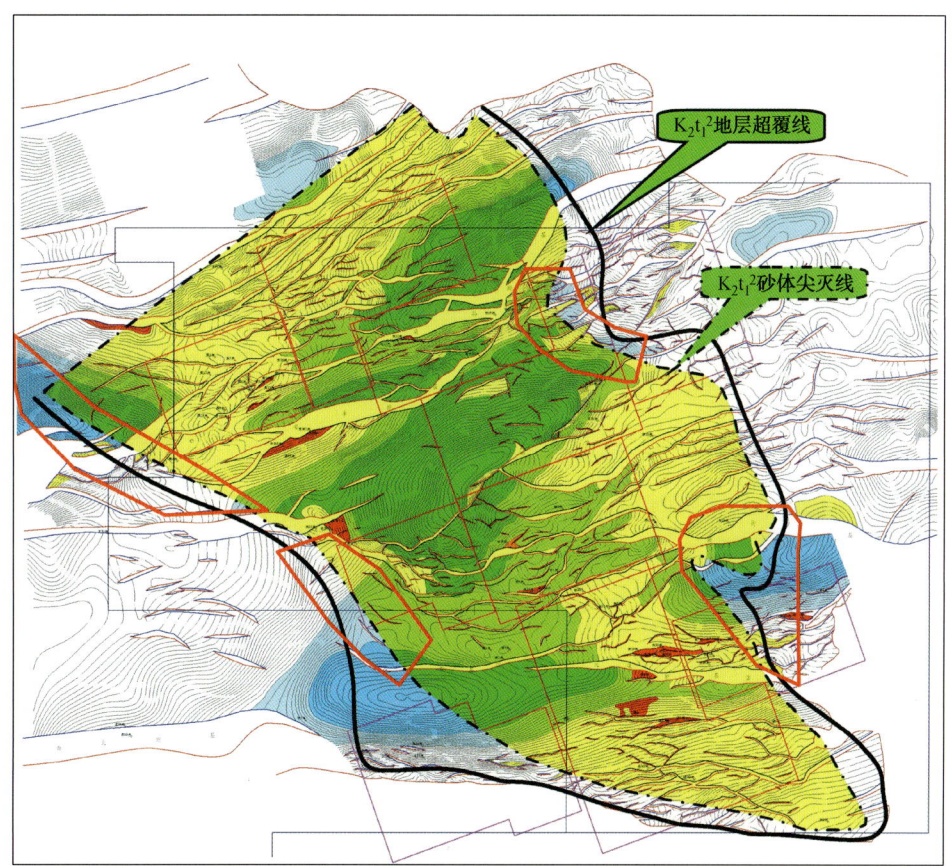

图 6-1-12 海安凹陷 $K_2t_1^2$ 地层超覆油藏勘探有利目标区

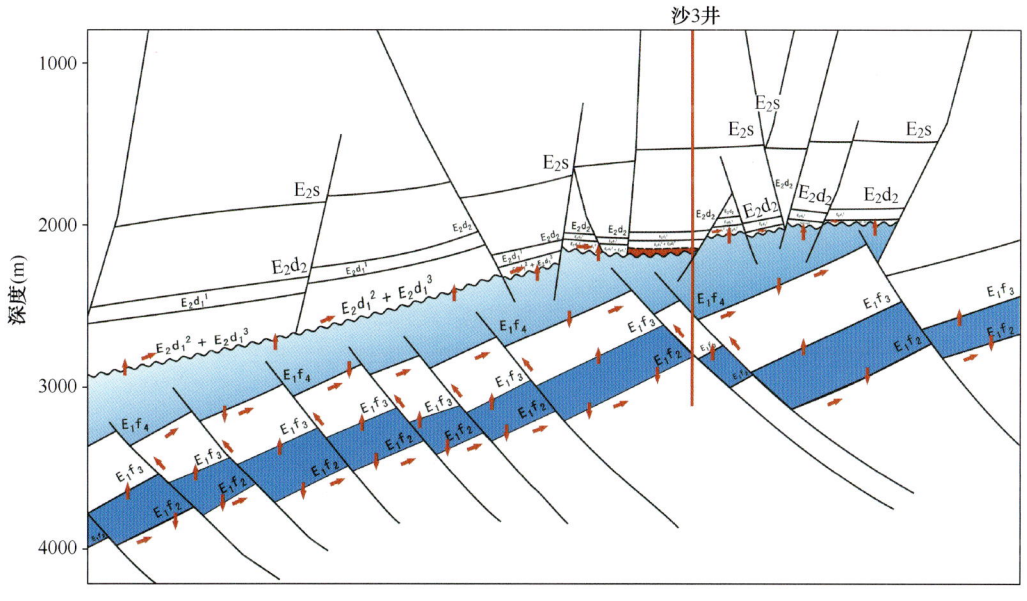

图 6-1-13 沙3块油气成藏模式图

上超在下伏的地层之上，其振幅一般为中或弱振幅，连续性为中到差，这种地震相的反射同相轴略弯曲，与下伏地形的形态相似，向上弯曲度逐渐变小，直至达到水平（图6-1-14）。这种上超地震相一般代表沉积时水动力条件变化较大，一般在洼陷边缘位置水动力较强，在中央地区则较弱。

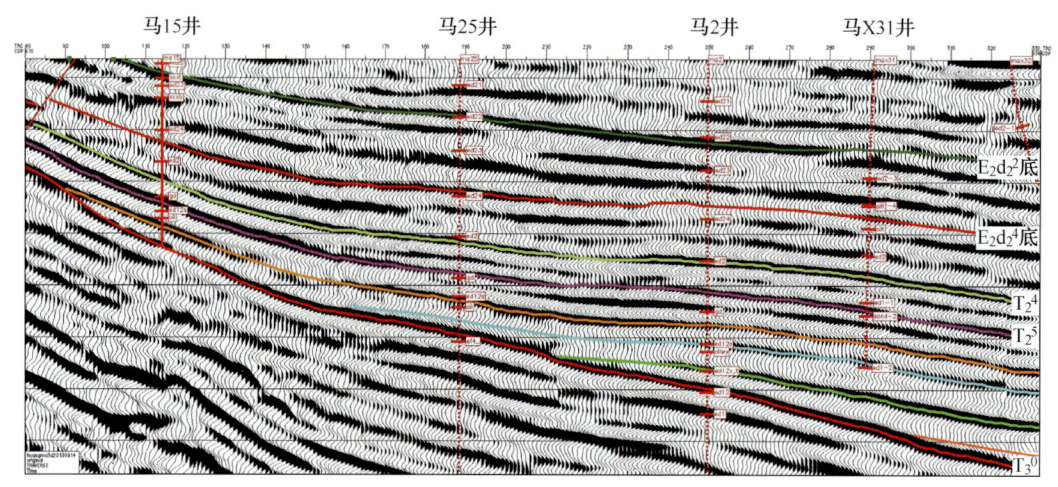

图6-1-14　上超充填型地震相

6.1.3.2.3　勘探研究关键点

超覆点位置的确定，是落实此类圈闭的关键。从地震资料波形特征上识别反射层的消失很容易，但如何从波形的尖灭点确定实际砂岩的尖灭点，是地层超覆型隐蔽圈闭勘探研究的关键。

6.2　地震资料在高邮凹陷缓坡带隐蔽圈闭识别中的应用

高邮凹陷北斜坡戴南组发育受北部、南部两套物源控制的岩性上倾尖灭和构造—岩性圈闭。隐蔽油藏勘探程度低。本次研究以基于叠后地震资料的测井约束反演技术为主，结合地震属性分析技术在花庄、永安地区开展了戴南组隐蔽圈闭识别研究，取得了较好的应用效果。

6.2.1　测井约束反演在永安地区戴南组隐蔽圈闭识别中的应用

研究区包括联东和永安构造，位置在高邮凹陷汉留断层两侧，上升盘属北斜坡，下降盘属深凹带，东边为富民油田，西边紧邻联盟庄构造，向南隔深凹与真武、曹庄油田相望。该地区构造破碎、断层发育、各种地质现象丰富、砂体厚度和延伸范围变化大，紧邻樊川和邵伯两个生油次凹，油源充足，油气运移通道通畅，成藏条件十分优越。已发现永2、永7、永9、永13、永14、永21、永22、永24、永25、永33、永35等油藏，含油层系为古近系三垛组和戴南组，储层类型为砂岩。

永安地区戴南组为三角洲前缘及前缘末端沉积，加之汉留断层对深凹烃源岩的有效沟通，是隐蔽油藏发育的有利地区。戴南组分为8个亚段，油气显示集中在$E_2d_2^5$、$E_2d_1^1$、$E_2d_1^2$，研究区发现的隐蔽油气藏亦主要分布在这三个亚段，$E_2d_2^5$、$E_2d_1^1$、$E_2d_1^2$是隐蔽圈闭识

6 地震资料在苏北盆地隐蔽圈闭识别中的应用实例

别的主要目的层。

该区 2007 年和 2009 年分别实施了永安和真—联高精度三维勘探，高精度三维分辨率的提高，使地层内幕反射信息更丰富，有利于岩性圈闭的识别研究。

6.2.1.1 沉积特征

戴南组沉积时期，高邮凹陷整体处于强烈断陷阶段，真武、吴堡、汉留等大断裂活动强烈，上盘大规模沉降，为戴南组沉积提供了充足的物源。通过对永安地区近 10 口井的岩心观察描述、薄片镜下鉴定及粒度分析，结合大量探井的综合录井、测井曲线、地震相标志等资料的研究，认为研究区戴南组发育三角洲、湖泊两种沉积相。其中三角洲分布在斜坡及下降盘靠近汉留断层部位，持续时间长，规模较大，以三角洲前缘和前三角洲亚相最为发育，平面呈朵叶状。通过岩心、测井相分析，可划分出三角洲前缘水下分流河道、水下分流间湾、河口坝、远沙坝、水下天然堤等微相，其中以三角洲前缘水下分流河道最为发育。

$E_2d_1^5$、$E_2d_1^1$、$E_2d_1^3$ 均以三角洲—滨浅湖沉积体系为主，三角洲发育 3 个较大的分支，分别在甲 1—永 39、永 20—永 22-1—永 38、永 36—永 37—永 35 一带。

$E_2d_1^2$ 沉积期，高邮凹陷处于断陷盆地的裂陷早期，继 $E_2d_1^3$ 前期充填性沉积之后，沉积范围明显向北斜坡扩大；$E_2d_1^2$ 的砂岩百分含量总体为 20%~40%，平面图和联井剖面均反映出砂体自西向东逐渐增加，有多个物源推进方向，从真 86—永 22-1—永 21—永 20—沙 34 的南北联井剖面来看，砂体由北向南逐渐推进减薄（图 6-2-1）。

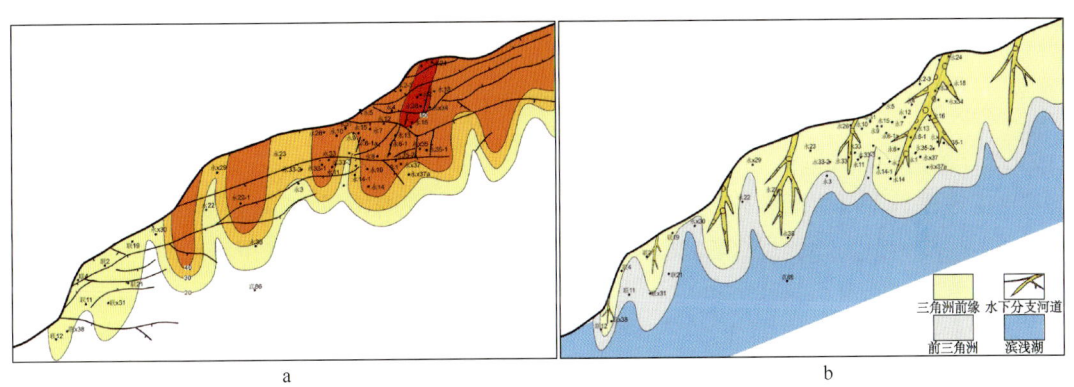

图 6-2-1 联东—永安地区 $E_2d_1^2$ 砂岩百分含量图（a）和沉积相图（b）

$E_2d_1^1$ 发育时期，全区发生大范围湖侵，三角洲地带的湖岸线已向北移，规模比 $E_2d_1^2$ 时期小，"五高导"泥岩为湖平面上升沉积范围明显扩大的标志；$E_2d_1^1$ 砂岩百分含量总体降低，在 10%~30% 之间，3 支物源方向明显，其中永 22-1 井附近砂体最为发育（图 6-2-2）。

$E_2d_2^2$ 处在断陷高峰中晚期，为低位体系域沉积，北部缓坡带湖面较为窄缓，三角洲规模大，砂体较为发育，在该亚段下部尤为明显，表现为加积准层序组。$E_2d_2^2$ 砂体总体比较发育，在 20%~50% 之间，从联井剖面上可以看到砂体的横向显变化，在 $E_2d_2^2$ 上部表现明显（图 6-2-3）。

永安地区砂体展布模式是多层三角洲前缘砂体在空间上呈叶状、条带状相互叠置，在前端砂体向两侧及前方尖灭，是隐蔽圈闭发育的有利地区。

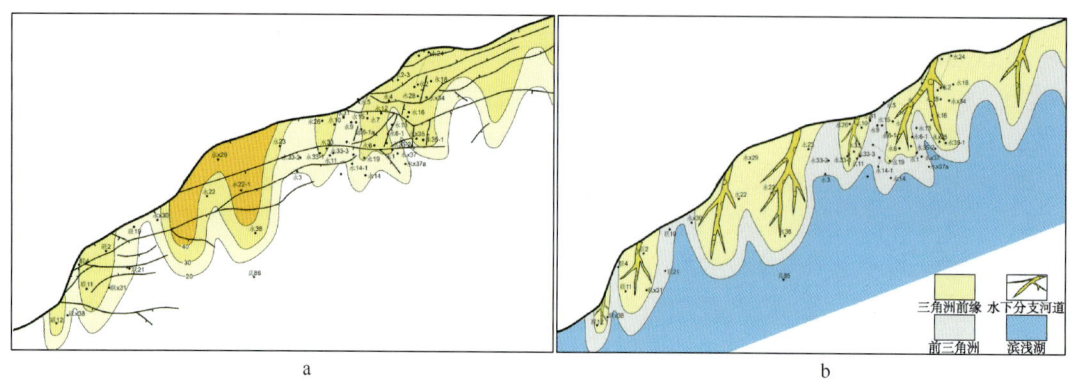

图 6-2-2 联东—永安地区 $E_2d_1^1$ 砂岩百分含量图（a）和沉积相图（b）

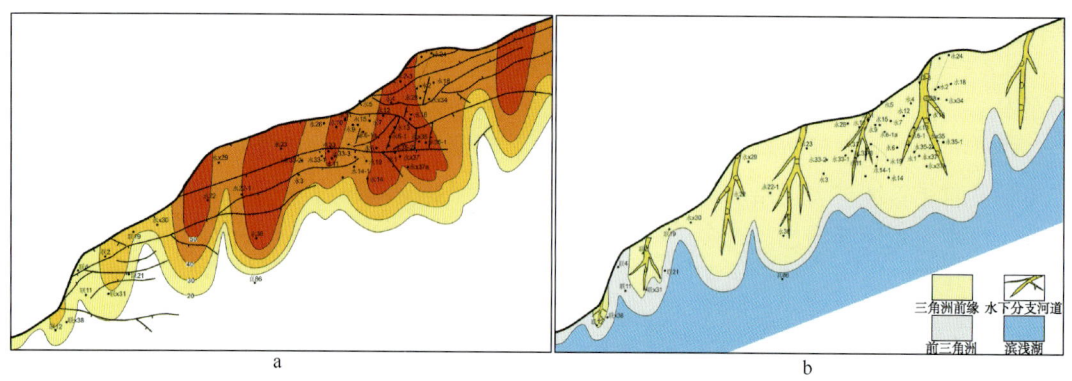

图 6-2-3 联东—永安地区 $E_2d_2^5$ 砂岩百分含量图（a）和沉积相图（b）

6.2.1.2 构造特征及隐蔽圈闭模式

永安地区位于汉留断裂东段，汉留断裂是横贯高邮凹陷中西部的二级断层，它控制了永安地区的构造格局和地层沉积，受右行走滑应力的作用，断面上陡下缓，走向为北东向，并在其两侧发育规模不等的次级羽状正断层，构成众多的断鼻、断块圈闭。该区断层走向在平面上大多为北东向，剖面上大多断层与汉留断层掉向一致，为南掉，构成锐角"Y"字形构造模式，个别断层表现为北掉，汉留断层及其伴生断层呈多个帚状分支。

研究区内戴南组产状在汉留断层两侧变化较一致，北部地层向南抬起，在东西向有宽缓的隆起，南部地层则主要向北抬起，在永 7、永 17 区汉留断层下降盘与上升盘呈相对宽缓的鼻状构造，总体上构成破背斜的构造面貌背景。

汉留断裂垂直断距在 700~1000m，由于断层的分隔控制，戴南组上下盘埋深差异明显。上升盘埋深自北向南逐渐增加，一般在 2000~2500m 之间，下降盘在 2700~3500m 之间。

利用沉积相和断裂构造叠合图进行分析，在下降盘三角洲前缘水下分支河道发育的地区，由于汉留断裂活动强烈，断距大，砂体自北北东向湖盆推进并快速卸载尖灭，储层物性好，与北东东向断层组合，成为隐蔽圈闭发育的有利区带。解析已知油藏分析认为该区发育两种类型的隐蔽油气藏。

上倾尖灭型油气藏：永 30—永 22—永 22-1 以南地区，地层整体向南抬升，来自北部的三角洲沉积体系在此处为三角洲前缘—前三角洲沉积，水下分流河道砂是该区主要的储层,在构造背景上砂岩上倾尖灭。该地区位于邵伯次凹和樊川次凹之间的构造高带上,是两个次凹油气运移的有利指向区,油源条件非常优越,阜宁组烃源岩生成的油气沿断层垂向运移至有利砂岩储层,沿储层砂体侧向运移,在砂岩尖灭封挡作用下,形成砂体上倾尖灭油气藏(图6-2-4)。

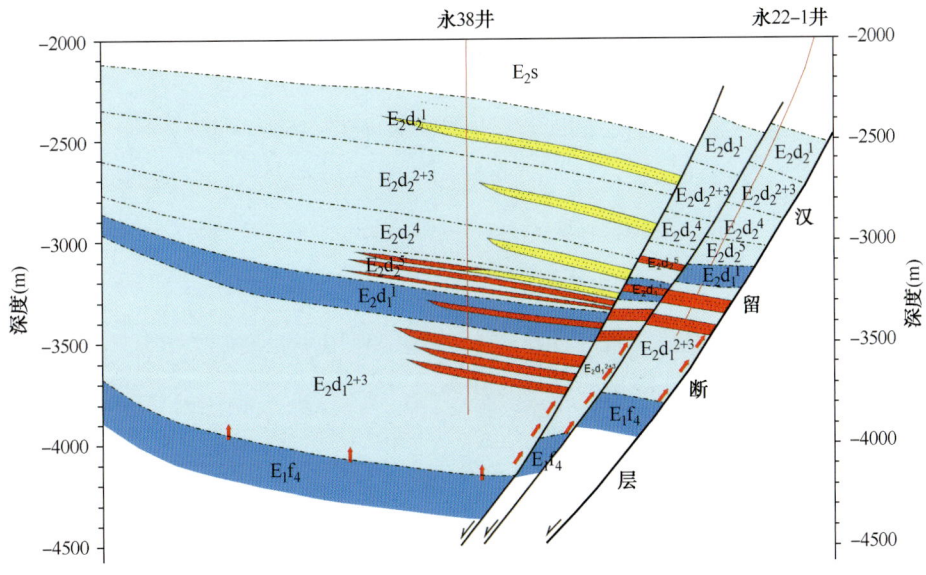

图 6-2-4 上倾尖灭油藏成藏模式

断层—岩性复合油气藏:在地层北抬南倾及三角洲前缘水下分流河道发育地区,来自北部的物源经活动强烈的汉留断层后,充分卸载并快速尖灭,这些地区砂体发育且储层物性好;上倾方向汉留断层及其分支断层断距大,下降盘 E_2d 大多与 E_1f 对接,封挡条件好。因此在汉留断层及其分支断层与水下分流河道砂体的共同控制下,深凹带阜宁组烃源岩生成的油气沿断层垂向运移至有利砂岩储层后,沿砂体侧向运移,受断层和砂岩尖灭的封挡,形成断层—岩性油气藏(图6-2-5)。

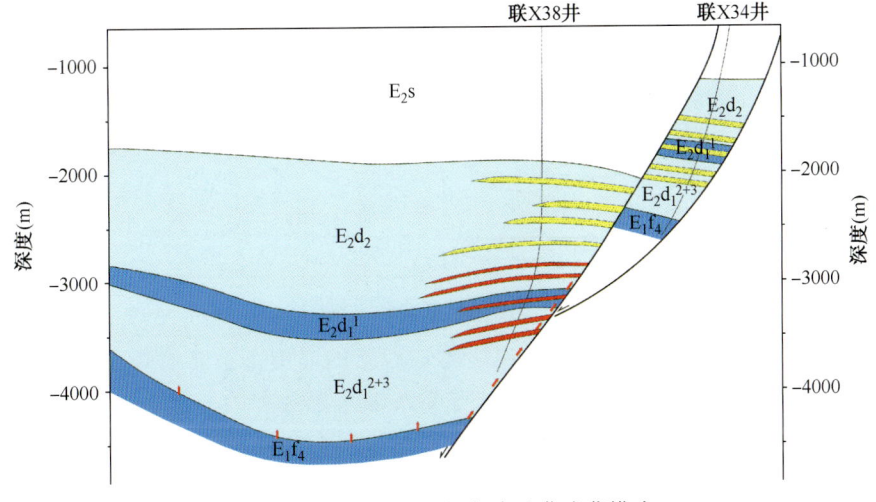

图 6-2-5 断层—岩性复合油藏成藏模式

6.2.1.3 基础资料分析

6.2.1.3.1 地震资料特征

永安地区为永安、真—联两块高精度三维所覆盖,储层预测所采用的地震资料为叠前时间偏移处理后的纯波数据体,处理网格是10m×10m,采样间隔为2ms,主频为25~30Hz,除了永安高精度北面因为火成岩侵入,造成资料品质较差外,其他地区分辨率较高、波阻特征较好、信噪比高,可为地震反演储层预测提供较好的数据基础。

6.2.1.3.2 井资料分析

研究区钻井较多,其中联12、联X31、永7、永14、永21、永22、永25、永33等井在不同层段均见到良好的油气显示,且分布均匀、离断层相对较远,曲线齐全,所以选用这8口井来约束反演。

6.2.1.3.3 测井曲线预处理

质量分析与环境校正:对8口井的测井曲线进行质量分析与环境校正。如永21井1350~1375m发生井眼垮塌,该段密度曲线存在较大畸变,利用多元回归公式法对该段密度曲线进行重构,使其特征更符合实际地质条件(图6-2-6)。

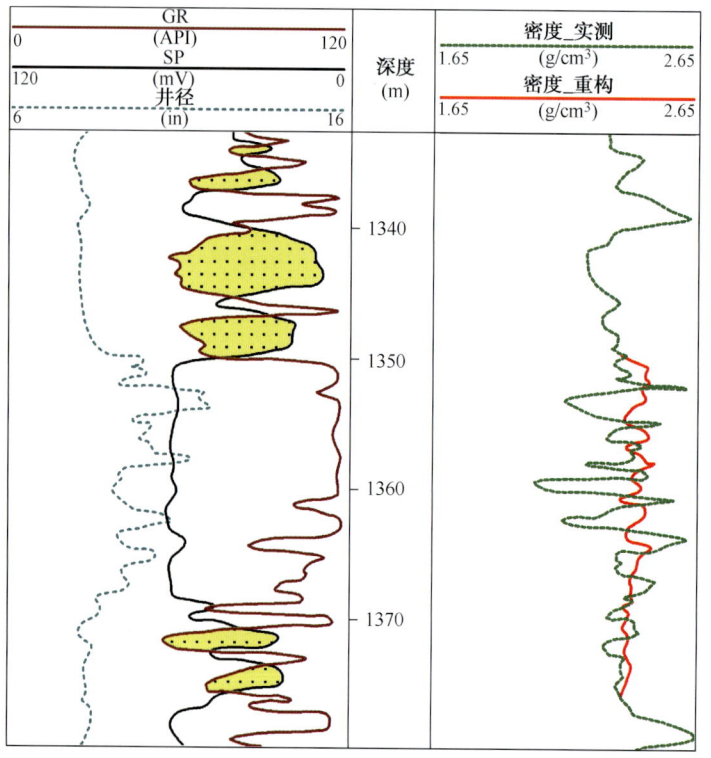

图6-2-6 密度曲线重构图

一致性分析与标准化处理:在考虑深度影响因素的前提下,开展声波时差、密度等曲线一致性分析。以永21井作为标准井,对需要做标准化处理的井进行处理(图6-2-7),处理过程中用声波—密度、声波—伽马、中子—密度等交会图进行质量控制。

6.2.1.3.4 岩石物理特征

从多口井砂岩、泥岩的波阻抗与深度交会图看(图6-2-8),在同一深度或同一目的层

6 地震资料在苏北盆地隐蔽圈闭识别中的应用实例

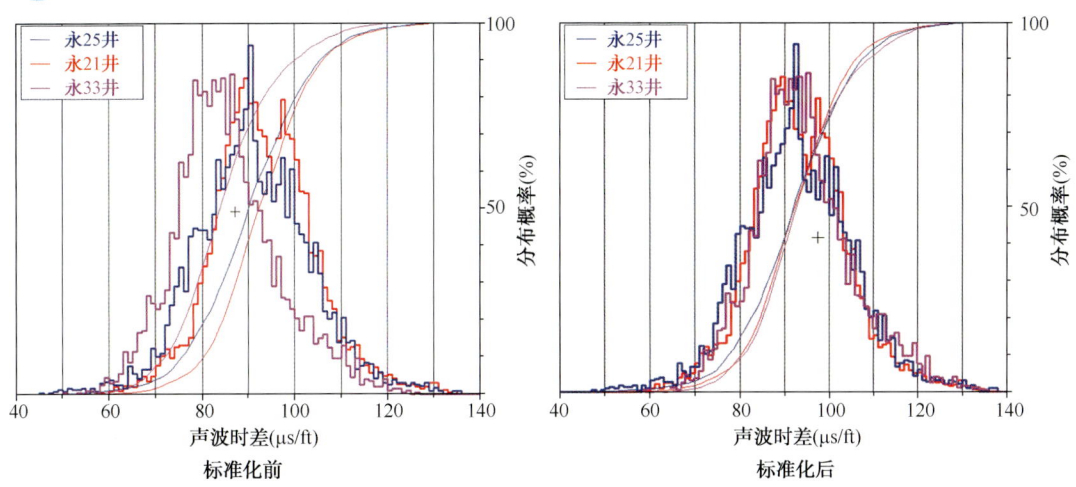

图 6-2-7 钻井声波标准化前直方图对比

内，砂岩波阻抗大于泥岩波阻抗，因此可以通过纵波阻抗将砂岩和泥岩区分开，但砂岩、泥岩波阻抗均随着深度的增加而增大，分析时需要充分考虑深度对判别门槛的影响。

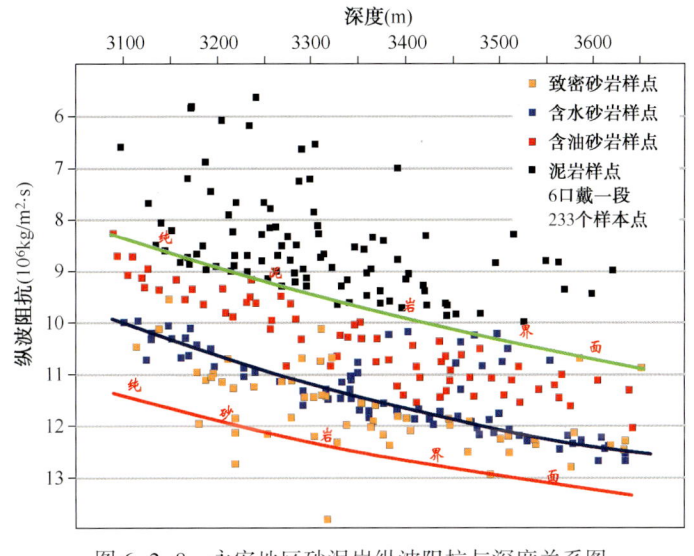

图 6-2-8 永安地区砂泥岩纵波阻抗与深度关系图

6.2.1.3.5 井震关系研究

为了给后续地震反演及储层预测工作提供基础，精细的层位识别和目的层时窗分析是重要前提。

利用声波测井资料合成地震记录进行井—震标定，对区内 8 口探井（联 12、联 X31、永 7、永 14、永 21、永 22、永 25、永 33 等井）进行目的层精细标定与井震匹配分析。在单井标定的基础上，开展联井对比及三维对比分析，进一步确认层位、分析波组特征及平面变化特征。

从标定情况看，主要目的层戴南组的地震反射特征相对稳定，各井的标定结果差异不大，基本能够找到共性，但地层厚度、岩性横向变化及沉积差异等原因会造成各井旁地震资料品质的差异。从地震波组看，平面上各井点主要特征层的地震反射同相轴总体变化不大，部分存在细节上的差异，总体上各井目的层段地震合成道记录与井旁地震道特征吻合较好（图6-2-9）。

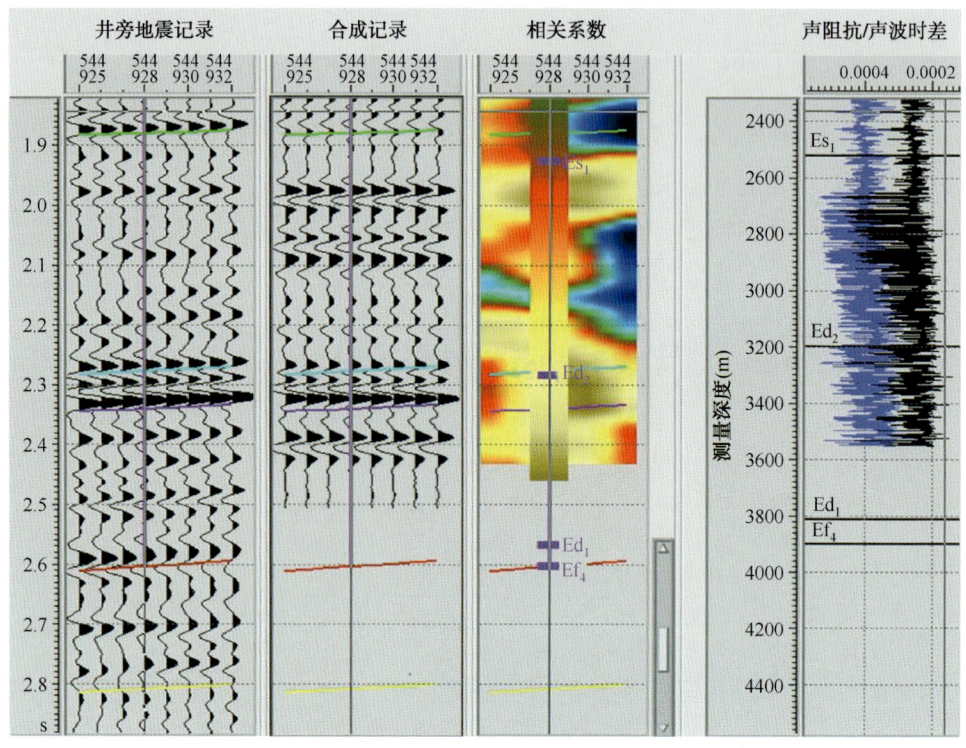

图6-2-9 永14井合成地震记录

各主要反射波组的地震地质特征总结如下：

T_2^3：E_2s_1黑泥底界的反射，能量较强，相位连续性好，多表现为频率较高的双相位地震反射特征。

T_2^4、T_2^5：T_2^4为E_2d_2底与E_2d_1顶的反射界面，能量中等，相位连续性较好；T_2^5为戴一段"五高导"底的反射，能量中等，相位连续性较好。由于距离较近，两套反射为一整体，在南部表现为中间弱上下强的三相位特征，上部两个相位频率偏高，而其下部相位呈低频特征；在靠近中部汉留断裂处特征有所改变，显示为中间相位变弱或者中间相位基本消失的复波特征，向北则表现为低频双相位，T_2^4对应第一个相位，T_2^5对应下一个相位。

T_3^0：为戴南组与阜宁组分界。能量较强，相位连续性好，多表现为频率较低的双相位地震反射特征。与该地质界面对应的地震反射界面为双相位之间的波谷，该界面与下部阜宁组呈角度不整合接触。

6.2.1.4 测井约束反演及储层预测

6.2.1.4.1 总体思路与技术路线

岩石物理分析表明，纵波阻抗可以将砂岩和泥岩区分开。本区两套高精度三维地震资料分辨率高，钻井资料丰富，综合这些条件，测井约束反演是实现本区戴南组储层预测的有效手段。其技术的特点是：以具有丰富高频成分信息和完整低频成分信息的测井资料补充地震有限带宽的不足，用已知的地质信息和测井资料作为约束条件，推算出高分辨率的地层波阻抗剖面，从而达到描述储层平面展布、埋深和物性变化规律的目的。

针对研究区地震、地质特征，建立了相应的技术流程（图6-2-10），对关键环节进行反复试验和参数测试，尽可能保证波阻抗反演的精度和可信度。

6.2.1.4.2 地震反演关键环节

针对本区岩石物理特征、地震资料特点、井的分布情况和地层埋深的变化情况，除了测井曲线预处理外，综合子波提取、低频模型建立、参数选择等也是影响反演结果的关键环节。

（1）综合地震子波提取。

合适的子波是准确反演的前提，子波来源于地震，地震资料的好坏直接影响子波的形态。同时子波是影响反演精度的一个重要参数，子波的形态对反演结果影响较大。在地震反演过程中，

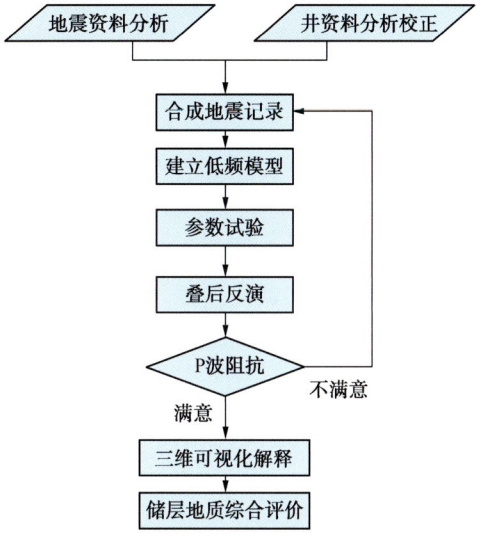

图6-2-10　永安地区测井约束反演技术流程图

根据单井测井资料提取的子波对于反演结果的可靠性、合理性影响非常大。子波提取的几项基本原则是：

①同一地区每口井提取的子波应具有一致性；

②子波估算的时窗长度是子波长度的3~5倍，选取的时窗段尽可能靠近目的层；

③所提取的子波长度一般在100~200ms之间，如果地震数据的频率较低，则设置的提取子波长度应更长；

④提取子波的地震道应尽量远离断层，选取质量较好的地震道。

在精细标定的基础上，各井提取的子波基本为零相位子波，在形状上很相似，振幅和相位都比较一致，最终估算的综合子波形态较好，应用到其他井上，井震相关性良好。

（2）低频模型的建立。

建立准确的低频模型，是得到理想反演结果的基础。建立低频模型，实际上就是将测井资料具有较高垂向分辨率和地震剖面具有较好横向连续性的地震信息结合起来。低频模型的作用主要包括：

①将反射系数变成合理的弹性参数；

②降低子波的旁瓣效应；

③增强属性的空间连续识别能力；

④增强岩性的解释能力；

⑤定性反映出砂体的空间分布规律；

⑥在定量解释时有非常重要的作用。

对于复杂断裂带，地质框架模型的质量非常重要。地质框架模型融合了构造（层位、断层）、地质/沉积模式（整合/不整合、河道、礁等）、测井资料等信息。如果框架模型的断层、地层接触关系有误，通常会直接影响构造关键部位的反演结果，因此建立的框架模型要尽可能反映地层沉积接触关系。

基于框架模型，采取内插外推测井波阻抗的方式，形成波阻抗数据体，为反演提供低频信息。在模型建立的模块中，提供了 6 种井间内插算法，至于哪种方法合适，要根据各地区的实际数据而定。经过对比，本次研究选择了反距离加权法，这种算法收敛性较好。

低频模型的质量控制是必不可少的工作，可以通过连井分析，检查井间的层位、岩性是否合适，对于不合适的井段，需要重新调整合成记录，确保所有约束井在模型上合理；也可以针对目的层提取波阻抗低频模型的平面属性，检查横向属性值的变化规律，有明显畸变的地方必须重新分析。

（3）反演参数的选择。

选择合适的反演参数，对反演的结果也起着非常重要的作用。其中迭代次数、合并频率的选择对反演剖面的效果、分辨率和精度有较大的控制作用。

约束稀疏脉冲反演结果的好坏决定于反射系数的稀疏和合成记录与原始地震道的残差大小，而这两者又是互相矛盾的，即迭代次数小，说明反射系数稀疏，反演的剖面细节少，分辨率低，残差大；但是迭代次数太大，又过分强调了地震残差最小，一味地使合成记录与原始地震道吻合，结果使一些噪声也加到了反演剖面中，同时忽略了反射系数的稀疏，即忽略了波阻抗变化的低频背景。因此，在反演中应选择使曲线收敛的迭代次数，既拓宽反演剖面频谱，又提高分辨率。

合并频率参数也起着重要的作用。地震数据中缺少低频成分，因此由地震反演得到的纵波阻抗体的低频成分是不稳定的，在反演中不使用地震资料提供的低频信息，而是使用模型中提供的低频成分去替换它。这个测试过程主要是找地震与模型合并的低频点，即究竟从几赫兹开由模型的低频成分来替换地震的低频成分。

针对不同的地质情况，有目的地选取合适的反演参数，同时利用相应的质量监控手段，加强对反演信息的反馈处理，可以有效地提高反演结果的质量，得到一个较为满意的效果。

在以上反演关键环节反复测试的基础上，完成了永安地区真—联高精度和永安高精度三维的测井约束波阻抗反演。

6.2.1.5 应用效果

6.2.1.5.1 地震反演效果

从过永 14、永 35 井的纵波阻抗剖面看，永 35 井处砂体较发育，$E_2d_1^2$ 底砂体横向上不连通（图 6-2-11），预测结果与钻井吻合较好。

从 $E_2d_1^2$ 波阻抗平面图看（图 6-2-12），永安地区物源主要来自北部，在联 38 块东、永 30—永 22 南、永 14—永 35、永 35 东有几个较大的砂岩发育区，砂体由北向南逐渐减薄。位于主物源方向上的永 35 井在戴南组砂岩比较发育，录井见良好油气显示，油浸至荧光油气显示 118m/31 层，其中 $E_2d_1^2$ 见 5 个厚层，最大单层厚度达 24m。$E_2d_1^1$、$E_2d_2^3$ 反演成果与 $E_2d_1^2$ 的特点基本相似，但砂体的平面展布与 $E_2d_1^2$ 相比东西向略有摆动。

6.2.1.5.2 砂体厚度预测

（1）岩性解释量版。

在地震波阻抗反演的基础上，以实际测井资料为依据，分析永安地区砂泥岩速度分布特征，建立砂泥岩波阻抗识别量版。建立岩性识别模版的关键是样本点的选择，本次研究选择的是永安地区密度、速度资料较为齐全的 6 口探井，共 233 个岩性样本点，其中泥岩

6 地震资料在苏北盆地隐蔽圈闭识别中的应用实例

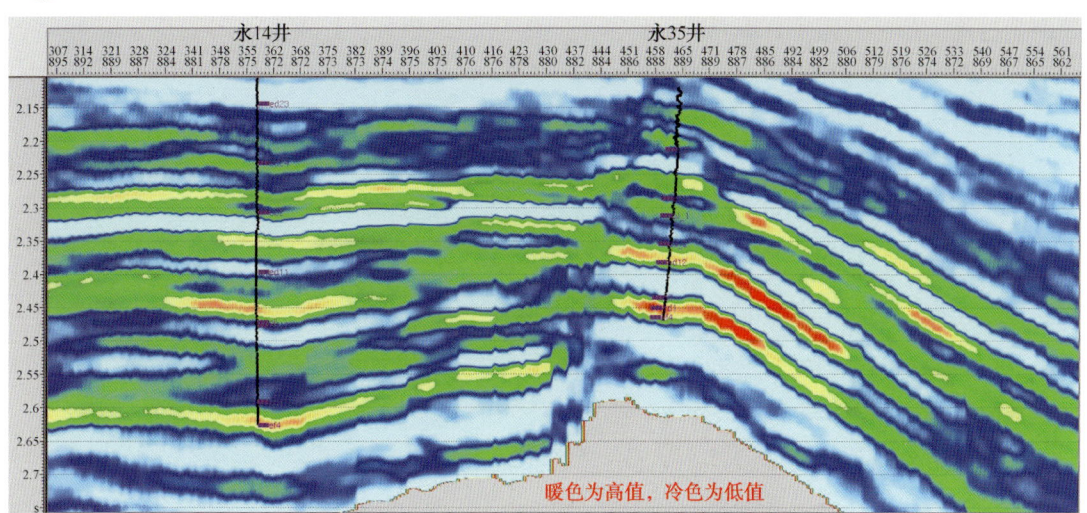

图 6-2-11 过永 35 井、永 14 井纵波阻抗剖面

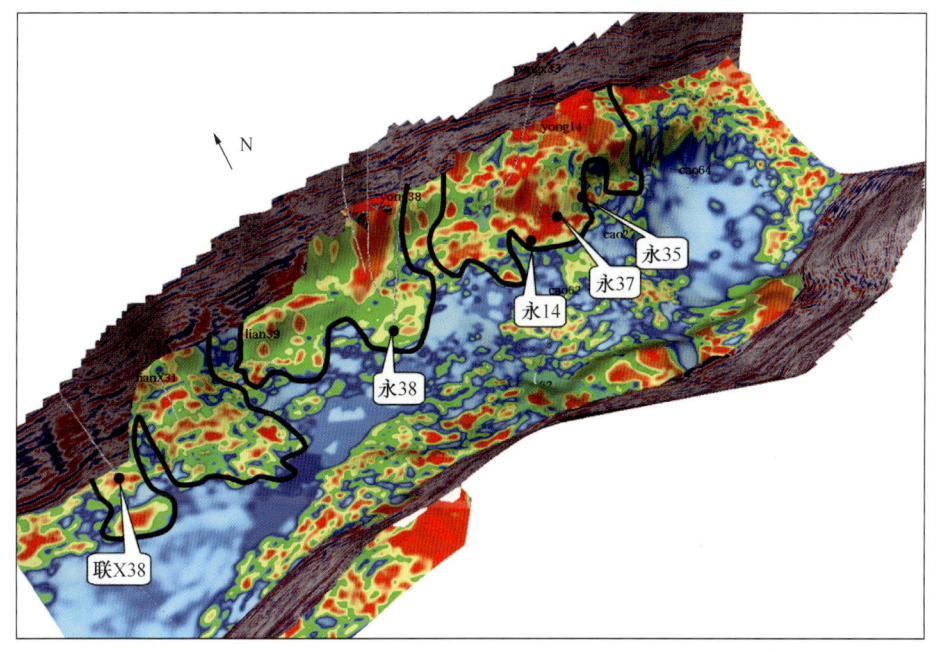

图 6-2-12 联东、永安地区 $E_2d_1^3$ 波阻抗平面图

样点 92 个，砂岩样点 141 个（包括 46 个油层砂岩样点、30 个水层砂岩样点和 65 个致密砂岩样点）。样本点选择遵循两个原则：一是砂岩样本点以测井解释成果为依据；二是泥岩样本点选择岩性纯、无井径影响、深度上具代表性的点。

根据 6 口井的声波、密度测井值求取样本点声阻抗，将这些数值投影到波阻抗—深度坐标系中，利用二次多项式进行拟合，求出纯泥岩、纯砂岩波阻抗随深度变化的外包络线（图 6-2-8）。

其公式为

$$I_{砂} = -3.79H^2 + 30192.95H - 47214867$$

$$I_{泥} = -2.13H^2 + 18922.32H - 29821104$$

式中，$I_砂$为纯砂岩波阻抗，kg/m³·m/s；$I_泥$为纯泥岩波阻抗，kg/m³·m/s；H为深度，m。

（2）砂岩厚度预测。

根据反演提取波阻抗，利用砂泥岩解释量版求取砂岩的百分含量。

首先是根据沿层提取的波阻抗，将对应层段的深度投影到砂泥岩量版上，求出该层段的砂岩百分含量。有3种情况：

①该波阻抗落在纯砂、纯泥速度之间，则该点到泥岩速度线的距离与砂、泥速度线间距的比值，即为砂岩百分含量。其公式为

$$Per = (I-I_泥)/(I_砂-I_泥)$$

式中，Per为砂岩百分比；I为校正后的波阻抗；$I_砂$为纯砂岩波阻抗，kg/m³·m/s；$I_泥$为纯泥岩波阻抗，kg/m³·m/s。

②该波阻抗落在砂岩线之外，则$Per=100\%$；

③该波阻抗落在泥岩线之外，则$Per=0\%$。

计算的砂岩百分含量与实钻存在偏差，校正后得到最终的砂岩百分含量，进而求取砂岩总厚度。从预测结果来看，砂岩变化趋势与实钻基本吻合（图6-2-13至图6-2-15）。

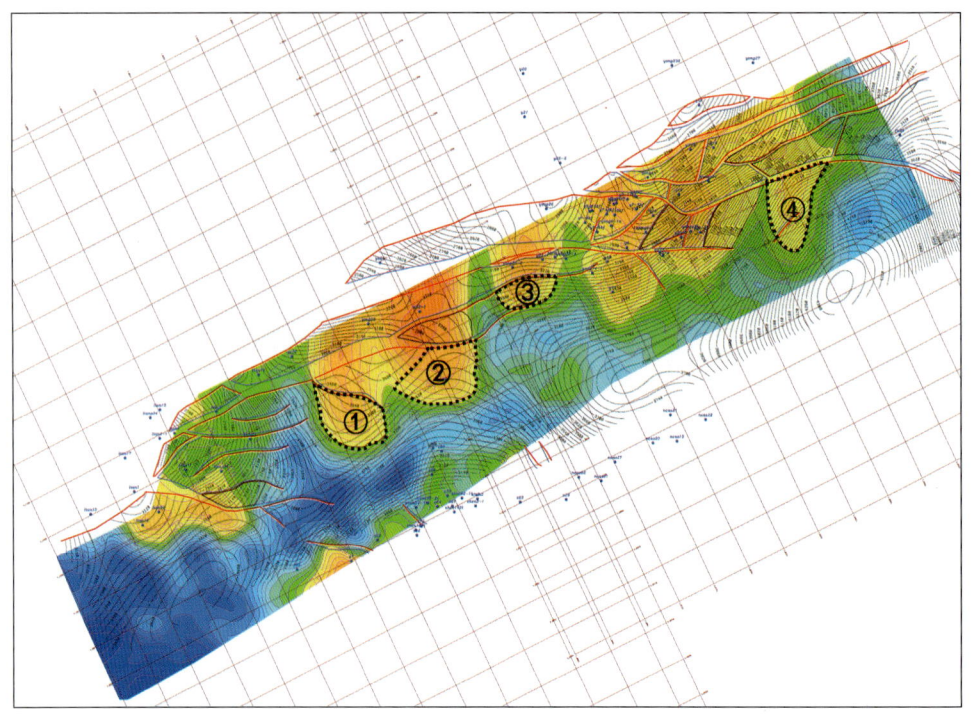

图6-2-13 永安地区$E_2d_1^2$砂岩预测厚度与T_2^5反射层构造叠合图

6.2.1.5.3 储层预测精度分析

为了对砂岩厚度预测结果进行检验，利用测井、录井资料统计了13口井目的层的砂岩厚度，并从砂岩厚度分布图上读取了相应井点的预测砂岩厚度（表6-2-1）。结果表明，井点实测值与预测值平均绝对误差大多在10m以内，相关系数为0.8551（图6-2-16），说明利用该方法预测砂岩厚度是可行的。

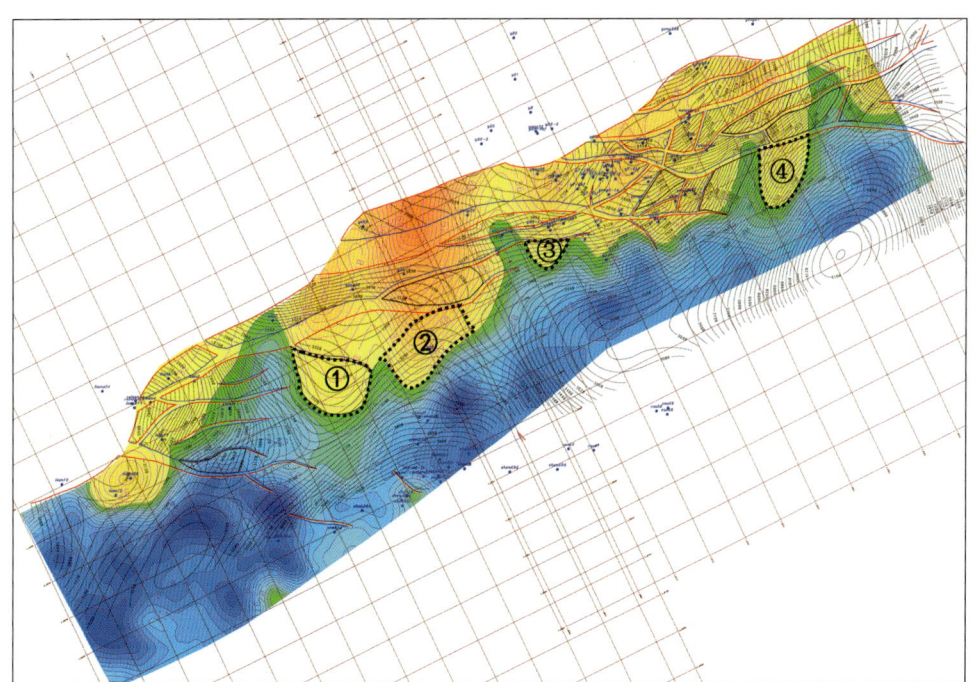

图 6-2-14　永安地区 $E_2d_1^1$ 砂岩预测厚度与 T_2^4 反射层构造叠合图

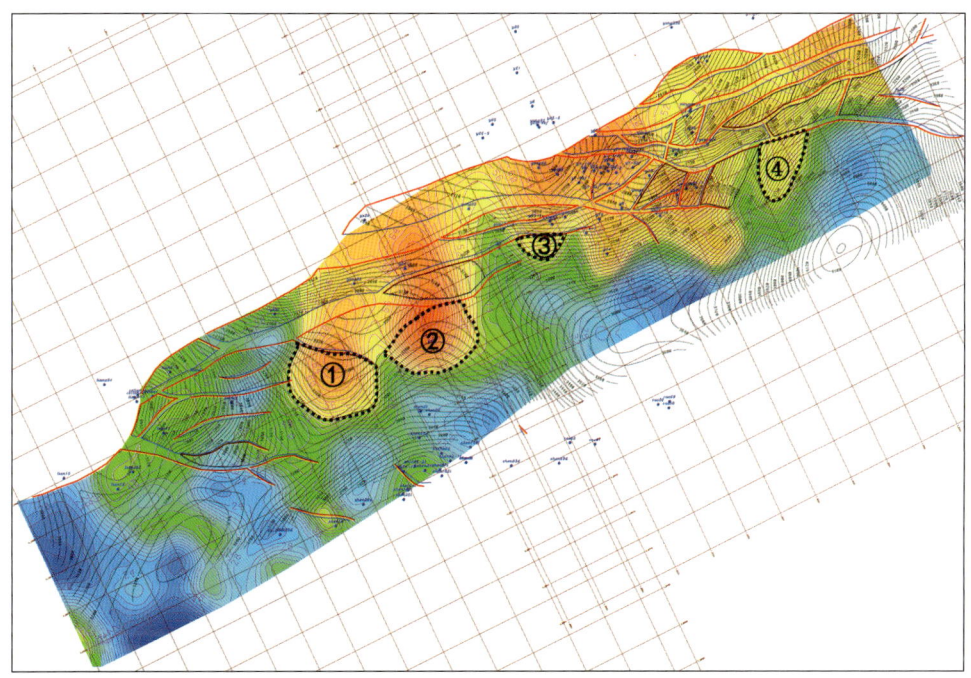

图 6-2-15　永安地球 $E_2d_2^5$ 砂岩预测厚度与 T_2^4 反射层构造叠合图

表 6-2-1 永安地区预测与实钻砂岩厚度对比表

层位	$E_2d_2^5$				$E_2d_1^1$				$E_2d_1^2$			
井名	实际厚度(m)	预测厚度(m)	误差(m)	相对误差(%)	实际厚度(m)	预测厚度(m)	误差(m)	相对误差(%)	实际厚度(m)	预测厚度(m)	误差(m)	相对误差(%)
联 12	36	42	6	16.7	44.5	36	-8.5	19.1	79.5	84	-5.5	6.9
联 21	46	36	-10	21.7	33	26	-7	21.2	63	64	1	1.6
永 6-1	62.5	62	0.5	0.8	29	32	3	10.3	83.5	84	0.5	0.6
永 7	54.5	66	11.5	21.1	38.5	36	-1.5	3.9	93	85	8	8.6
永 9	54.5	66	11.5	21.1	20	34	14	70.0	63	82	19	30.2
永 14	53	59	6	11.3	25	28	3	12.0	92	81	-11	12.0
永 14-1	57	52	-5	8.8	27.5	30	2.5	9.1	87	76	-11	12.6
永 16	54	50	-4	7.4	36	36	0	0.0	90	85	-5	5.6
永 22	63.5	58	-5.5	8.7	38.5	39	0.5	1.3	80	86	6	7.5
永 22-1	72	68	-4	5.6	62	54	-8	12.9	137.5	97	-40.5	29.5
永 35	86	68	-18	20.9	36.5	36	0.5	1.3	99	89	-10	10.1
永 35-1	74.5	65	-9.5	12.8	45	37	-8	17.8	105	85	-20	19.0
永 37	57	58	1	1.8	36	33	-3	8.3	75.5	78	2.5	3.3
平均误差			7.3	12.3			4.5	14.0			10.1	10.7

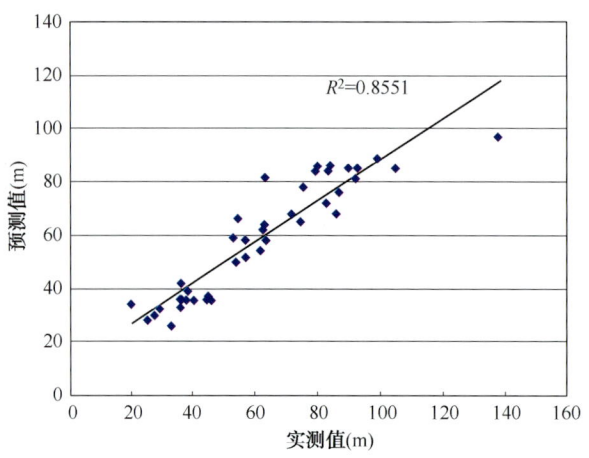

图 6-2-16 永安地区预测与实钻砂岩厚度对比图

6.2.1.5.4 圈闭识别成果

在区域构造背景、沉积体系、隐蔽油藏成藏模式认识的基础上,综合钻井、波阻抗反演、属性分析等研究成果,完成了永安地区戴南组各目的层砂岩厚度预测及隐蔽圈闭识别。在汉留下降盘共发现和落实 4 个复合圈闭,累计圈闭面积 13.7km²,圈闭资源量 2157×10⁴t(表 6-2-2)。

6 地震资料在苏北盆地隐蔽圈闭识别中的应用实例

表 6-2-2　永安地区戴南组隐蔽圈闭要素表

圈闭序号	层位	高点埋深（m）	幅度（m）	面积（km²）	油层厚度（m）	单储系数	充满系数	预测资源量（×10⁴t）	
①	$E_2d_2^5$	3180	100	2.0	11	10	1	220	694
	$E_2d_1^1$	3280	100	1.4	6	10	1	84	
	$E_2d_1^2$	3400	160	1.3	30	10	1	390	
②	$E_2d_2^5$	3220	140	1.9	11	10	1	209	719
	$E_2d_1^1$	3320	140	1.5	6	10	1	90	
	$E_2d_1^2$	3300	110	1.4	30	10	1	420	
③	$E_2d_2^5$	3180	120	0.3	11	10	1	33	237
	$E_2d_1^1$	3180	120	0.4	6	10	1	24	
	$E_2d_1^2$	3320	140	0.6	30	10	1	180	
④	$E_2d_2^5$	3480	300	0.9	11	10	1	99	507
	$E_2d_1^1$	3480	300	0.8	6	10	1	48	
	$E_2d_1^2$	3640	440	1.2	30	10	1	360	

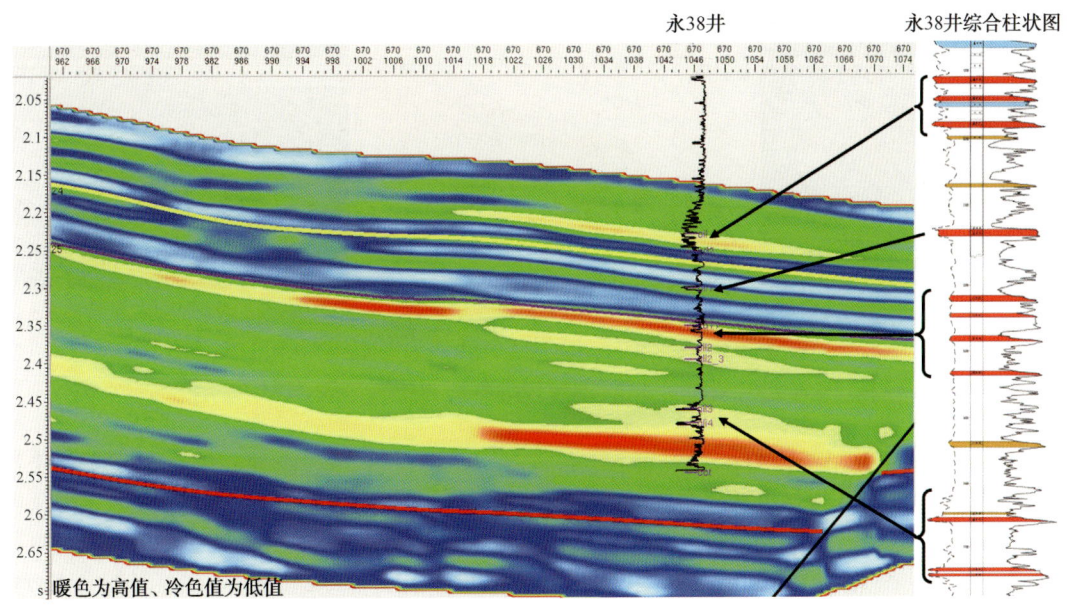

图 6-2-17　永 38 井岩性剖面与纵波阻抗剖面对比图

经综合评价，最终优选成藏条件优越、埋藏浅的①号圈闭部署了风险探井永 38 井（图 6-2-17）。该井在 $E_2d_2^5$ 和 E_2d_1 见良好油气显示，共 51.39m/19 层。综合解释油层共 45.1m/10 层，油水同层 7.5m/1 层；其中 $E_2d_2^5$ 油层 10.9m/3 层，油水同层 7.5m/1 层；$E_2d_1^1$ 油层 5.2m/1 层；$E_2d_1^2$ 油层 16.5m/3 层；$E_2d_1^3$ 油层 12.5m/3 层。2011 年 01 月 16 日开始试油，其中 E_2d_1 的 57 号、61 号、62 号（3675~3723.1m）3 层 12.5m 三开抽汲日产油 0.14m³，压裂后日产油 9.5m³，试油结论为油层；27 号（3319.90~3325.10m）1 层 5.2m 三开抽汲日产油 5.06m³，结论为油层。新增含油面积 4.75km²，新增石油控制储量 420×10⁴t。

6.2.1.6 地震属性分析与叠后反演应用效果对比

本区还利用地震属性分析技术开展了 $E_2d_1^2$、$E_2d_1^1$、$E_2d_2^5$ 储层预测研究。其中均方根振幅属性在反映砂体横向分布规律上具有较好的效果（图 6-2-18），能够用于定性预测储层展布，指示隐蔽圈闭发育区。各亚段地震振幅属性图与纵波阻抗平面图反映的砂体变化规律具有较好的一致性（图 6-2-19），不过，测井约束反演能更有效的指示砂体空间展布特征，定量预测砂岩厚度、物性、识别隐蔽圈闭。

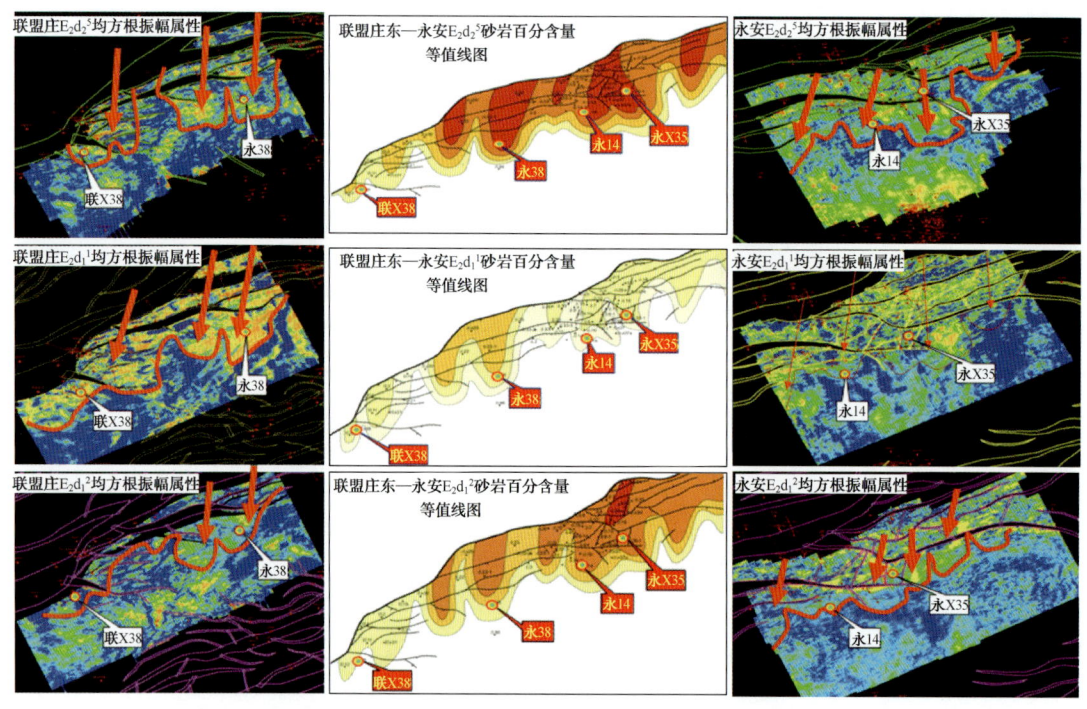

图 6-2-18　联盟庄、永安地区戴南组各亚段均方根振幅属性图

6.2.2　地震资料在沙埝—花瓦地区戴南组隐蔽圈闭识别中的应用

沙埝—花瓦地区位于高邮凹陷北斜坡东部，其南部为吴堡断裂带，西部为沙埝主体构造带，北部为柘垛低凸起。区内已发现 E_1f_1、E_1f_3 和 E_2d_1 三套含油气层系。随着勘探程度的深入，从单一的构造圈闭评价向多类型圈闭综合研究转变，是目前面临的现实问题。本区 E_2d_1 显示井 36 口，试获工业油流井 10 口，提交探明储量 304×10^4t，具备较好的勘探潜力，还具备形成岩性油藏的地质条件。本次研究分别利用地震属性分析、叠后反演技术开展了戴南组储层预测研究。

6.2.2.1　沉积特征

沙埝—花瓦地区 E_2d_1 厚度一般为 0~300m，最厚可达 900 多米。E_2d_1 沉积时期，该区发育源自柘垛低凸起的三角洲沉积体系，以及源自南部通扬隆起和东部吴堡低凸起的扇三角洲、近岸水下扇沉积体系，两个相区之外，还发育滨浅湖—半深湖亚相沉积，其特点是岩性上以暗色夹过渡色泥岩为主，在砂岩等厚图、砂岩百分比图上为低值区（图 6-2-20、图 6-2-21）。

6 地震资料在苏北盆地隐蔽圈闭识别中的应用实例

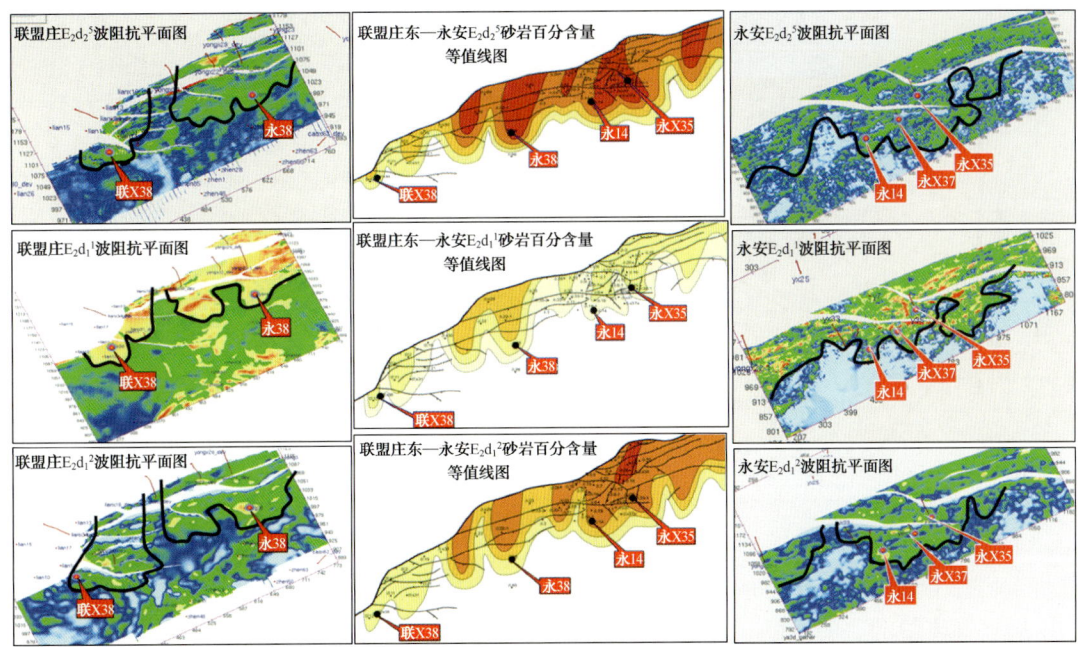

图 6-2-19 联盟庄、永安地区戴南组各亚段纵波阻抗平面图

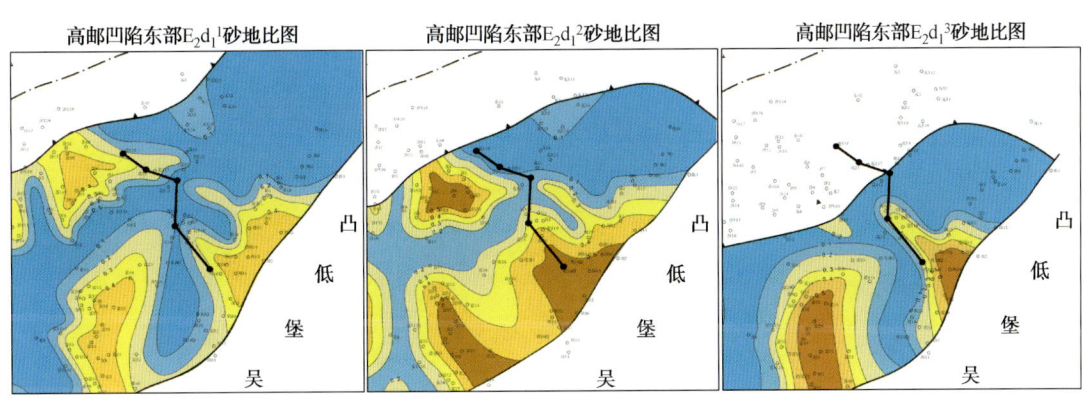

图 6-2-20 高邮凹陷中东部 E_2d_1 各亚段砂地比图

6.2.2.2 地震属性分析

根据研究需要,利用 VisualVoxAt 软件中的属性提取模块,针对研究区内的周庄北三维进行了地震属性提取与分析。

6.2.2.2.1 时窗选取

由于研究区 E_2d_1 砂岩在纵、横向上具有较强的非均质性,提取地震属性时应注意计算时窗的选取。既不能太大,又不能太小;既要考虑地震资料固有的分辨率,又要尽可能剔除目的层之外的地震信息。这样才能确保提取的地震属性能真实准确地反映目标储层段的地震信息。

针对研究区地质层位变化复杂,储层顶、底界面难以确定的特点,采用对地层体按照沉积模式进行沿层切片划分,然后结合实钻井资料来确定时窗。应用这种方法可以直观查

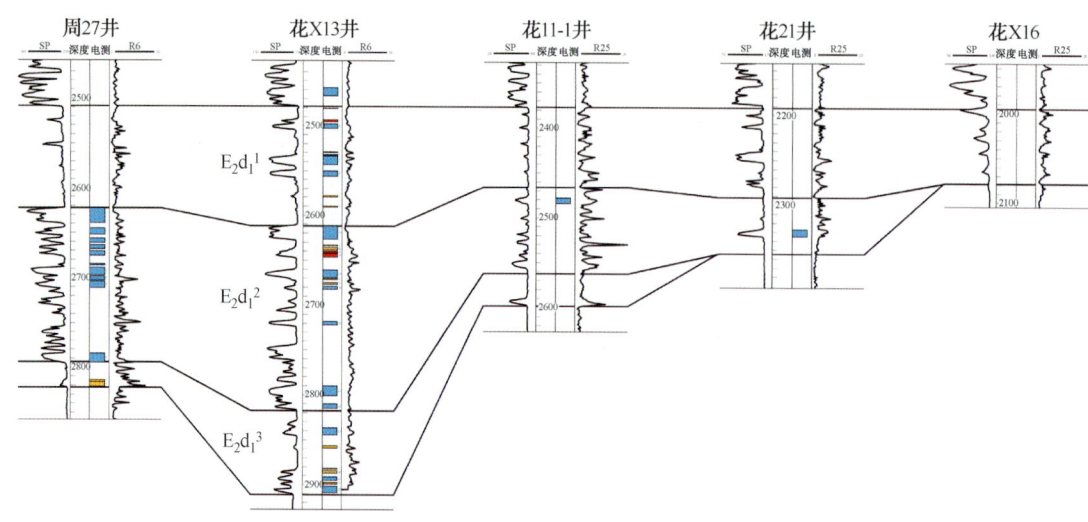

图 6-2-21　花 16—周 17 E_2d_1 地层对比图

看每个切片上储层的分布特征，再结合实钻井目的层在剖面上的位置，就可以比较快速而且准确地确定目的层的时窗（图 6-2-22）。

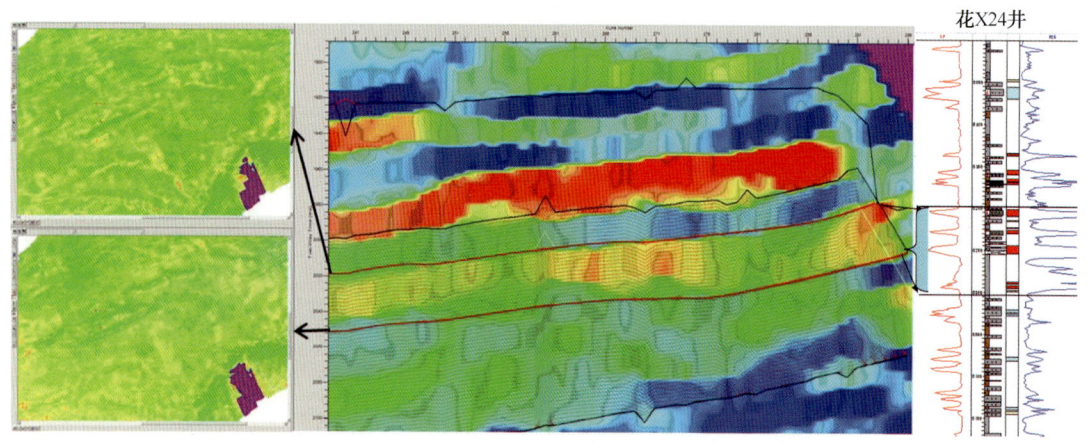

图 6-2-22　应用沿层切片方法确定提取属性的时窗

6.2.2.2.2　地震属性的优选

地震属性优选应遵循以下基本原则：（1）优选后属性整体与研究对象具有某种相关性，能够对样本进行有效分类；（2）达到属性结构的最优化，尽可能以相互独立的变量组成尽可能低维的变量空间；（3）使有用信息损失为最小，剔除起干扰作用的属性。

基于以上原则，结合相关研究经验，从层段和地层体两大类共 39 种地震属性中优选出对所求解问题最敏感、最有效和最具代表性的地震属性组合，主要为振幅、能量类属性，如最大振幅、均方根振幅等。

6.2.2.2.3　综合多属性预测砂岩厚度

通过多元线性回归可以提高砂岩厚度预测的精度。利用优化后的多个地震属性进行最优组合，建立其与实钻井目的层砂岩厚度的线性关系，可进行砂岩厚度预测。

6.2.2.3 测井约束反演的应用效果

通过岩石物理分析发现，研究区虽然也存在深度变化造成的砂岩与泥岩纵波阻抗叠置现象，但是将分析时窗减小到亚段时，砂岩和泥岩的纵波阻抗值是可以分开的。因而可以选用叠后测井约束反演进行 E_2d_1 储层预测。

反演结果质量检查：从反演结果（红色）与原始地震数据（黑色）的残差图来看（图6-2-23），反演结果与原始地震数据的残差较小，且与井的吻合程度较高（图6-2-24）。

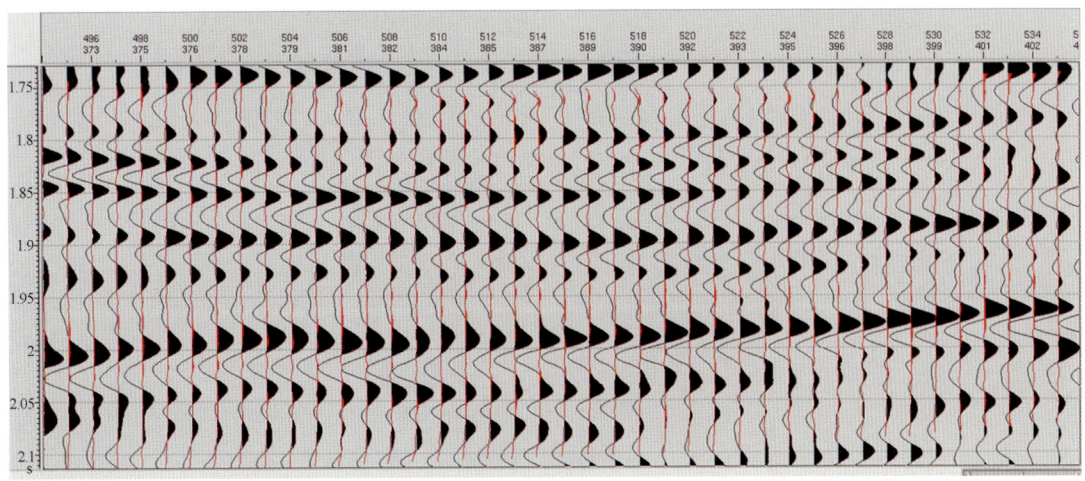

黑色为地震记录，红色为残差

图 6-2-23　反演结果与原始地震数据的残差对比图

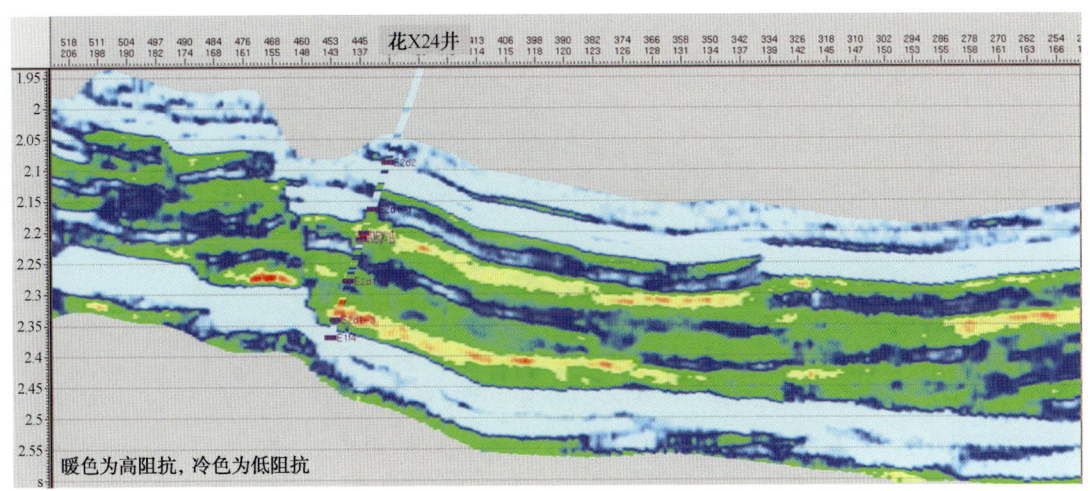

暖色为高阻抗，冷色为低阻抗

图 6-2-24　过花 X24 井纵波阻抗剖面

通过分析研究区 E_2d_1 三个亚段的沉积特征，在确定有利相带的基础上，根据储层预测成果，识别出有利圈闭 10 个，其中 $E_2d_1^1$ 层段 3 个，$E_2d_1^2$ 层段 4 个，$E_2d_1^3$ 层段 3 个（图6-2-25 至图 6-2-27），在①号圈闭部署了预探井花 X26 井（图 6-2-28），该井 E_2d_1 录井显示荧光一层 2m，电测解释油层一层 2.3m，试油平均日产原油 9m³，提交探明储量 $6×10^4$t。

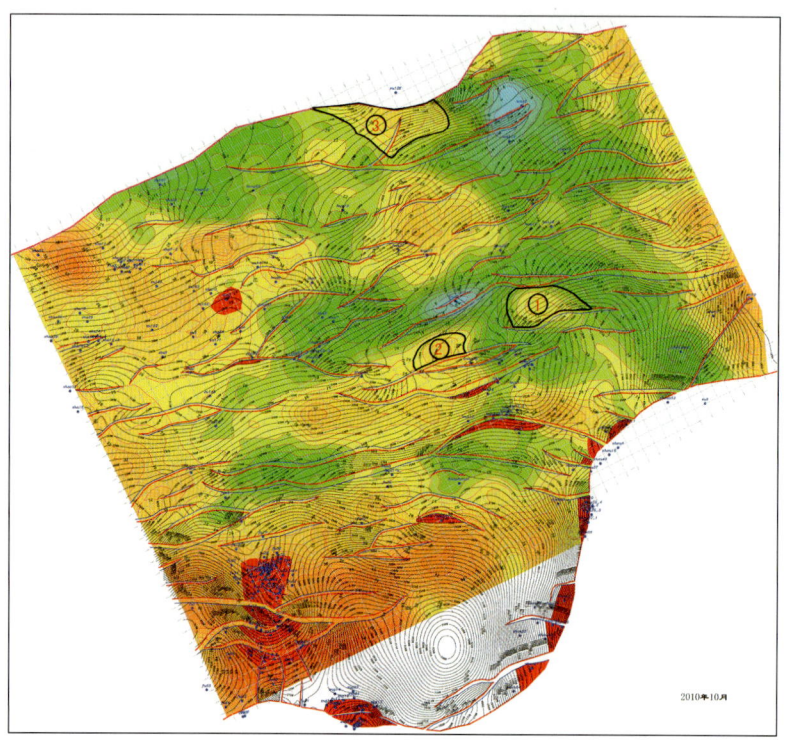

图 6-2-25　$E_2d_1^1$ 砂岩厚度与 T_2^4 反射层构造叠合图

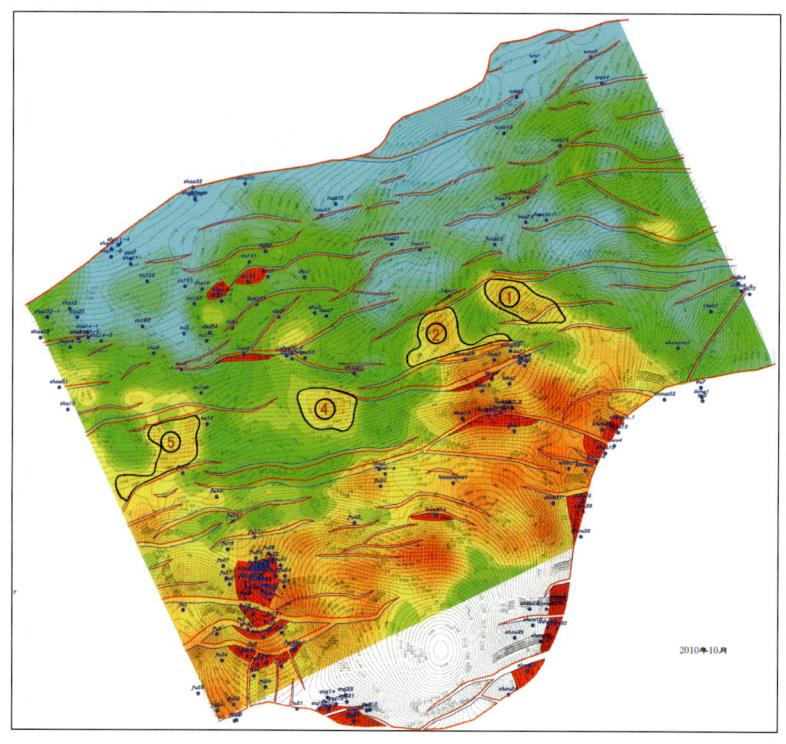

图 6-2-26　$E_2d_1^2$ 砂岩厚度与 T_2^5 反射层构造叠合图

6 地震资料在苏北盆地隐蔽圈闭识别中的应用实例

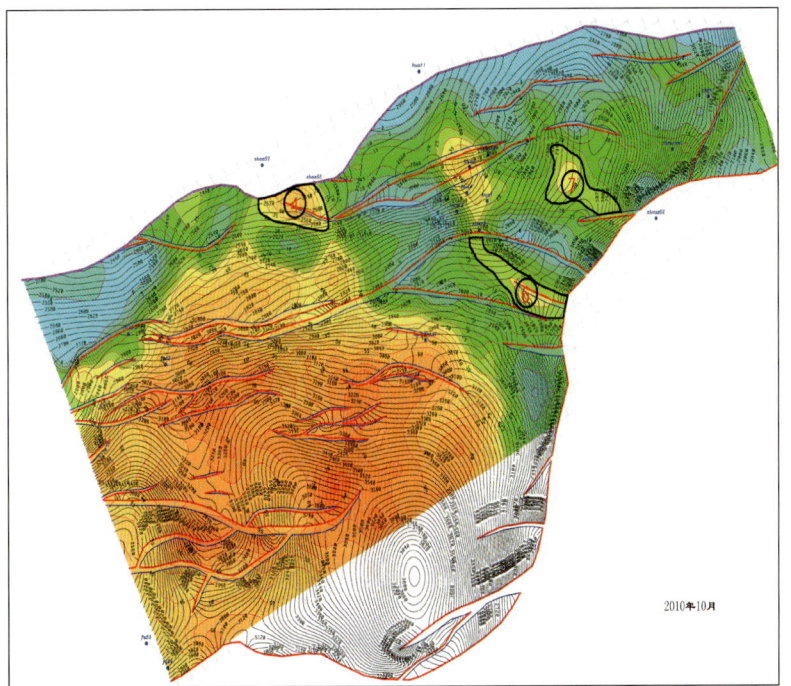

图 6-2-27　$E_2d_1^3$ 砂岩厚度与 $E_2d_1^2$ 反射层构造叠合图

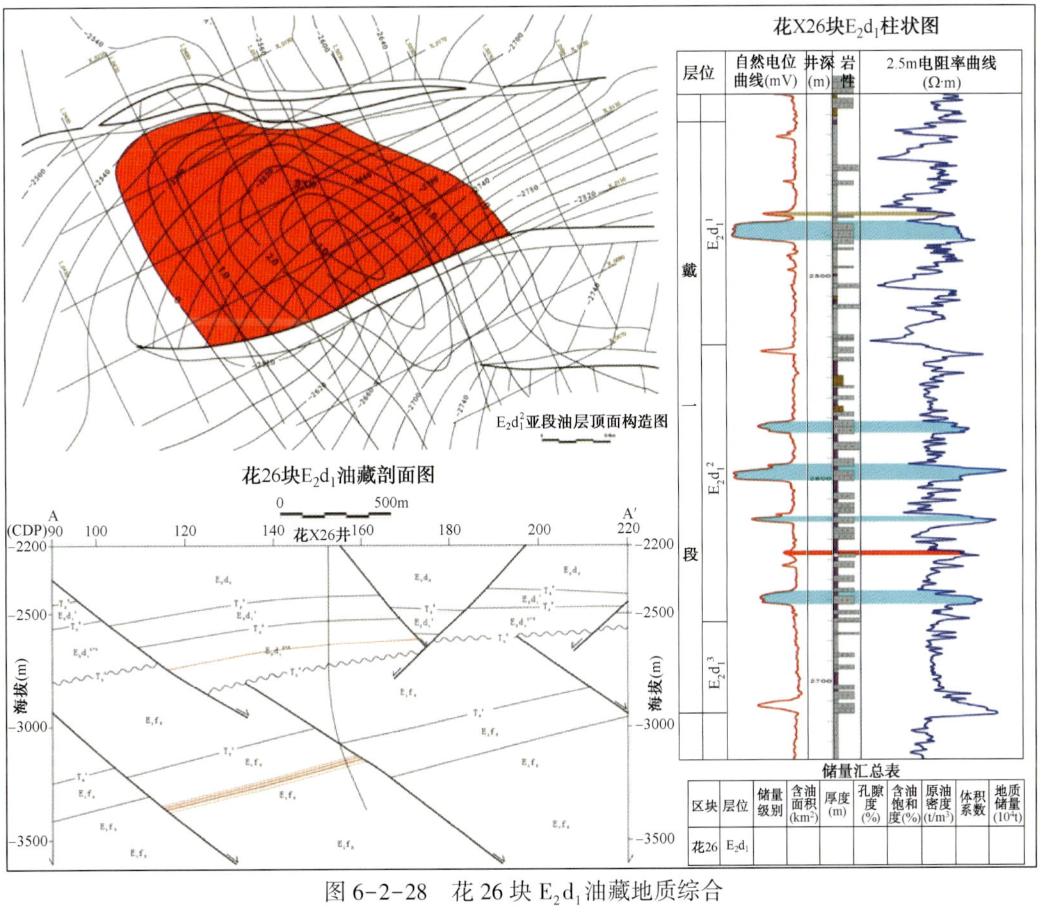

图 6-2-28　花 26 块 E_2d_1 油藏地质综合

表 6-2-3 花瓦地区 E_2d_1 隐蔽圈闭要素表

圈闭序号	层位	圈闭面积（km²）	高点埋深（m）	圈闭幅度（m）	油层厚度	单储系数	充满程度	预测资源量（×10⁴t）		备注
①	$E_2d_1^1$	2.2	2440	220	15	7	1	231	364	花X26井
	$E_2d_1^2$	1.9	2400	240	10	7	1	133		
②	$E_2d_1^1$	1	2360	40	15	7	1	105	399	
	$E_2d_1^2$	2.1	2320	100	20	7	1	294		
③	$E_2d_1^1$	3.6	1780	360	15	7	1	378		
④	$E_2d_1^2$	1.9	2320	200	15	7	1	200	278	
	$E_2d_1^3$	1.3	2520	60	10	6	1	78		
⑤	$E_2d_1^2$	2.5	2380	200	20	7	1	350		
⑥	$E_2d_1^3$	1.6	2820	360	10	6	1	96		
⑦	$E_2d_1^3$	1.5	2920	260	10	6	1	90		
合计		19.6						1955		

6.3 地震资料在高邮凹陷南部陡坡带隐蔽圈闭识别中的应用

6.3.1 叠前反演在樊川次凹南部陡坡扇预测中的应用

樊川次凹南部陡坡带的曹庄—肖刘庄地区是典型的复式油气分布区，主要勘探层系为戴南组。从砂岩厚度图、沉积相图、联井砂层对比剖面图上看，该区为辫状河道非常发育的扇三角洲、近岸水下扇沉积，砂体多为河道砂或河道间多重叠置的席状砂，砂体向北尖灭，是寻找隐蔽油气藏的有利地区。纵向上，$E_2d_1^1$、$E_2d_1^2$ 隐蔽油气藏发育。

从测井约束稀疏脉冲反演结果看，该区物源主要来自南部，与地质认识基本一致。通过叠前同时反演储层预测，则可以进一步深化认识该区砂体的展布特征。本节主要总结叠前反演的应用效果。

6.3.1.1 沉积特征

曹庄、肖刘庄位于樊川次凹南部陡坡带、真武断层下降盘，从钻井取心的沉积微相分析来看，该区主要发育扇三角洲、近岸水下扇沉积，且沉积体系的总体规模较小。

$E_2d_1^2$ 沉积时期：物源来自南部，砂体向北逐渐减薄直至消失。曹庄地区处于扇三角洲前缘相带，主要发育分流河道、分流河道间及前缘席状砂，砂岩累计厚度为 10~60m；曹62、肖3、肖7井等钻井揭示，砂岩百分含量为 10%~30%。肖刘庄地区发育近岸水下扇分流河道砂体（图6-3-1），砂体分布表现为条带状或枝状，单砂体厚度一般为 4~17m，砂岩累计厚度为 10~30m。

$E_2d_1^1$ 沉积时期：曹庄地区扇三角洲沉积体系继承性发育，砂岩累计厚度为 10~50m，肖刘庄地区近岸水下扇继承性发育，砂岩累计厚度为 10~40m（图6-3-2）。

6.3.1.2 隐蔽圈闭发育模式

樊川次凹南部陡坡带为阶梯式边界断裂模式，曹庄、肖刘庄位于高邮凹陷南断阶下降

6 地震资料在苏北盆地隐蔽圈闭识别中的应用实例

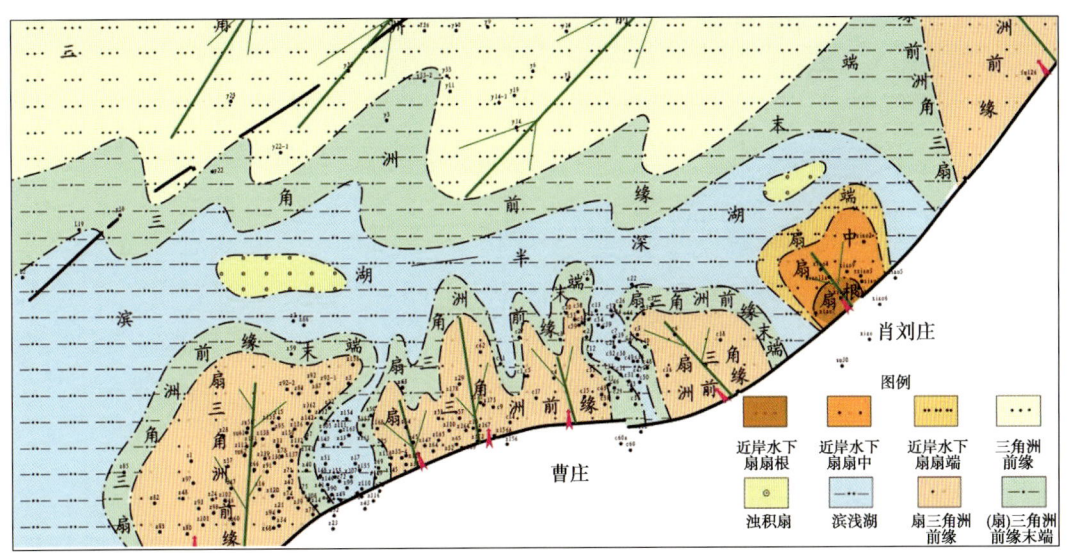

图 6-3-1　樊川次凹 $E_2d_1^2$ 沉积相图

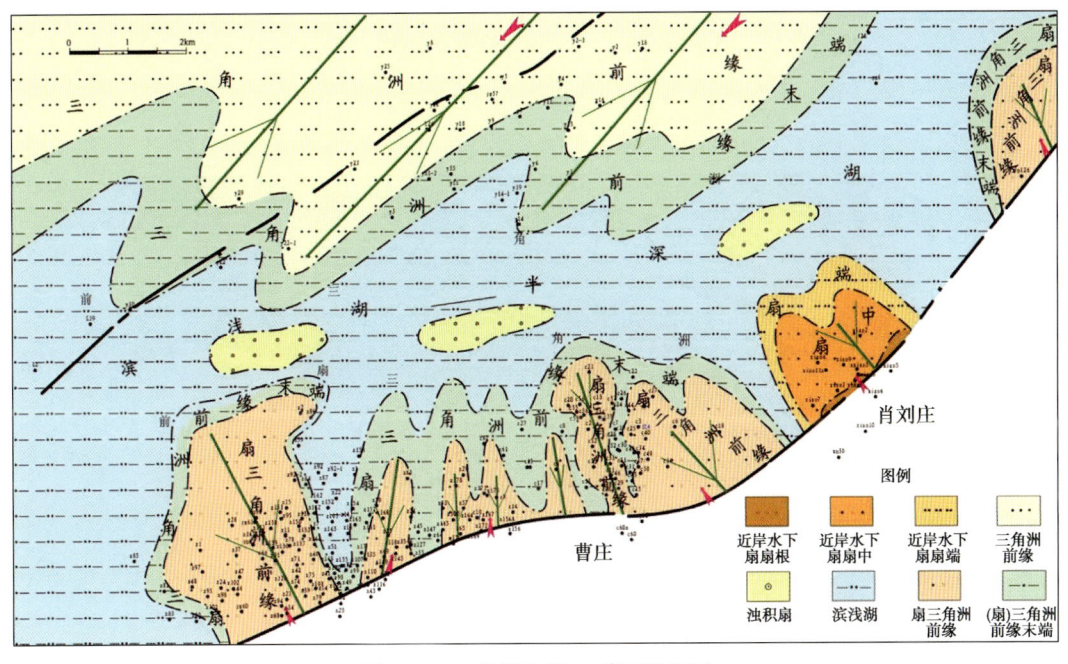

图 6-3-2　樊川次凹 $E_2d_1^1$ 沉积相图

盘，发育一系列与真②断层伴生的次级羽状断层和北掉调节断层，断层均较发育，断层走向近北东向，且目的层埋深较大，地层北倾南抬，形成一系列规模较小的断块构造。在控凹断层羽状分支断层与扇砂体共同作用下，可形成扇控型和断层—岩性复合圈闭（图 6-3-3）。

6.3.1.3　基础资料分析

6.3.1.3.1　地震资料特征

本次研究所选的地震资料是2008年重新采集的竹墩高精度三维地震资料，研究面积为

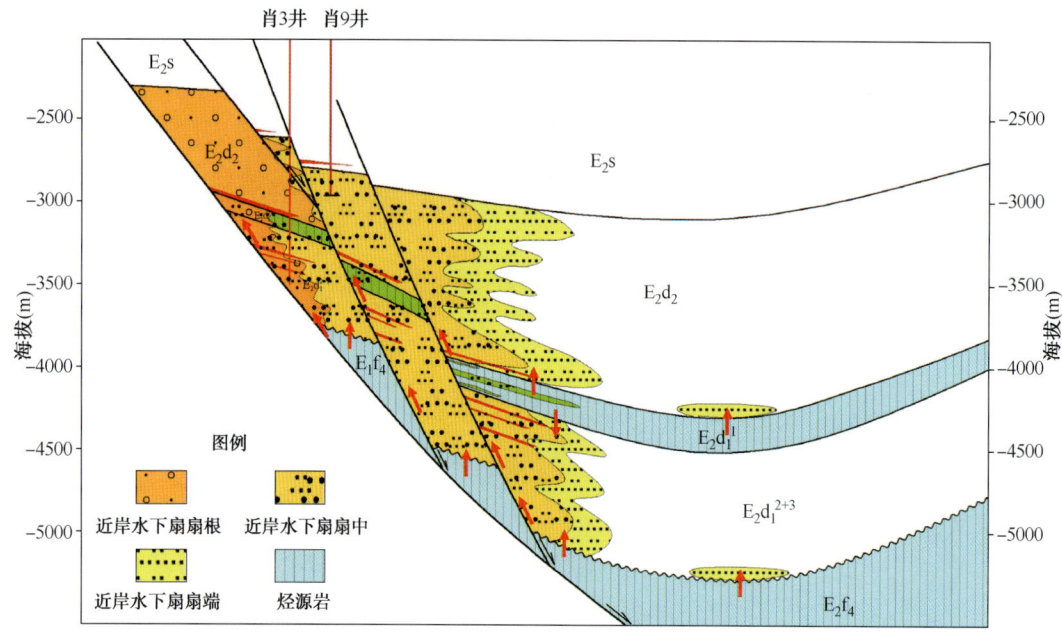

图 6-3-3　陡坡带隐蔽圈闭成藏模式图

130km²（图 6-3-4），总体来说资料品质好，区内含油层系多、油层厚度大，岩性圈闭发育。

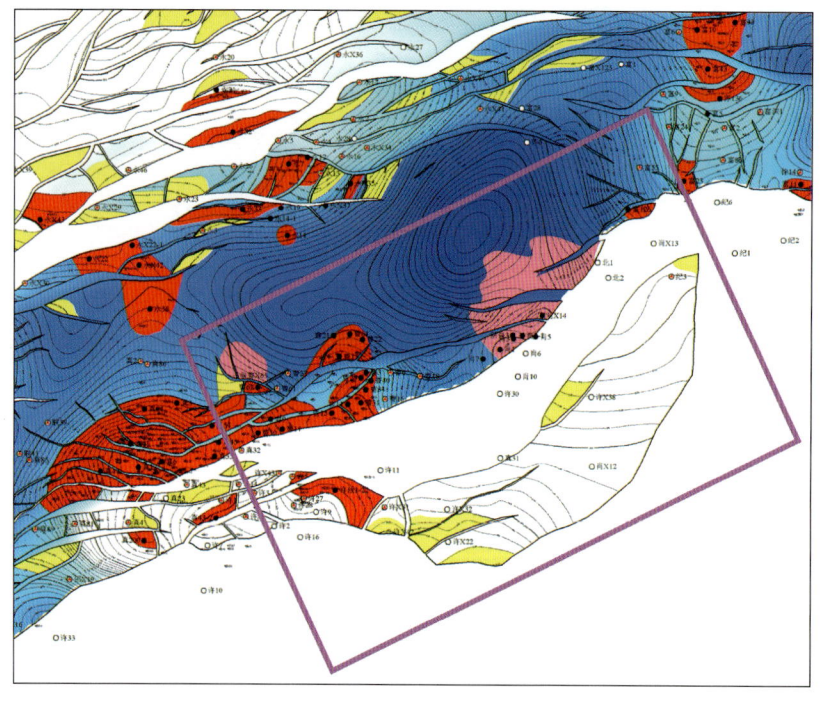

图 6-3-4　曹庄—肖刘庄地区隐蔽圈闭识别研究工区范围

竹墩高精度三维地震资料品质较好，浅层频率比以前大幅提高，资料的分辨率、信噪比也都有较大的提高，断层断面更加清晰，小断层成像比以往清楚。

从近、中、远三个不同偏移距部分叠加数据体看，远偏移距数据能量太弱，分辨率较低（图6-3-5、图6-3-6），振幅、能量的一致性较差，对反演效果会有一定的影响。

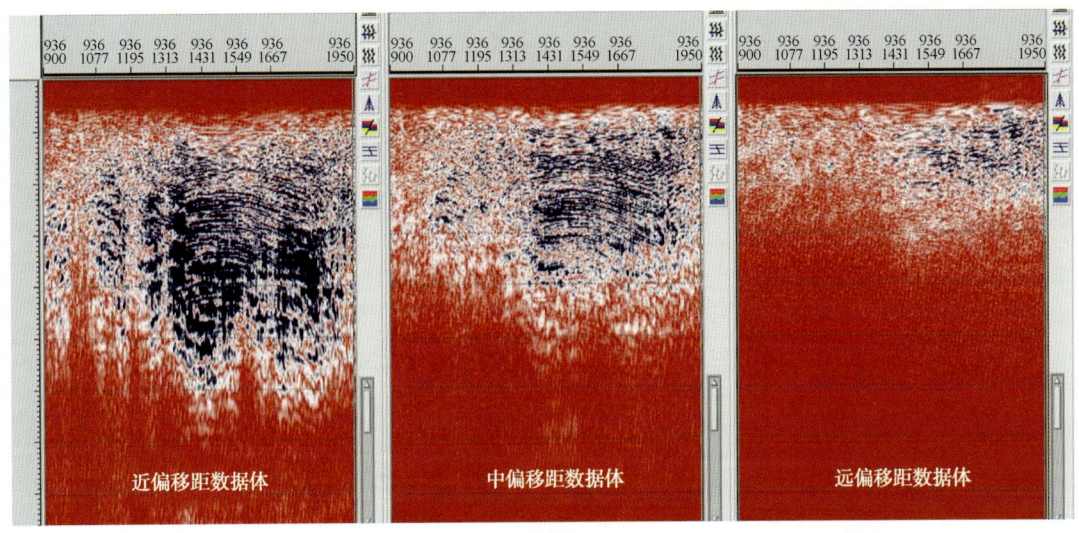

图6-3-5 竹墩高精度三维I_936测线部分叠加地震振幅—频谱图

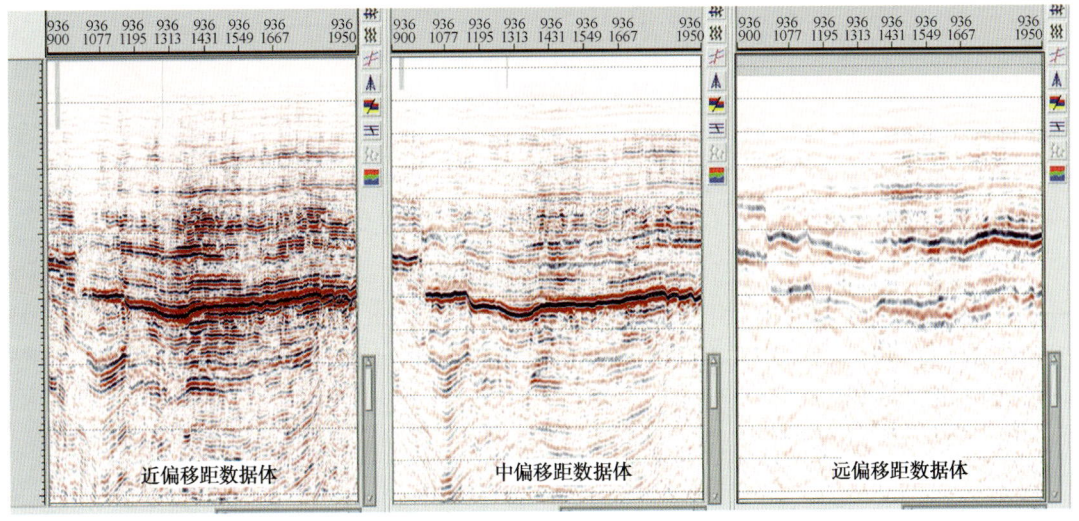

图6-3-6 竹墩高精度三维I_936测线部分叠加地震剖面

6.3.1.3.2 井资料分析

在曹庄、肖刘庄地区先后钻探了50多口探井，油气显示非常活跃。其中，肖刘庄地区肖1、肖7、新肖3井E_2d_1揭示油层，肖7井试油自喷；曹庄油田在勘探开发过程中发现了一些以构造为主，同时受岩性控制的油藏，如曹62块，但是大多数井都缺少密度、横波资料。最终，优选了区内就周边12口（曹21、曹22、曹61、曹62、真54、真63、永14、永14-1、永33、永35、永37、富127）测井资料相对较全的井参与叠前同时反演，其中只有永14-1井有实测横波资料。

6.3.1.3.3 测井曲线预处理

（1）质量分析与环境校正：在实测曲线质量检查的基础上，对部分井的井眼垮塌段开展密度曲线环境校正。如永 37 井 2700~3000m 出现严重井眼垮塌（图 6-3-7），导致密度曲线质量较差，因此对该段进行了密度曲线重构。

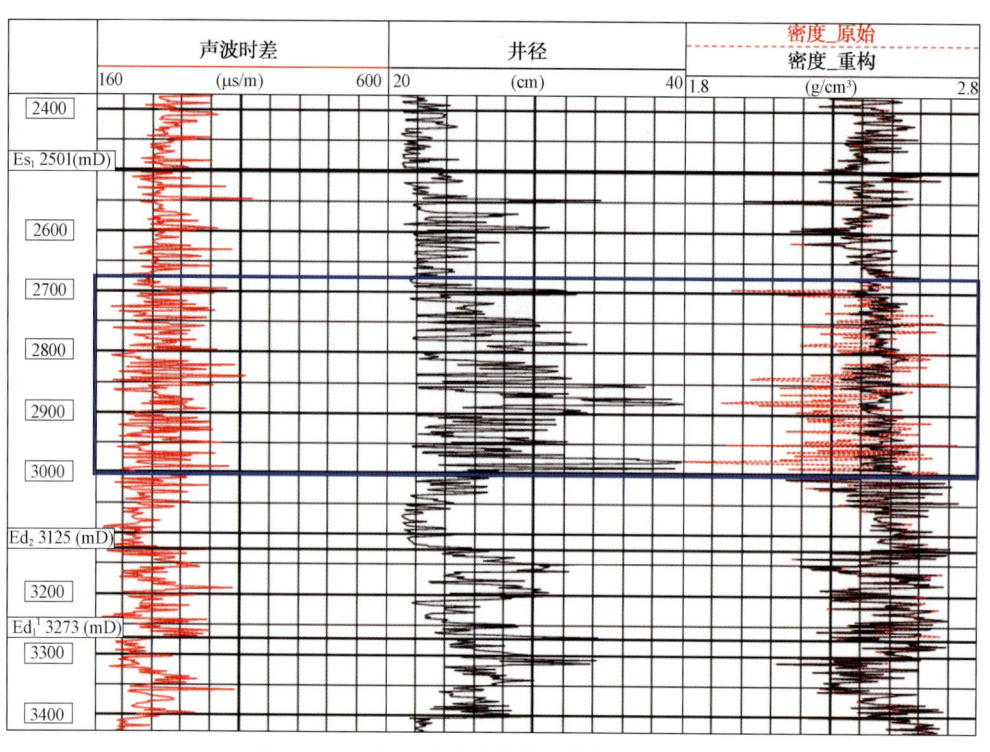

图 6-3-7　永 37 井密度曲线重构前、后对比图

（2）一致性分析与标准化处理：由于钻探年代的差异，声波、密度、GR 曲线存在较大的井间不一致问题。选择测井年代较新且测井质量较好的永 X35 井作为标准井，E_2d_1 为标准层（目的层内难以找到一段较厚的稳定泥岩，而各井在目的层段的岩性较为相似），对部分井的声波曲线进行了标准化处理。

从标准化前、后的声波曲线直方图可以看出（图 6-3-8），声波曲线标准化前，各井的声波值均呈正态分布，但各井之间存在一定的不一致性，标准井永 X35 井的声波曲线值在 170~400μs/m 之间，呈正态分布，频率峰值在 240μs/m 左右。处理后各井的声波曲线一致性较好。

标准井永 X35 井的密度值在 2.1~2.7g/cm³ 之间，呈正态分布，频率峰值在 2.45g/cm³ 左右。以该井的密度曲线分布特征为标准，对各井进行标准化处理。

各井 GR 曲线均呈正态双峰式分布，两个频率峰值分别对应的是砂岩和泥岩的峰值，但是由于井间存在明显的不一致性，需要进行标准化处理。标准井永 X35 井 GR 值在 35~170 API 之间，砂岩和泥岩的频率峰值对应的 GR 值分别为 58 API 和 105 API，以该井为标准井对各井的 GR 曲线进行标准化处理，处理之后井间一致性较好（图 6-3-9）。

6.3.1.3.4　横波速度估算

本区仅永 14-1 井有横波测井资料，且该井横波时差曲线存在较严重的质量问题。以钻

6 地震资料在苏北盆地隐蔽圈闭识别中的应用实例

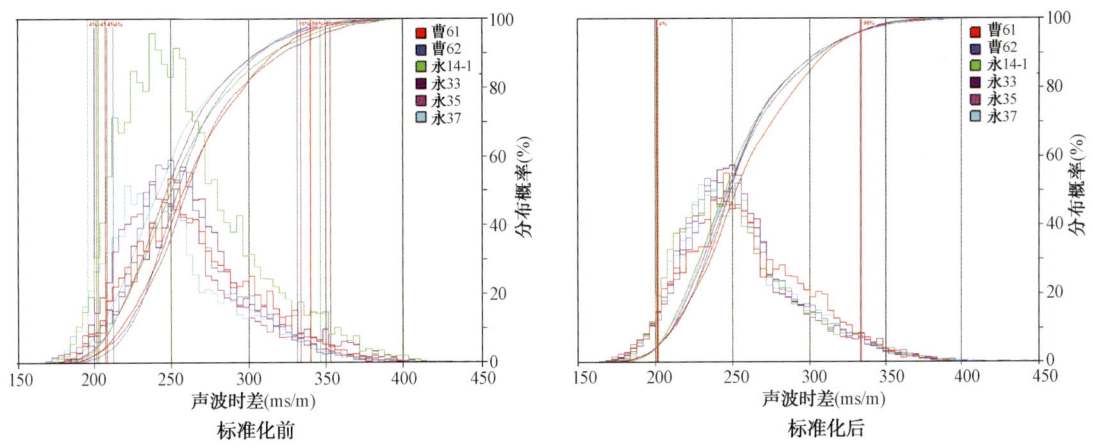

图 6-3-8 曹庄—肖刘庄地区钻井声波曲线标准化前、后直方图

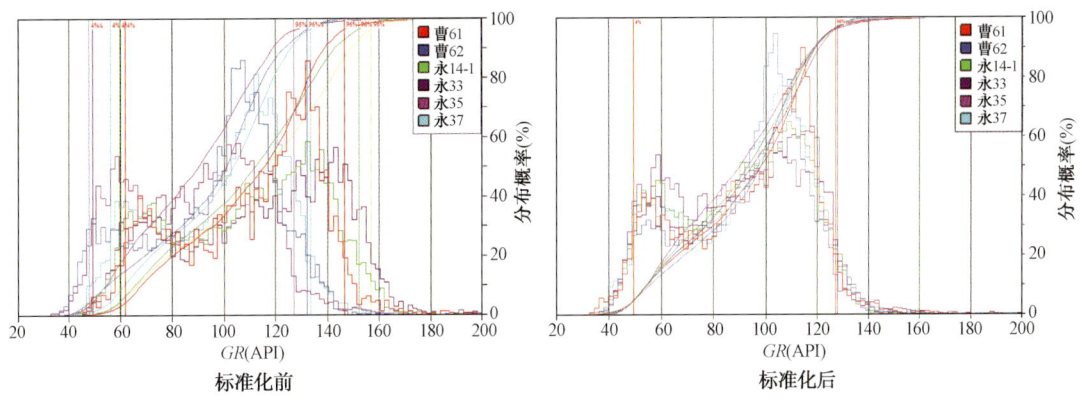

图 6-3-9 曹庄—肖刘庄地区钻井 GR 曲线标准化前、后直方图

井资料、测井资料、录井资料、地层测试及试油资料、取心分析资料为基础，在确定本区岩石骨架参数的基础上，通过岩石物理建模正演模拟法估算了曹 61、曹 62、永 14-1、永 37、永 33、永 35 等 6 口井的横波时差曲线。在此基础上，计算了纵波阻抗、横波阻抗、纵、横波速度比等弹性参数属性。

6.3.1.3.5 储层、流体敏感弹性参数分析

纵波阻抗对岩性、流体的敏感性不高：从本区 6 口井 E_2d_1 各弹性参数直方图及其与深度的交会图看（图 6-3-10、图 6-3-11），纵波阻抗（I_P）、横波阻抗（I_S）对砂、泥岩有一定区分能力，但受深度变化、薄互砂与泥岩叠置频繁等因素的影响，对整个研究区的 E_2d_1 而言，砂岩与泥岩 I_P、I_S 存在较大的叠置范围，其中 I_P 为 $(9.5 \sim 11) \times 10^6 \text{kg/m}^3 \cdot \text{m/s}$ 的范围不仅是砂、泥岩叠置区，而且是物性较好的储层、含油气储层的主要分布范围。由于不受孔隙、流体等因素影响，I_S 对砂、泥岩的区分能力相对较好，但也存在叠置区。

纵横波速度比（v_P/v_S）、泊松比对岩性、流体最敏感：砂岩、泥岩的分界线分别约为 1.68 和 0.226，且受深度变化影响不大。v_P/v_S、泊松比 σ 与砂岩饱和流体状态的关系为："含烃砂体<水层<干层"。

I_P、$\lambda\rho$ 与砂岩孔隙度呈负相关关系：6 口井 E_2d_1 的 I_P、$\lambda\rho$ 与孔隙度交会图能够清晰的区分砂、泥岩，其中砂岩孔隙度与 I_P、$\lambda\rho$ 呈良好的负相关关系（图 6-3-12a，b）。从岩石

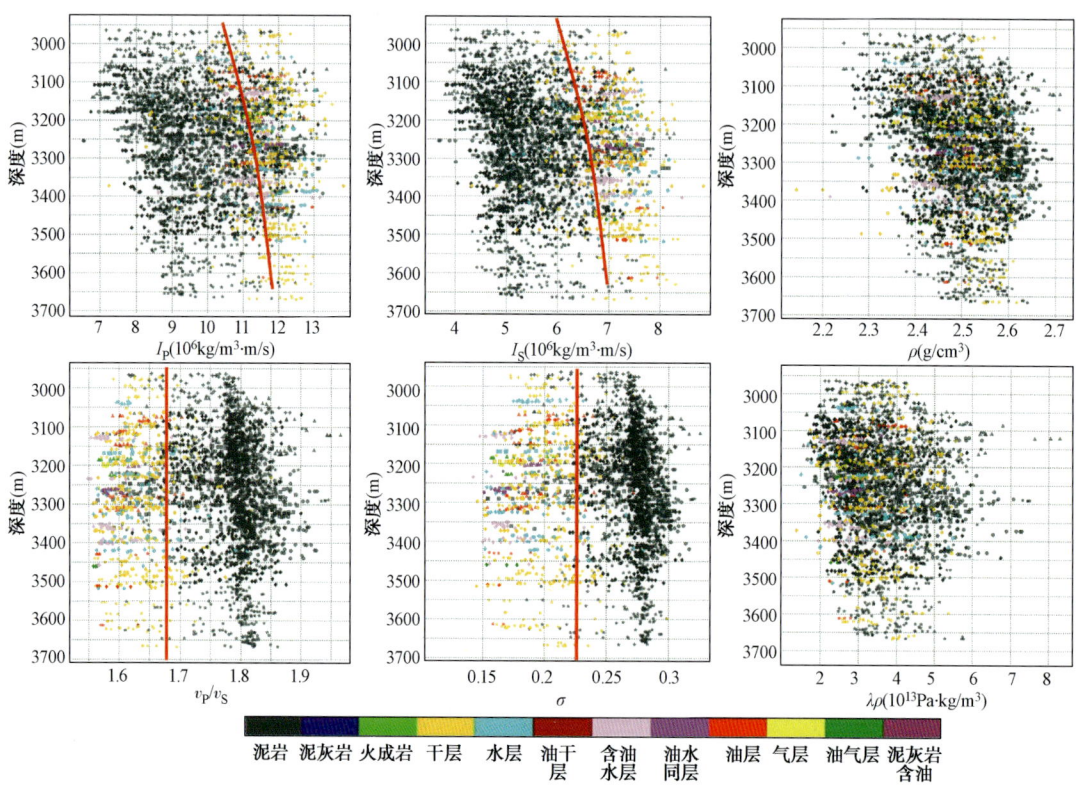

图 6-3-10　曹庄—肖刘庄地区 6 口井 E_2d_1 弹性参数与深度交会图

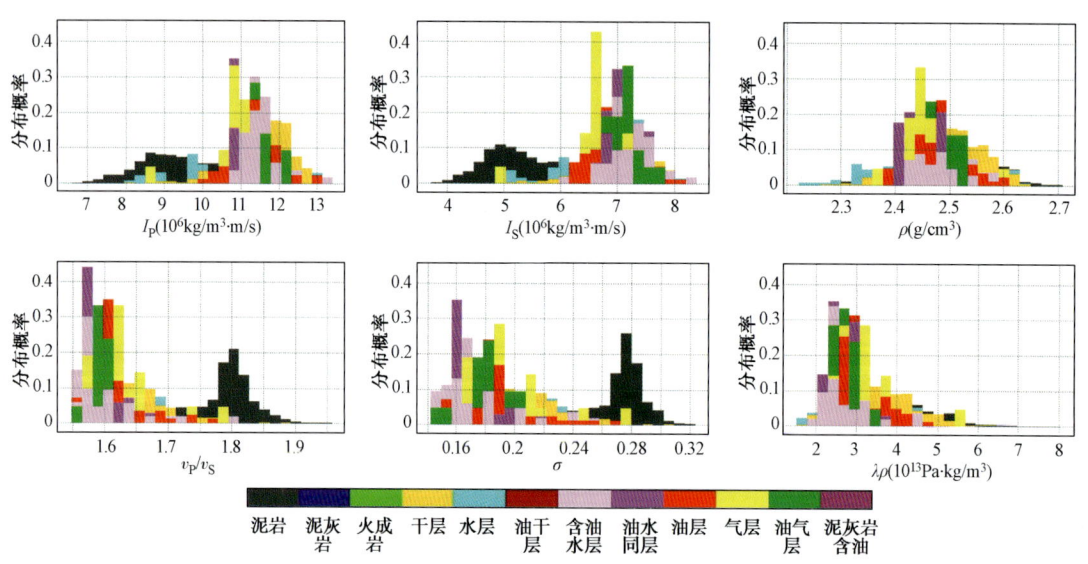

图 6-3-11　曹庄—肖刘庄地区 6 口井 E_2d_1 弹性参数直方图

物理特征和误差效益的角度考虑，利用 I_P 进行砂岩孔隙度解释更有利（因为 $\lambda\rho$ 是 I_P、I_S 的平方项，一定程度上会放大误差效应）。单独对砂岩 I_P 与孔隙度关系进行分析，两者的相关公式明显受砂岩中黏土含量的影响，从图 6-3-12d 可清晰看出黏土含量减小的趋势线

指向孔隙度和 I_P 减小的方向，且垂直于饱和水纯砂岩线。而 v_P/v_S、泊松比 σ、I_S 等参数可视为黏土含量的特征参数（图 6-3-12c），因此可以结合 I_P 与这三者中的任意一项进行精细的砂岩孔隙度解释。

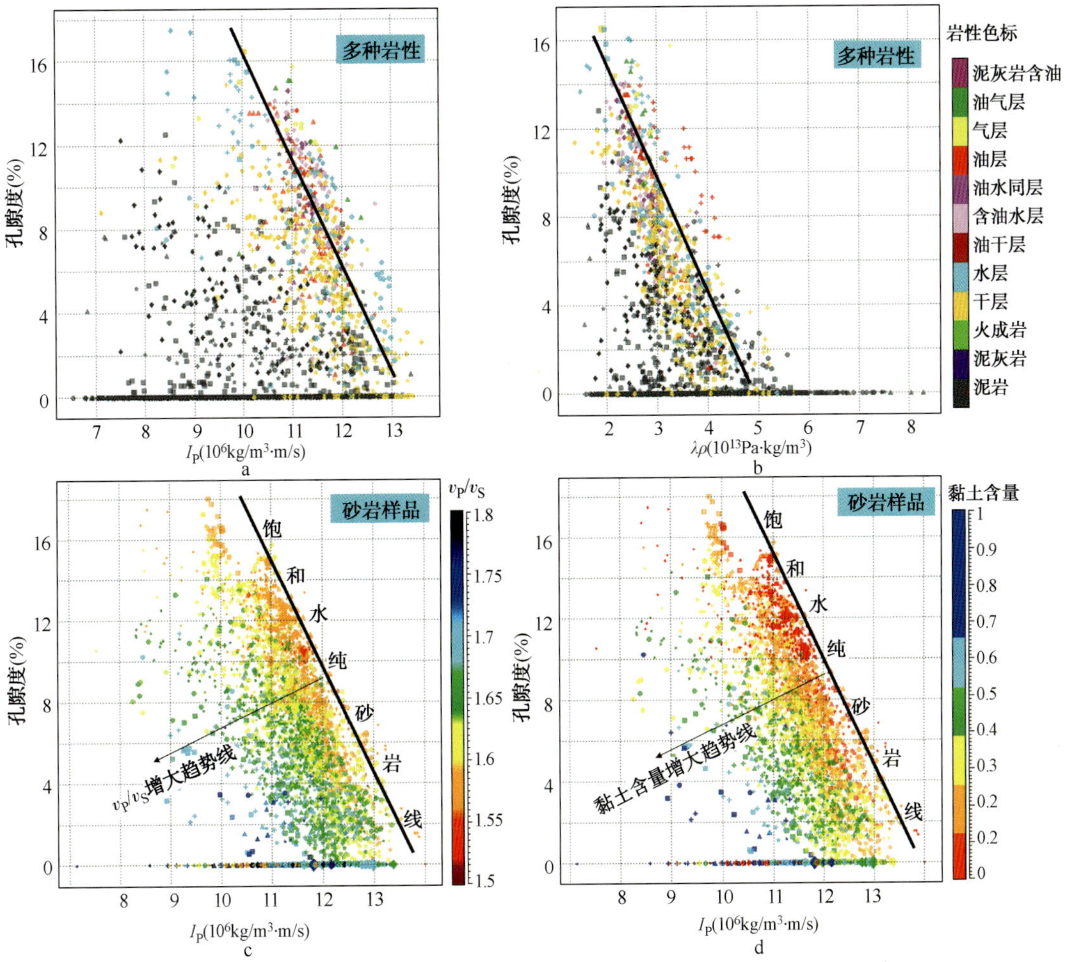

图 6-3-12　曹庄—肖刘庄地区 6 口井戴一段砂岩弹性参数与孔隙度交会图

进行多属性交会分析，提高区分储层、流体的敏感度：根据上述认识，I_P（或 v_P）与 v_P/v_S（或泊松比）等多属性交会，能够提高砂岩孔隙度的解释精度。除此之外，利用 v_P/v_S、泊松比等属性进行岩性解释时，结合其他属性（如 I_P），在一定程度上可以提高储层定量预测的精度（图 6-3-13），但地质人员对本区 I_P 与 v_P/v_S 的相关关系还存有疑问，为了保证储层预测结果的可靠性，本区只用单一的 v_P/v_S 属性进行砂岩解释。

6.3.1.4　叠前同时反演及储层预测

6.3.1.4.1　总体思路及技术路线

曹庄—肖刘庄地区戴一段为砂、泥岩薄互层，在地震资料上没有强反射。从曹 62 井看，$E_2d_1^1$ 单砂层厚度在 0.5~5m 之间，仅个别单砂层厚度达到 10m。该区油藏主要受砂体岩性和岩相变化的控制，由于单层砂体厚度较薄、横向变化快且储层与围岩纵向速度差异小，再加上研究区断层发育、地质构造复杂的影响，仅利用地震资料来预测砂体分布难度很大。

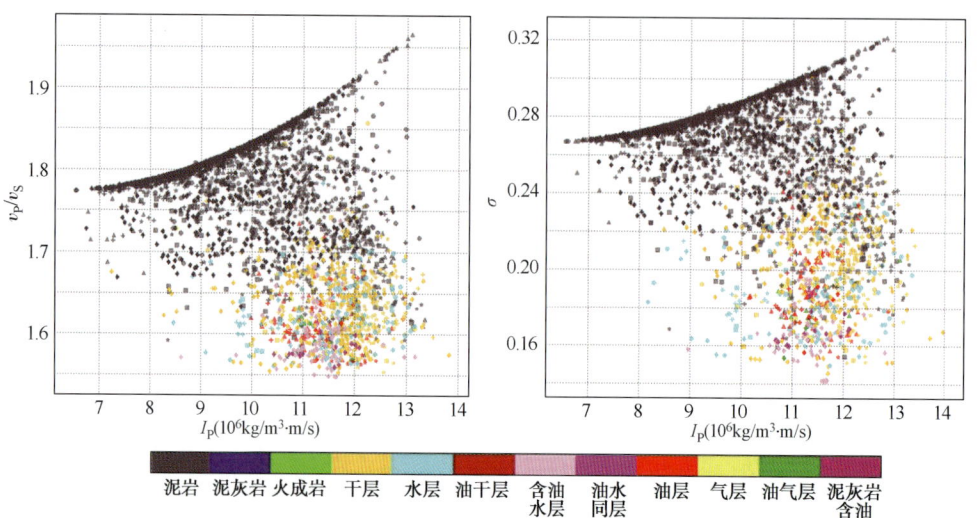

图 6-3-13　曹庄—肖刘庄地区 6 口井戴一段 I_P 与 v_P/v_S、泊松比 σ 交会图

从岩石物理分析成果看，叠前反演显然比叠后反演更加适用于本区戴南组的薄砂层预测。本区储层预测采用了叠前同时反演方法，考虑其技术特点和对资料的要求，建立了适合本区的技术路线（图 6-3-14）。

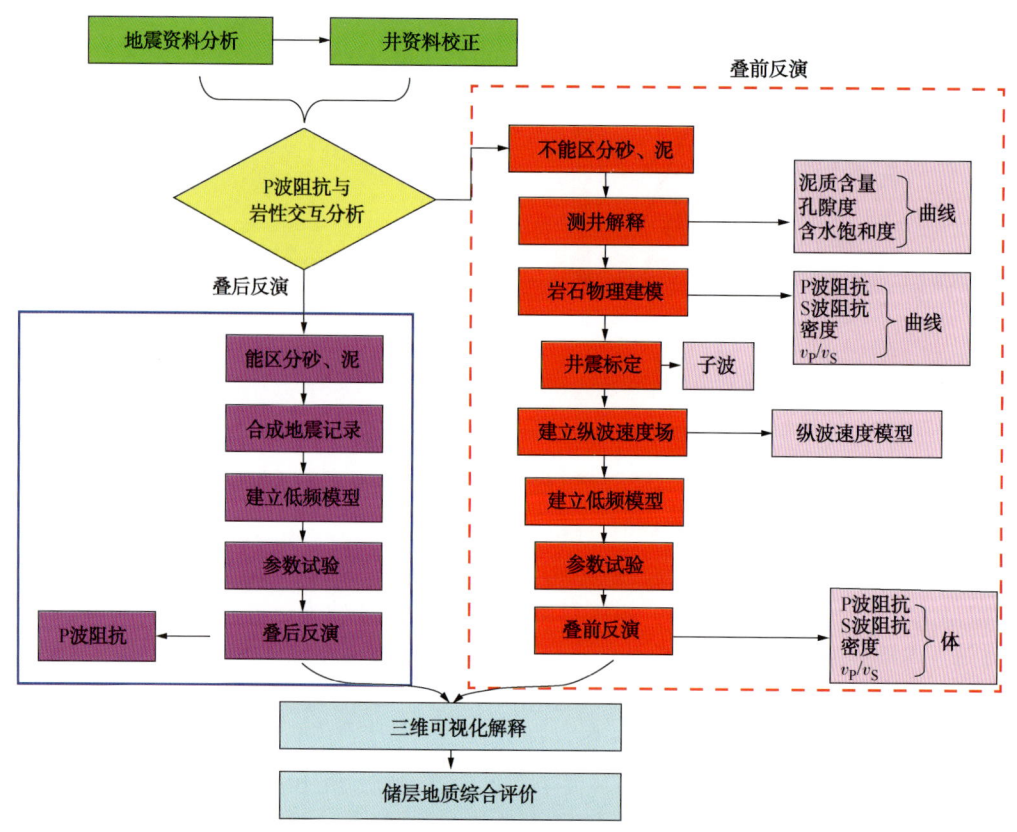

图 6-3-14　曹庄—肖刘庄地区叠前反演及储层预测技术路线图

首先，在测井资料预处理基础上，优选 6 口井通过岩石物理建模进行横波速度、泊松比等弹性曲线估算。通过岩石物理分析，明确对岩性、物性、流体敏感的弹性参数。在此基础上，利用 3 个分角度叠加的地震数据体进行反演，得到 I_P、I_S、密度和 v_P/v_S 等地震弹性属性数据体，并进行误差校正。最后，利用岩石物理解释量版进行储层定量预测，采用三维可视化技术进行砂岩解释，预测砂岩分布。基于储层预测成果，进行综合分析，提出有利的储层发育相带及井位部署建议。

6.3.1.4.2 井震标定与子波提取

利用竹墩高精度三维的 3 个不同偏移距叠加地震进行精细的层位标定，共标定了 12 口井，并分别提取了不同偏移距叠加的综合子波。曹 61、永 14-1、永 37 等井的合成地震记录在目的层段（E_2d_1）与井旁地震道匹配很好（图 6-3-15），12 口井的时深关系一致性较好（图 6-3-16）。

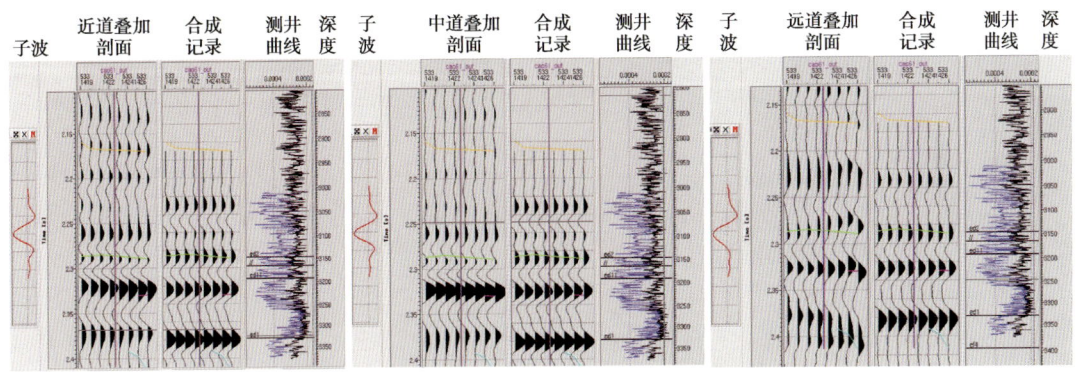

图 6-3-15 曹 61 井合成记录

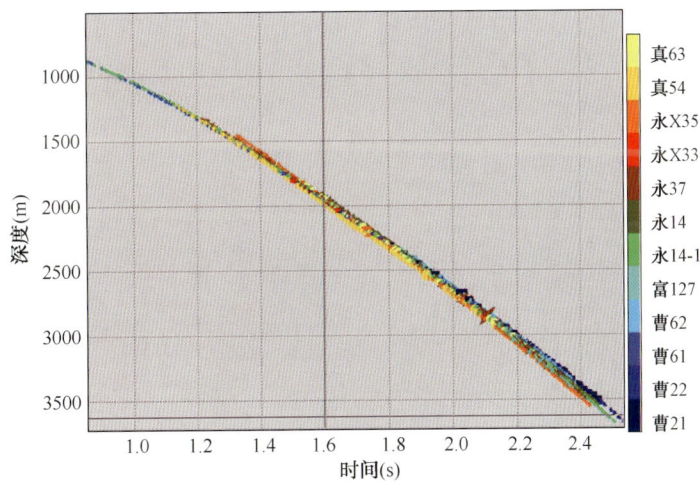

图 6-3-16 曹庄—肖刘庄地区 12 口井时深关系对比图

从综合子波对比结果看（图 6-3-17），近（红）、中（绿）部分叠加地震的子波形态较好，基本表现为零相位正极性子波，远偏移距叠加地震的子波（蓝色）有一定相位差。这是由于远偏移距地震质量不好，能量衰减大、补偿不够造成的。

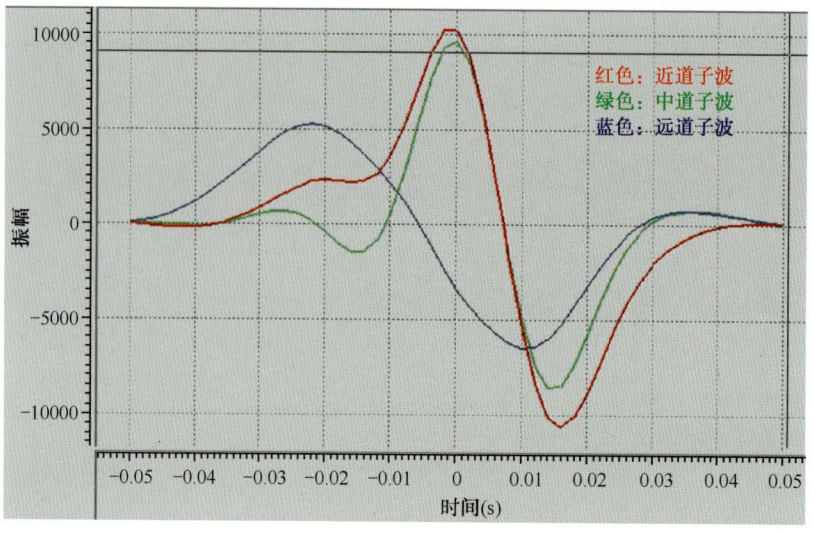

图 6-3-17　3 个部分叠加地震的综合子波对比

6.3.1.4.3　建立低频模型

叠前同时反演可以根据想要得到的反演属性来建立相应的低频模型。本区采用最常用的 I_P、I_S、密度为初始低频模型进行反演。

6.3.1.4.4　速度场的建立

在地质框架模型的控制下,可以通过叠加速度建立三维速度场,一般在无井、少井或速度横向变化大的地区应用较多。

通常速度体携带着一些低频信息,通过速度与波阻抗的函数关系式将叠加速度谱转成波阻抗体,以补充反演时所需要的低频信息(0~2Hz)。速度体也可以用于时深转换。因为井不够深,可将速度谱得到的低频波阻抗与通过井速度得到的纵波阻抗结合来建立相对可信的低频模型(图 6-3-18)。

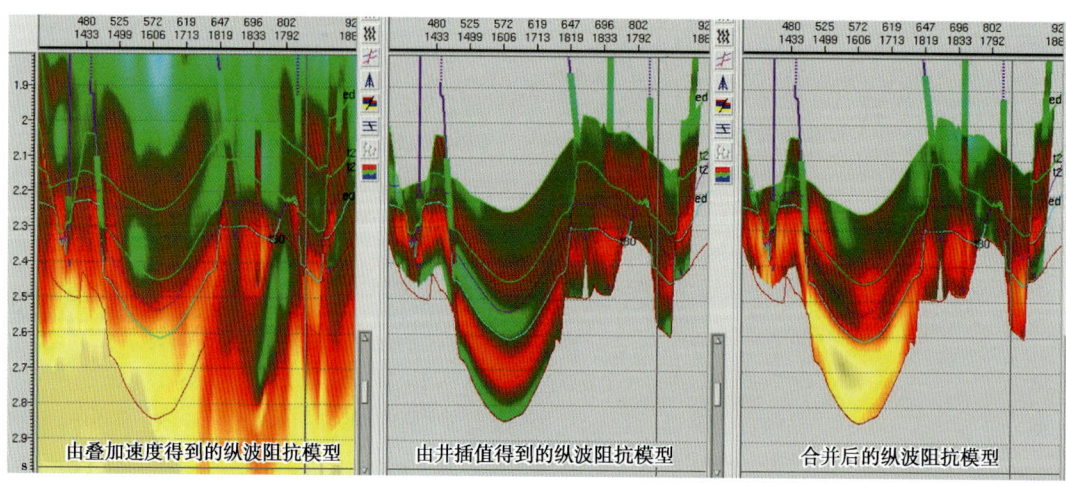

图 6-3-18　综合速度信息生成的阻抗体

6.3.1.4.5 参数选择

反演参数的选择对于反演结果至关重要。

叠前同时反演中有 SVD（稳定因子）、迭代次数、合并频率三个主要敏感参数。与前文所述的叠后反演一样，迭代次数的选取很重要，迭代次数小，反射系数稀疏，连续性好，分辨率低。合并频率参数则决定了低频模型在反演过程中所占的比重。

针对本区地质目标，有目的性地选取合适的反演参数，同时利用相应的质量监控手段，加强对反演信息的反馈处理，有效提高了反演结果的质量，得到了较满意的效果。

6.3.1.5 应用效果

6.3.1.5.1 地震反演效果

通过反演获得的 v_P/v_S 与井的吻合程度较好，可用于储层的解释与追踪，分析陡坡带近岸水下扇分布规律和亚相发育特征。

在过永 14-永 14-1 井的 v_P/v_S 剖面上（图 6-3-19），可以清楚看到永 14、永 14-1 两口井虽钻遇同一套储层，但永 14 井 9 号砂体与永 14-1 井 36 号砂体不连通，这与钻后认识一致。处于构造高部位的永 14-1 井 36 号层为水层，而处于构造低部位的永 14 井 9 号层解释为油层 9.5m，该含油块主要受岩性控制。

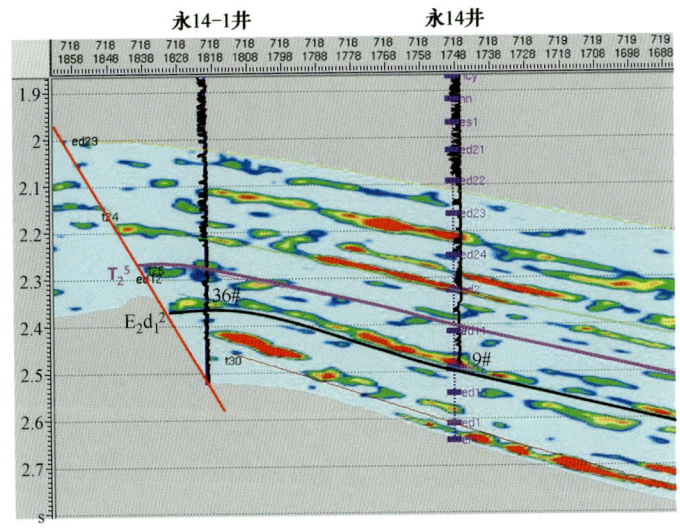

图 6-3-19 过永 14、永 14-1 井 v_P/v_S 剖面

从 $E_2d_1^2$ 的 v_P/v_S 属性平面图看（图 6-3-20），曹庄—肖刘庄地区物源来自南部，砂体由南向北逐渐减薄，曹 62 井位于曹庄物源区的河道上，曹庄、肖刘庄两个地区物源分别来自两个方向，与井资料分析得到的认识基本一致。

从 $E_2d_1^1$ 的 v_P/v_S 属性平面图看（图 6-3-21），预测的井间砂层关系与实际的砂层分布比较符合。曹庄—肖刘庄地区物源来自南部，砂体由南向北逐渐减薄，曹庄地区砂体分布范围较小，物源延伸不远，曹 62 井位于该物源区的一条河道上，另一条河道由南边物源向北边的曹 21 井方向逐渐消失，曹 21 井没有钻到红色的低纵、横波速度比区域，与井的认识吻合。肖刘庄地区的物源延伸较远，砂体分布范围较大，主要发育两条河道，是寻找隐蔽圈闭的有利地区。

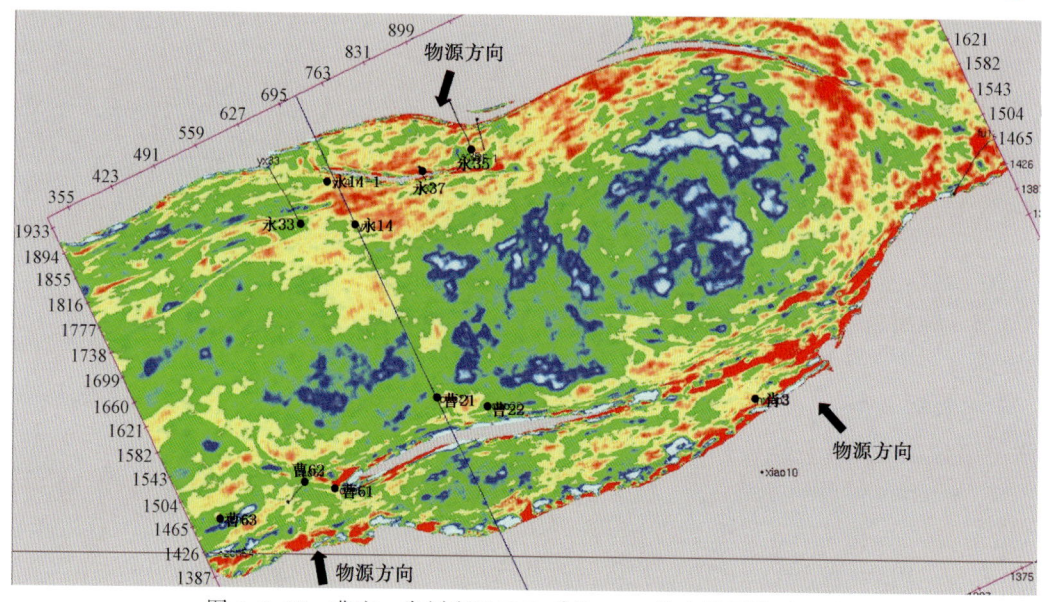

图 6-3-20　曹庄—肖刘庄地区 $E_2d_1^2$ 的 v_P/v_S 均方根属性平面图

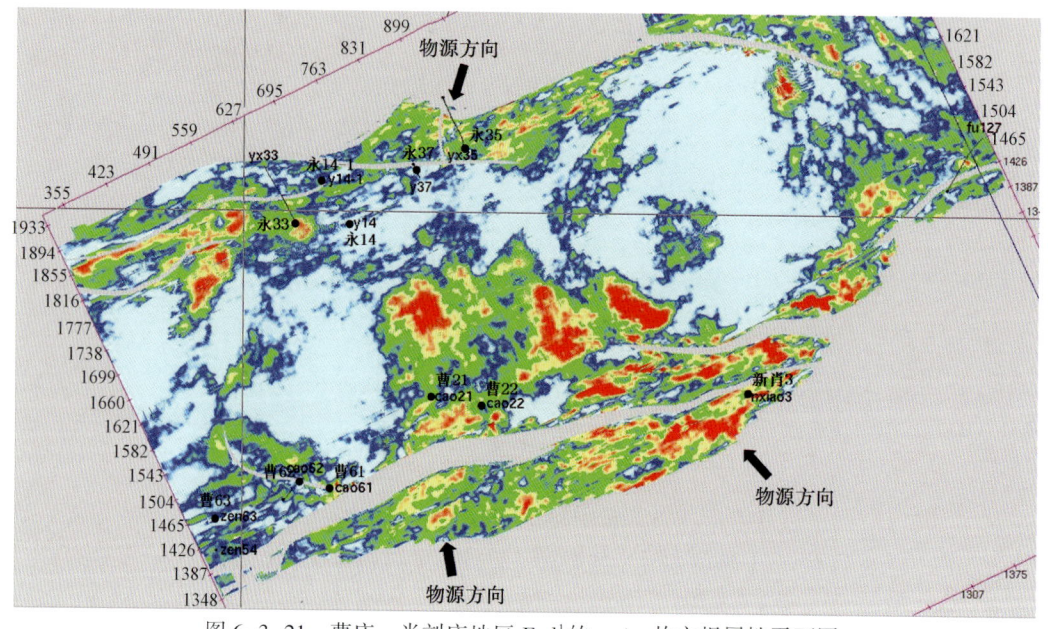

图 6-3-21　曹庄—肖刘庄地区 $E_2d_1^1$ 的 v_P/v_S 均方根属性平面图

6.3.1.5.2　储层预测成果

通过地质统计分析，得出各砂层组的砂岩厚度、砂岩百分含量与 v_P/v_S 之间的关系，从而实现砂岩厚度、砂岩百分含量预测。

预测 $E_2d_1^2$ 砂岩厚度在 16~60m 之间（图 6-3-22），砂岩百分含量在 10%~40% 之间，$E_2d_1^1$ 砂岩厚度为 4~50m（图 6-3-23），砂岩含量为 10%~50%。

砂岩厚度预测结果与钻井资料吻合较好。本区 11 口井实测值与预测值绝对误差大多在 10m 以内，证实反演预测效果较好。由于曹 20、曹 15 井位于断层边缘，离断层太近，预测中受断层影响较大，因此相对误差要大一些（表 6-3-1）。

6 地震资料在苏北盆地隐蔽圈闭识别中的应用实例

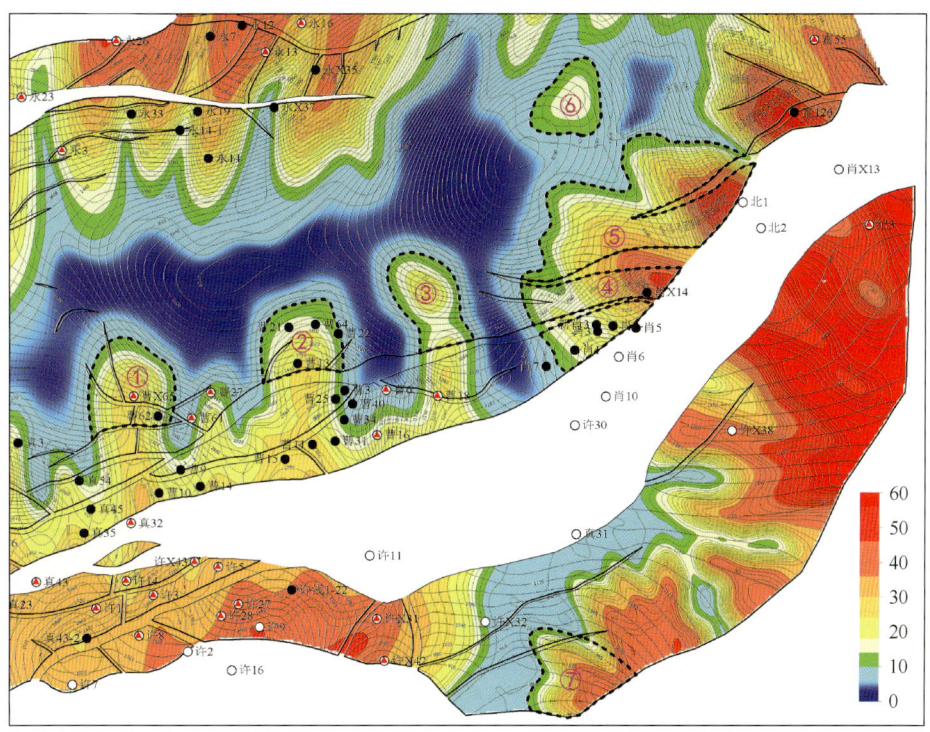

图 6-3-22 樊川次凹南部 $E_2d_1^2$ 砂岩厚度与地震 T_2^5 反射层构造叠合图

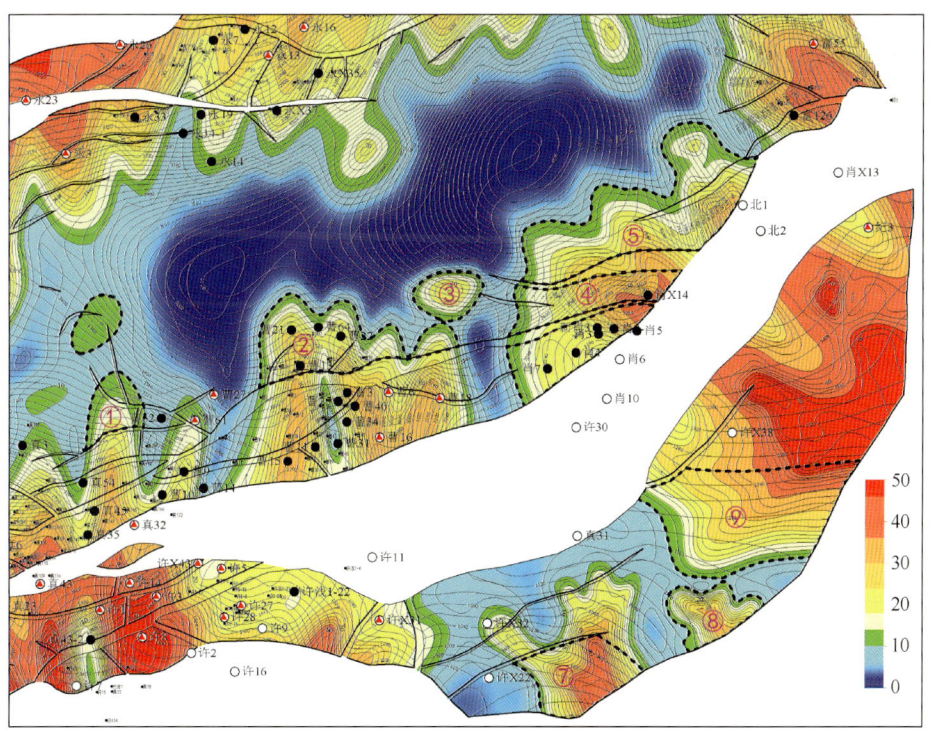

图 6-3-23 樊川次凹南部 $E_2d_1^1$ 砂岩厚度与地震 T_2^5 反射层构造叠合图

表 6-3-1　曹庄—肖刘庄地区地砂体厚度预测结果与实钻对比表

井名	$E_2d_1^1$（单位：m）				$E_2d_1^2$（单位：m）			
	预测砂岩厚度	实钻砂岩厚度	相对误差	误差	预测砂岩厚度	实钻砂岩厚度	相对误差	误差
曹 4	16	14	14.29%	2	26	25	4.00%	1
曹 13	24	23	4.35%	1				
曹 15	21	18	16.67%	3	32	29	10.34%	2
曹 16	21	22	−4.55%	−1	34	30	13.33%	4
曹 18	24	27	−11.11%	−3				
曹 20	16	13	23.08%	3	26	24	8.33%	2
曹 21	20	23	−13.04%	−3	34	36	−5.56%	−2
曹 22	21	24	−12.50%	−3	26	30	−13.33%	−4
曹 27	10	9	11.11%	1	34	30	13.33%	4
曹 62	9	10	−10.00%	−1	36	40	−10.00%	−4
肖 7	34	32	6.25%	2	32	34	−5.88%	−2

6.3.1.5.3　圈闭识别成果

结合储层预测和构造解释成果，在樊川次凹南部曹庄—肖刘庄地区发现和落实隐蔽圈闭 9 个，累计圈闭面积 24.1km²，预测资源量 2851×10⁴t（表 6-3-2），可分为三类：

第一类是曹庄地区①、②、③号目标，位于扇三角洲前缘向前缘末端过渡带，来自南部的河道砂体向东西两侧尖灭、受前三角洲泥岩遮挡，与东西走向的断层共同控制形成构造—岩性圈闭。2013 年在②号目标钻探的风险探井曹 X65 井和 2015 年在①号目标钻探的评价井曹 X65 井均取得了隐蔽油藏勘探成功。

第二类位于肖刘庄地区水下扇的扇中部位，受扇体和断层共同控制形成扇控型复合圈闭，如已知油藏肖 7 北，预测发现的④、⑤号目标。2014 年在④号目标钻探的评价井肖 X14 井在戴南组钻遇油层 68m，其中最大单层油层厚度达 18m，当年肖 7 块、④、⑤号目标合计提交预测储量 909.71×10⁴t，展示了肖刘庄地区戴南组隐蔽油藏良好的勘探前景。

第三类是位于南部断阶带许庄地区的⑦、⑧、⑨号目标，受近岸水下扇体控制，该类圈闭戴一段砂地比高，砂岩粒度粗，横向上扇根—扇中—扇端过渡快，储层物性对圈闭规模具有较强的控制作用。

表 6-3-2　樊川次凹南部地区 E_2d_1 隐蔽圈闭要素表

圈闭名称	圈闭类型	层位	面积（km²）	高点埋深（m）	圈闭幅度（m）	油层厚度（m）	单储系数	预测资源量（×10⁴t）	
1	构造—岩性	$E_2d_1^1$	0.6	2890	300	20	5	42	189
	构造—岩性	$E_2d_1^{2上}$	1.4	3080	400	25	6	147	
2	构造—岩性	$E_2d_1^1$	2	3290	240	20	5	140	256
	构造—岩性	$E_2d_1^{2上}$	1.1	3440	200	25	6	116	
3	岩性	$E_2d_1^1$	0.6	3610	200	20	5	42	158
	构造—岩性	$E_2d_1^{2上}$	1.1	3640	300	25	6	116	

续表

圈闭名称	圈闭类型	层位	面积（km²）	高点埋深（m）	圈闭幅度（m）	油层厚度（m）	单储系数	预测资源量（×10⁴t）	
4	构造—岩性	$E_2d_1^1$	1.1	3150	520	20	5	77	245
	构造—岩性	$E_2d_1^{2上}$	1	3300	500	40	6	168	
5	构造—岩性	$E_2d_1^1$	3.6	3350	680	20	5	252	874
	构造—岩性	$E_2d_1^{2上}$	3.7	3500	720	40	6	622	
6	岩性	$E_2d_1^{2上}$	0.9	4140	140	30	6	113	
7	构造—岩性	$E_2d_1^1$	1.3	740	160	20	7	127	400
	构造—岩性	$E_2d_1^{2上}$	1.3	840	140	30	7	273	
8	构造—岩性	$E_2d_1^1$	0.8	1020	40	20	7	112	
9	构造—岩性	$E_2d_1^1$	3.6	1060	100	20	7	504	
合计			24.1					2851	

6.3.2 多种地震资料在邵伯地区戴南组陡坡扇识别中的应用

邵伯地区处于邵伯次凹的南缘，油源条件十分有利。近年来，在隐蔽油气藏勘探领域开展了大量的研究工作，尤其2008年邵14井（E_2d_1、E_2d_2）的成功使得针对南部陡坡带扇体的勘探取得突破性进展。

该区扇三角洲前缘砂体横向变化快，陡坡带隐蔽油藏具有多层系成藏的特点，E_2d_1、E_2d_2均是隐蔽油气藏勘探的重要层系（图6-3-24、图6-3-25）。E_2d_2寻找河道迁移形成的前缘沙坝发育区，E_2d_1寻找扇中或扇根储层发育区，同时配合一定构造背景和油源断层，采取上下兼顾的方式，实施立体勘探减小勘探风险。真武—邵伯之间可望取得隐蔽油气藏勘探的新突破。

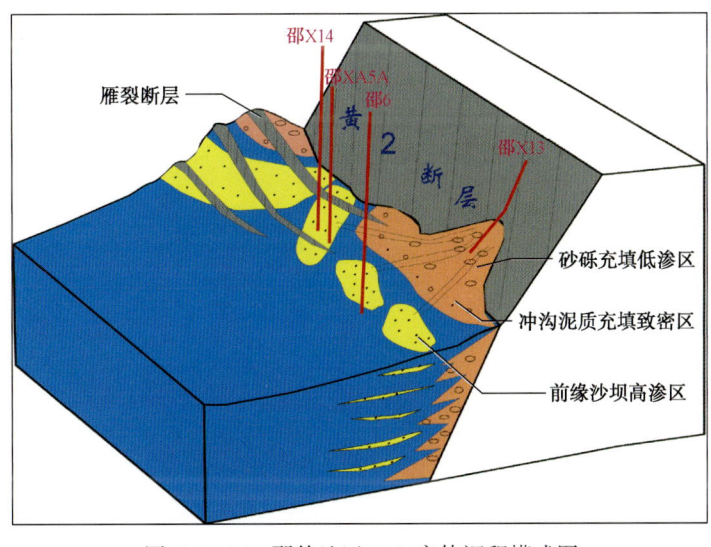

图6-3-24 邵伯地区E_2d_2扇体沉积模式图

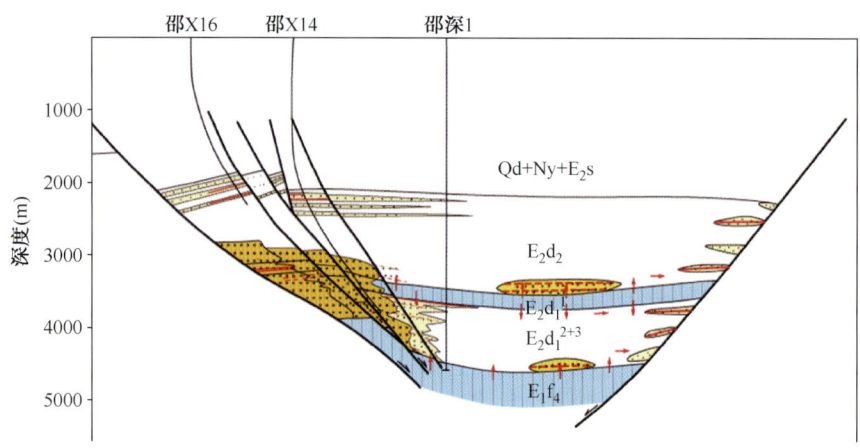

图 6-3-25　邵伯次凹 E_2d 油气藏成藏模式图

本次研究在陡坡扇砂砾岩体识别思路的指导下，在两块三维地震资料的基础上，综合利用三维地震可视化、地震属性分析技术、叠后反演、SVM 储层预测等技术，开展了邵伯地区砂砾岩体平面分布规律、有利勘探目标和砂体厚度预测。

6.3.2.1　三维地震可视化描述砂体边界

砂砾岩扇体构造解释可以利用不同显示方式的地震剖面或时间切片等结合相关钻井资料直接确定。

一般而言，根据建立的地震相模式，应用剖面包络面形态及同相轴尖灭、叠置、极性反转、相位明显变弱等特点基本能确定边界，并能进行较好的解释。但由于砂砾岩扇体所处的断裂系统复杂及相变连续性差，给扇体解释带来困难，因此针对扇体的特殊性，具体应结合三维立体显示手段对其进行更为准确合理的解释与判断。

图 6-3-26 是对 $E_2d_1^1$、$E_2d_1^2$ 数据体浏览的结果，可以清晰看到来自真武和邵 8 方向上的扇体展布。在扇体发育部位反射杂乱、同相轴不连续、扇根部位同相轴与物源方向一致。实际上仅仅依靠上述方法进行扇体边界的确定难度很大，必须通过大量的钻井资料和地震资料分析，结合其他属性研究、地震反演等多种手段来帮助更好地确定扇体边界。

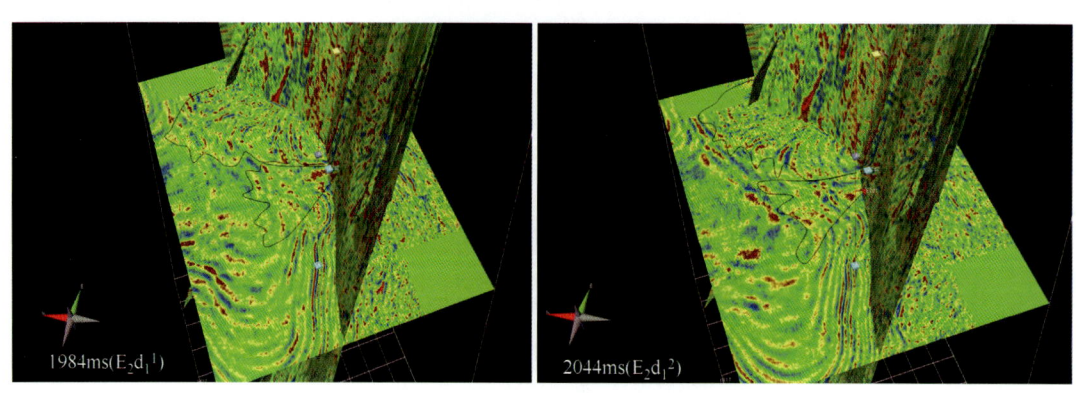

图 6-3-26　三维地震可视化技术识别扇体边界

6.3.2.2　地震属性分析定性识别扇体

在砂砾岩与泥岩薄互层地区，因砂砾岩与泥岩层具有不同的速度、密度，当砂砾岩含量和厚度横向变化或砂砾岩中存在烃类流体时,都将引起界面上地震反射波的波形、能量、频率等各方面特征的变化。正是由于地质参数的空间变化能够引起地震反射波的地震属性参数变化,所以反过来可以利用地震属性参数的横向变化去预测与之相关的地质参数的平面分布。

对邵伯地区主要目的层先后提取振幅、频率、相位等多种类型属性,其中与钻井及地质认识吻合较好的是能量类和相位类,而能量类中规律最好的是各种振幅属性。

因此,本次研究重点对振幅类属性进行了提取、分析与研究。从 $E_2d_1^1$ 的属性分析成果图看,振幅属性在平面上的变化与砂砾岩发育程度关系密切。真②断层下降盘砂砾岩体呈明显的朵状分布(图6-3-27a高振幅区),其分布形态在瞬时相位平面图上也有相同的特点(图6-3-27b)。从邵伯地区 $E_2d_1^2$ 均方根振幅平面图看(图6-3-27c),沿邵14-邵15-邵深1井区为明显的砂体发育带。根据多种属性聚类分析成果,可以进行砂体的划分(图6-3-27d)。

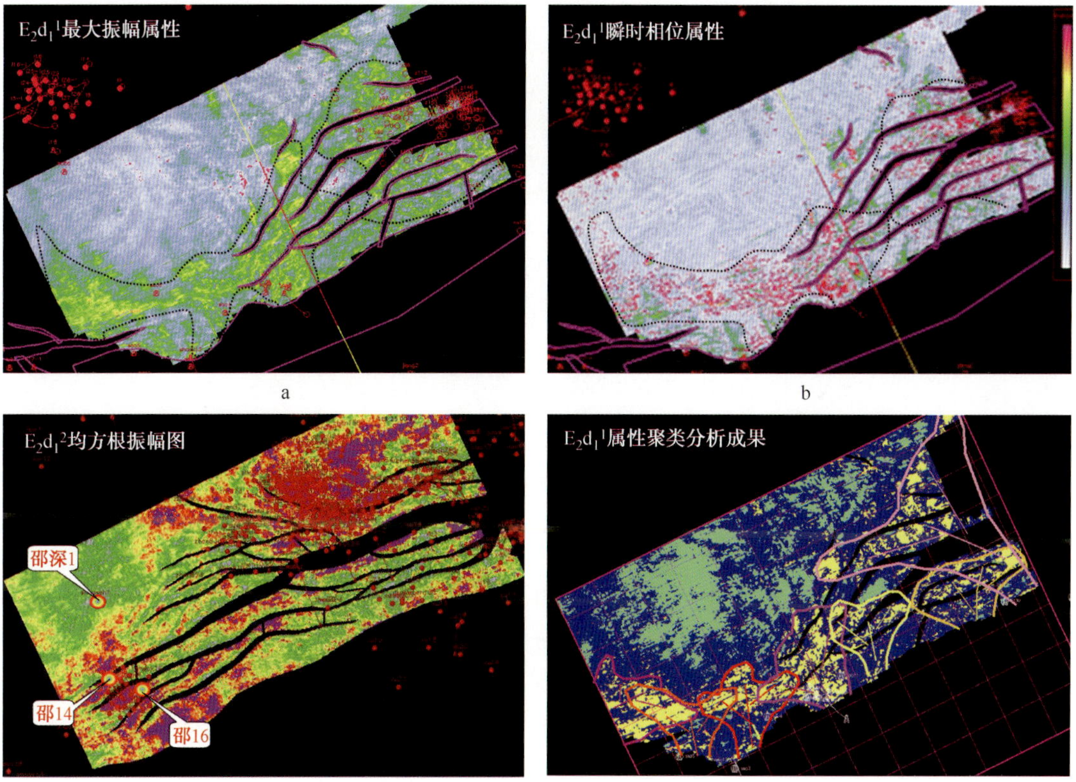

图6-3-27 邵伯地区戴南组各亚段地震属性平面图

在丰富的井资料基础上,通过建立钻井实测储层参数与相关敏感地震属性的相关关系,能够实现对储层厚度、物性的定量化预测。但是,要进一步精细描述砂体的空间展布特征,实现较高精度的隐蔽圈闭识别,需要依托地震反演等技术手段来实现。

6.3.2.3 测井约束反演定量预测储层

在测井约束反演基础上,实现了对邵伯地区 $E_2d_2^1$、$E_2d_2^2$、$E_2d_1^2$ 砂体的定量预测。结果表明:邵伯和真武分别发育两个来自南部的扇体,结合钻井认为邵伯地区发育多个规模较小的水下扇体，真武地区发育规模较大的扇三角洲砂体，其中邵深 1-邵 14 及其东部较大范围处于两个物源的共同作用区，是油气勘探的有利部位。尤其邵深 1-邵 14 一线的局部构造高带，砂体较为发育，存在几个有利目标，同时该高带东侧目前为勘探空白区，该部位是主要受东部真武物源控制的有利勘探区域，也存在几个受断层和砂体变化共同控制的目标（图 6-3-28~图 6-3-30）。

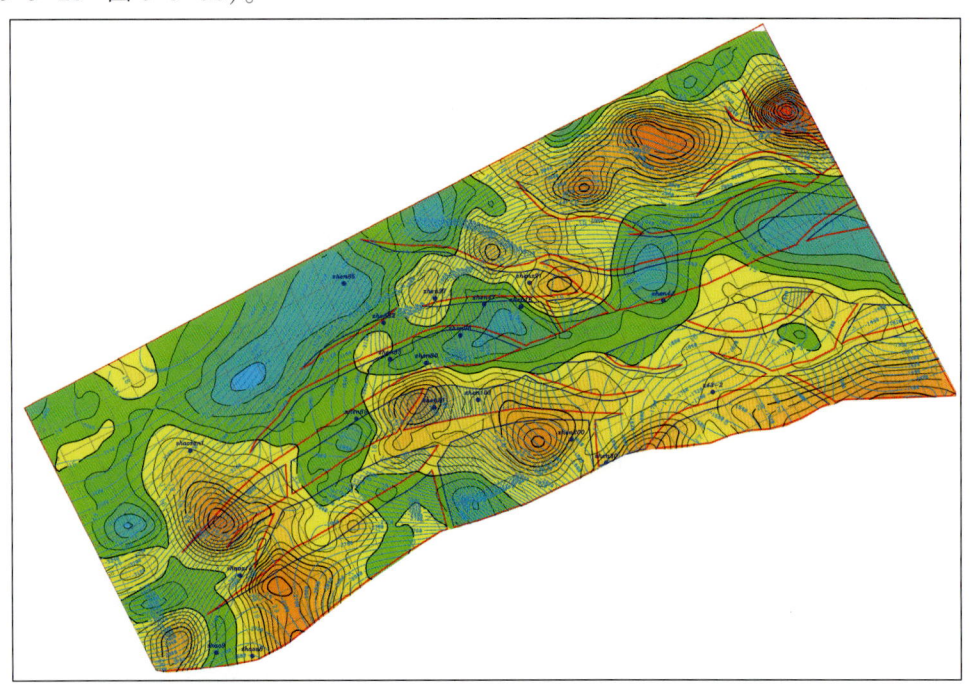

图 6-3-28　邵伯地区 $E_2d_1^2$ 砂岩厚度与 T_2^5 构造叠合图

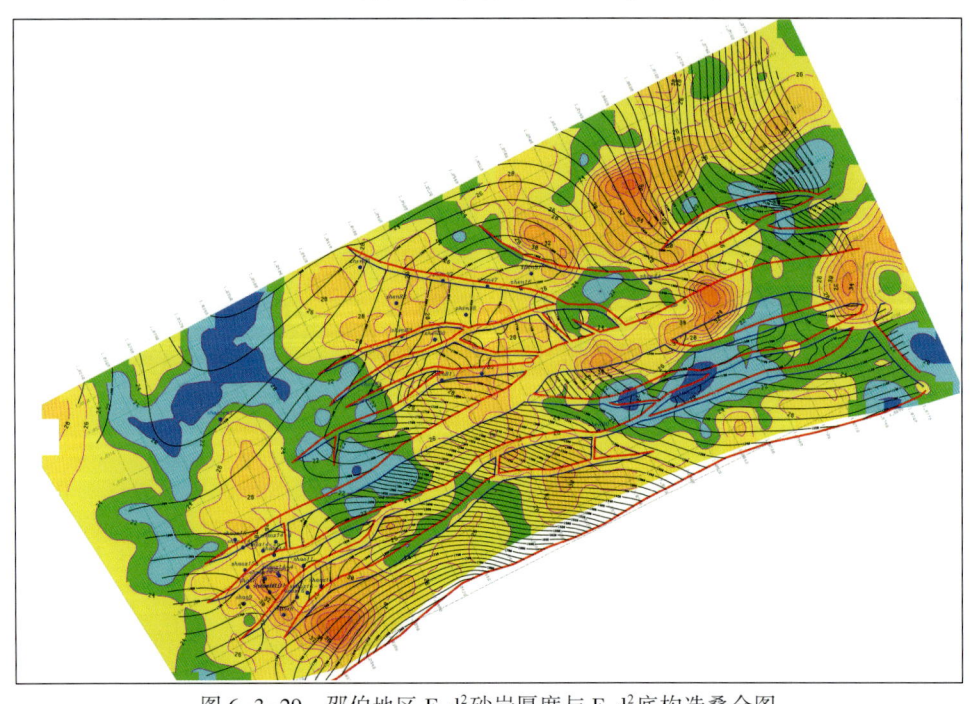

图 6-3-29　邵伯地区 $E_2d_2^2$ 砂岩厚度与 $E_2d_2^2$ 底构造叠合图

6 地震资料在苏北盆地隐蔽圈闭识别中的应用实例

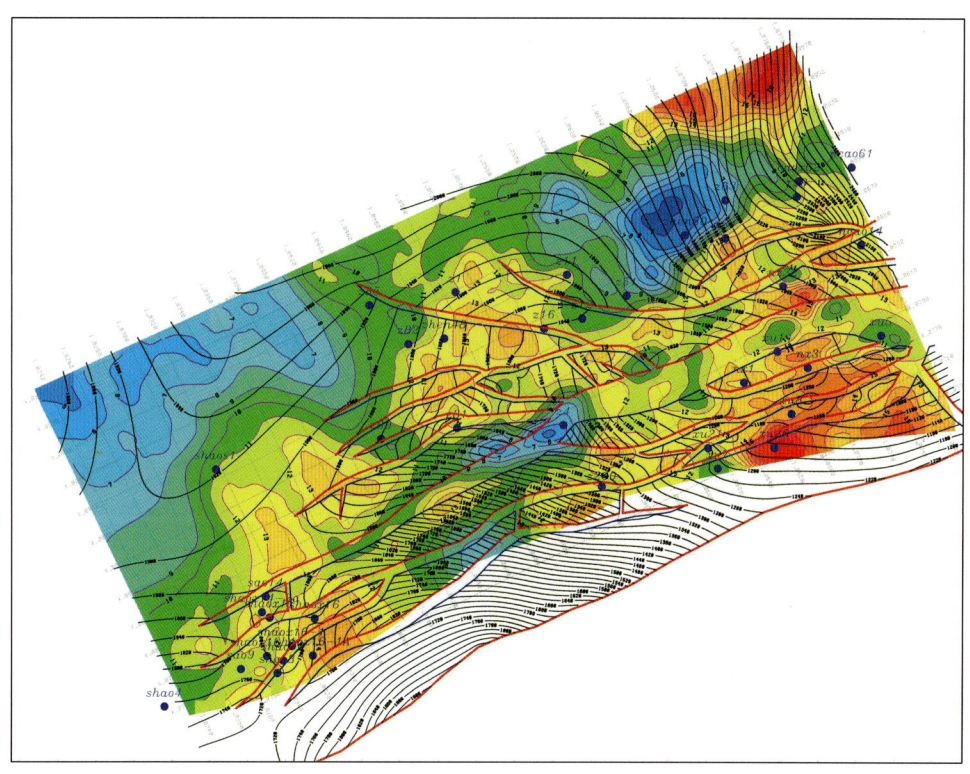

图 6-3-30　邵伯地区 $E_2d_2^1$ 砂岩厚度与 $E_2d_2^1$ 底构造叠合图

共发现和落实了 8 个复合圈闭，累计圈闭面积 26.0km²，圈闭资源量 3441×10⁴t。其中 $E_2d_1^2$ 圈闭 8 个，面积 11.0km²，圈闭资源量 1707×10⁴t；$E_2d_1^1$ 圈闭 7 个，面积 10.3km²，圈闭资源量 1214×10⁴t；$E_2d_2^5$ 圈闭 1 个，面积 1.2km²，圈闭资源 240×10⁴t；$E_2d_2^1$ 圈闭 1 个，面积 3.5km²，圈闭资源 280×10⁴t。

在测井约束反演基础上，邵伯地区提交的邵 X20 井在 $E_2d_1^2$ 常规试油抽汲日产油 18m³，提交预测储量 82×10⁴t。

6.3.2.4　SVM 定量预测砂岩厚度

利用 SVM 技术开展了邵伯地区 $E_2d_1^1$、$E_2d_1^2$ 砂岩厚度预测。

在地震剖面上对井点处目的层的地震波波形进行分析。选择 9 口井提取井旁道地震波波形，将井点砂岩厚度解释值作为支持向量机的输出向量。通过支持向量机的训练建立预测关系模型，用建立的预测关系预测得到的砂岩厚度分布图（图 6-3-31、图 6-3-32）。在扇中位置砂岩厚度值较高，砂体展布与沉积相基本吻合。

以 SVM 砂岩预测结果为基础，引入沉积相带和井点资料对结果进行网格修正，得到最终的预测结果（图 6-3-33、图 6-3-34）。该区自西向东共发育 3 个砂岩体，累计圈闭面积 12.5km²，预测资源量 1129×10⁴t。SVM 技术和测井约束反演技术的基本原理、算法具有较大差异，但是得到的结果可以相互验证。

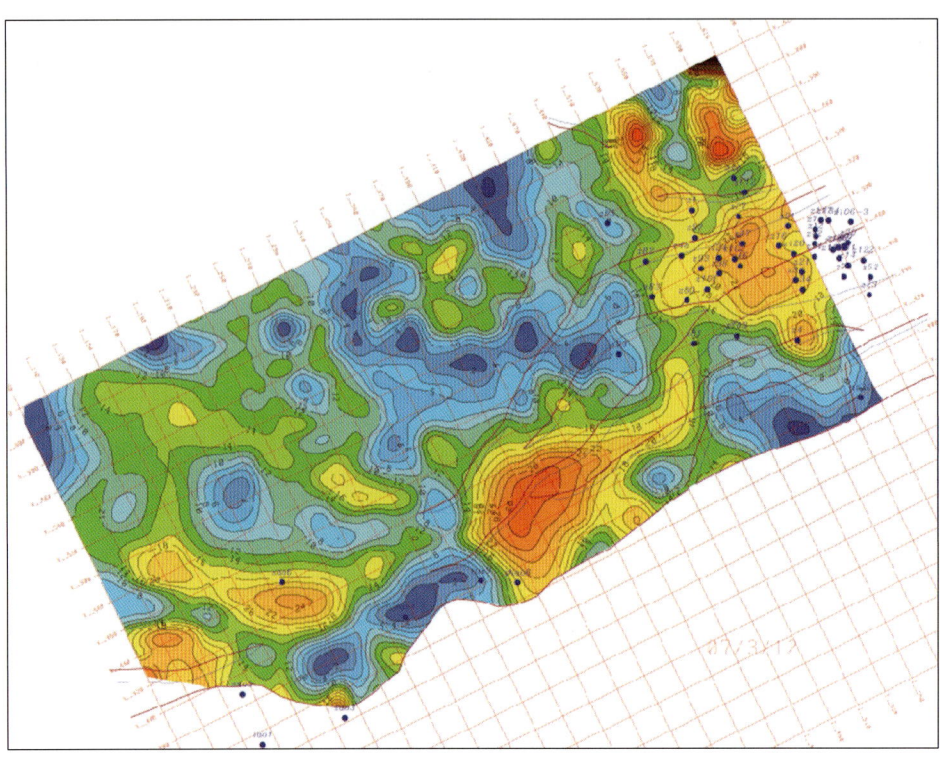

图 6-3-31　邵伯地区 $E_2d_1^1$ SVM 反演砂岩厚度预测图

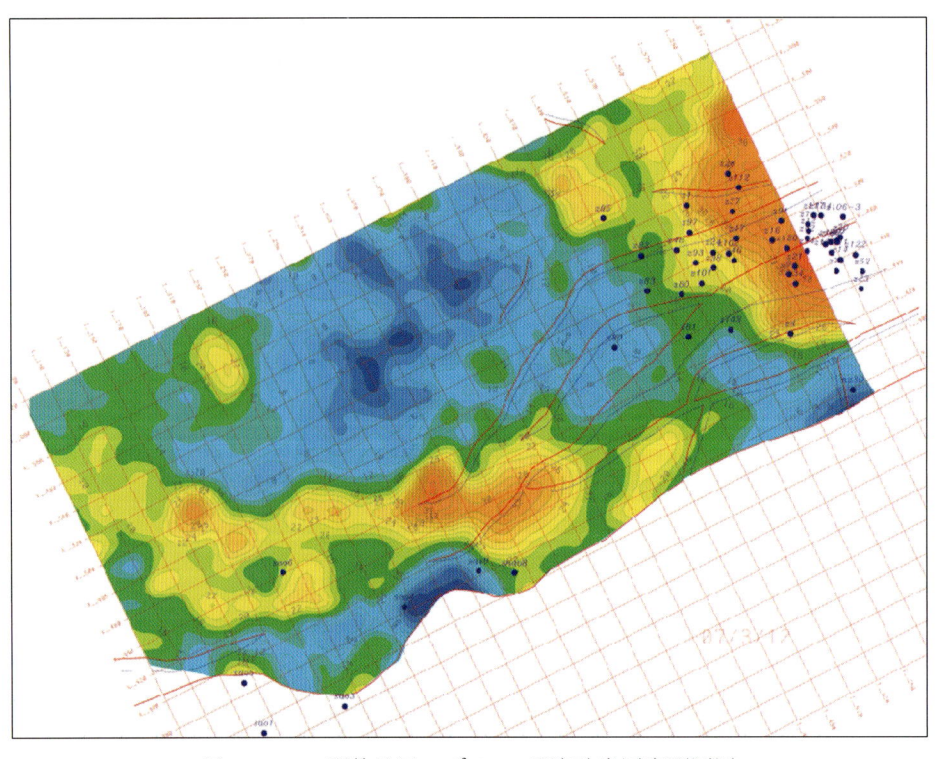

图 6-3-32　邵伯地区 $E_2d_1^2$ SVM 反演砂岩厚度预测图

6 地震资料在苏北盆地隐蔽圈闭识别中的应用实例

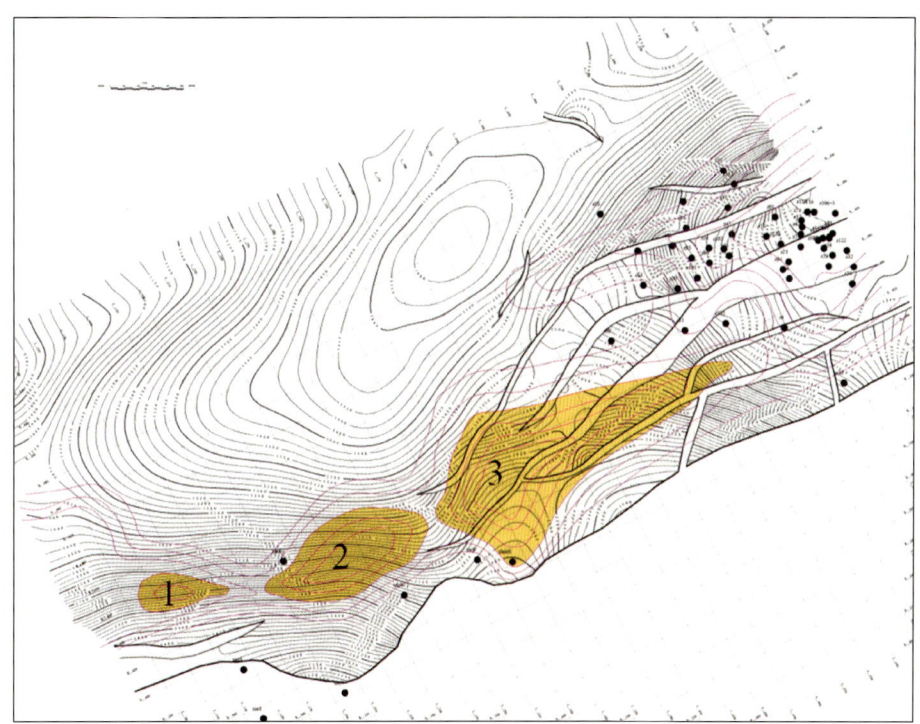

图 6-3-33　邵伯地区 $E_2d_1^1$ 扇中亚相砂岩厚度与 T_2^5 构造叠合图

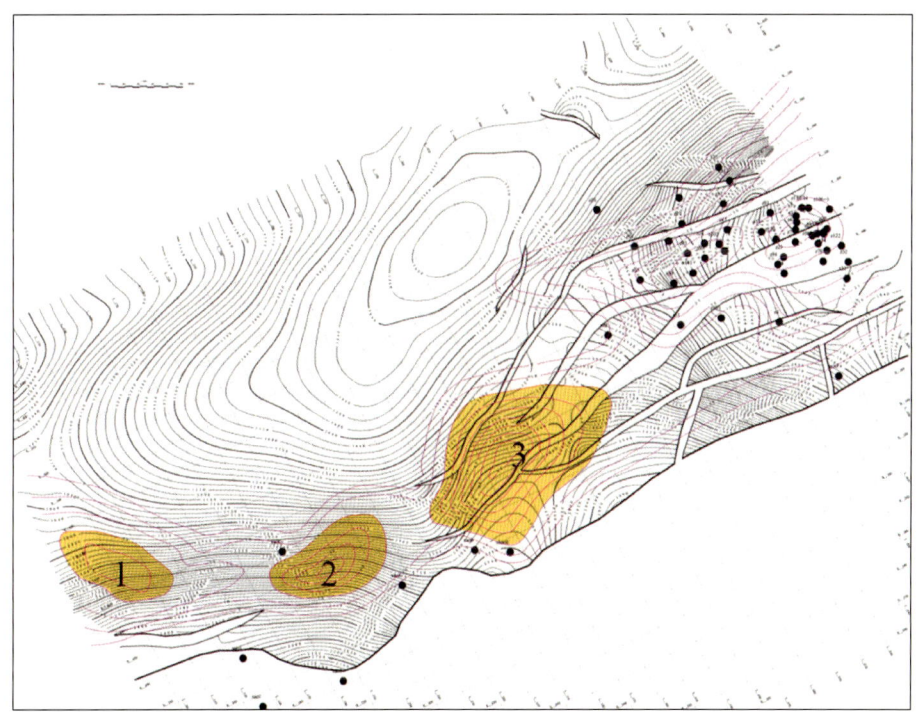

图 6-3-34　邵伯地区 $E_2d_1^2$ 扇中亚相砂岩厚度与 T_2^5 构造叠合图

6.4 地震资料在金湖凹陷西斜坡储层预测中的应用

在金湖凹陷西斜坡，目前已经发现了高集、崔庄等含油构造。这些构造是以阜宁组砂岩和生物灰岩为主要目的层的三级含油构造。这里研究的高集油田位于西斜坡中段，该区阜二段砂岩和生物灰岩储层横向变化快，对油气分布具有一定的控制作用。高集油田包括高6、高7、高11、高14等含油断块，是多油水系统的层状油藏。多年的开发已经证实高6块油藏主要受构造控制；高7块油藏整体受构造控制，低部位受岩性及物性影响；高11、高14油藏则是受断层及岩性双重控制的复合油藏。准确预测阜二段储层横向展布特征对该区油气勘探、开发有重要的指导作用。高集油田主要含油层系包括$E_1f_2^2$、$E_1f_2^3$、$E_1f_1^1$、$E_1f_1^2$ 4个砂层组。这里的研究以$E_1f_2^1$砂岩储层和生物灰岩储层为主要对象。利用地震属性分析、叠前反演等技术开展砂体分布规律、厚度和储层物性定量预测研究。

该区E_1f_2物源主要来自西南部的张八岭隆起，局部地区存在北部建湖隆起的物源。E_1f_2储层包括砂岩和碳酸盐岩储层。砂岩储层以灰白色、棕红色粉砂岩为主，沉积相分析为滨—浅湖亚相沙坪沙坝微相沉积；碳酸盐岩储层则广泛发育于滨—浅湖亚相，为生物—鲕滩相岩体沉积，岩性以生物灰岩为主，见少量薄层鲕灰岩和藻灰岩类。纵向上主要发育于$E_1f_2^2$亚段和$E_1f_2^3$亚段的上部，平面上沿斜坡分布，在高6块较发育，其厚度达到15~20m，岩体向斜坡和深凹减薄，向西至外坡带地区生物灰岩已不发育。这两类储层平面变化较快，控制了油层的分布，例如高5-高6-高4块、高7-高11块E_1f_2中下部现已连片含油，分析认为该含油层段储集体为典型的坝砂，又如高12-高14块、河4块含油层段储集体为典型的滩砂。

6.4.1 沉积特征

6.4.1.1 沉积体系及模式

内坡地区发育生物滩坝、砂质滩坝、滩砂、席状砂、远沙坝等微相储集体（图6-4-1），其中生物滩坝、砂质滩坝储层较厚，平均在10m以上，是有利的储集体。从内坡到外坡，由砂质滩坝、滩砂过渡到生物滩坝，储层厚度约为10m，发现了刘庄油气田和刘30油藏断块。从内坡往深凹地区，由滨浅湖亚相的远沙坝、席状砂、浅湖泥等微相过渡到半深湖泥，储层逐渐不发育。

6.4.1.2 地层特征

高集地区阜宁组地层东倾西抬，呈东厚西薄的楔状。地层在东西向上厚度变化较大，南北向（斜坡走向）厚度稳定（图6-4-2）。$E_1f_2^1$的地层厚度在40~70m之间，$E_1f_2^2$的地层厚度为10~20m，$E_1f_2^3$的地层厚度为60~80m。

6.4.1.3 储层物性特征

E_1f_2砂岩主要为滨—浅湖相的沙坪、沙坝沉积体，砂岩总厚度为30m左右，最大单层厚度为6m，孔隙度约16%，渗透率一般小于 $(1~32.1)\times10^{-3}\mu m^2$，属中低孔—低渗储层。

E_1f_2碳酸盐岩为岸外浅滩相，主要有生物灰岩和鲕状灰岩两种，生物灰岩厚度一般为10~13m，最大单层厚度为7m，孔隙度一般为10%，渗透率为小于 $(1~14)\times10^{-3}\mu m^2$，是具有一定储集性能的储层。

6 地震资料在苏北盆地隐蔽圈闭识别中的应用实例

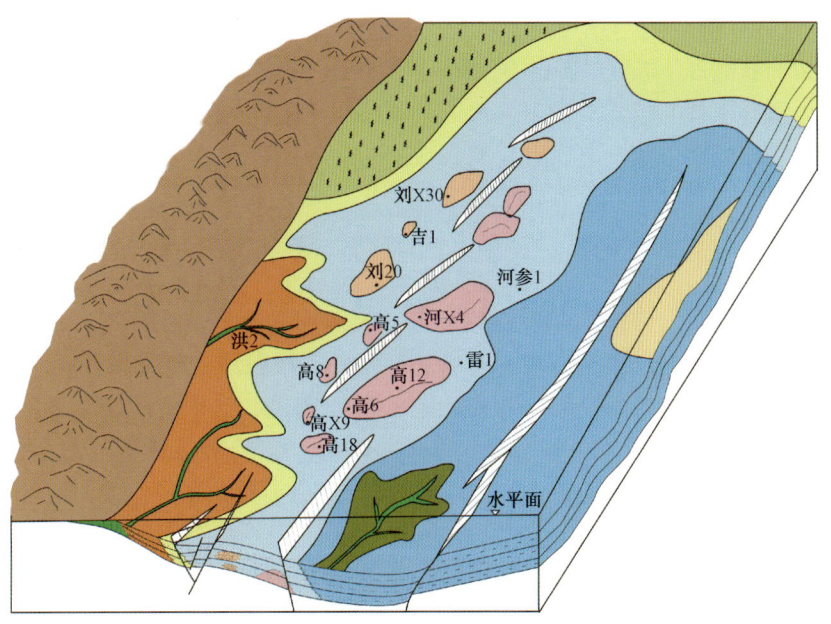

图 6-4-1　金湖凹陷西斜坡北端沉积模式图

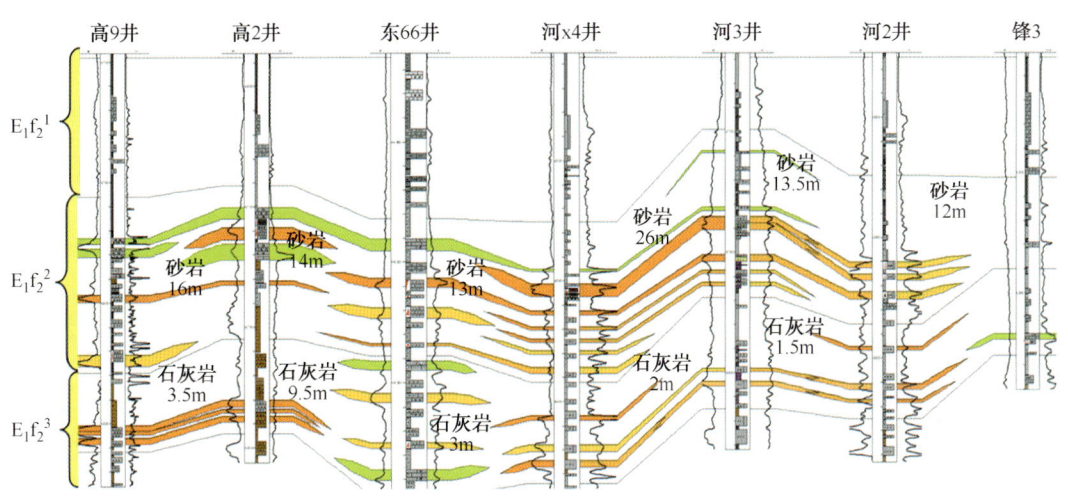

图 6-4-2　金湖凹陷西斜坡高 9 井—锋 3 井连井剖面（据刘金华）

6.4.2　基础资料分析

6.4.2.1　地震资料分析

西斜坡三维地震资料信噪比低、相位杂乱、波组特征不明显、同相轴连续性差，同相轴产状不一致、具多产状干扰，断面及断点反射不清，圈闭识别难度大、落实程度低。

通过有针对性的处理，高集地区三维地震的低信噪比、波组连续性差等问题得到明显改善。重新处理后的三维资料主频为 22~25Hz，频宽为 8~45Hz 左右。叠后地震剖面上，各地震反射波组特征突出，T_3^3 为强振幅、中等频率的 2~3 个相位特征。阜二段埋深一般小于 2500m，地震资料品质较好。

6.4.2.2 井资料分析

研究区目前有高 6、高 7、高 15 等多个开发油田。区内探井分布均匀，但开发井相对集中。工区内测井年代、仪器等的差异造成测井曲线一致性较差，大部分井为常规测井。

本次研究主要以常规测井资料齐全的高 3、高 6-2、高 6-5、高 6-8、高 9、河 X4 等井为基础，进行岩石物理分析和低频模型约束。

测井资料预处理：对高 3、高 9、高 6-2、高 6-5、高 6-8、河 X4 等 6 口井的纵波时差、密度、中子、伽马、泥质含量曲线进行了一致性分析。分析结果表明，3 口井目的层段的纵波时差、横波时差、密度曲线一致性较好，不需要进行标准化处理，自然伽马、中子孔隙度曲线存在刻度差异，最终以高 6-8 井为标准井，按照均值校正法进行了标准化处理。

各类弹性曲线预测：参考高邮、海安凹陷的研究成果和认识，通过岩石物理正演模拟和流体替代，对高 3、高 9、高 6-2、高 6-5、高 6-8、河 X4 等重点井开展了纵波速度、密度曲线重构，以及横波速度和相关弹性曲线估算。

6.4.2.3 岩石物理分析

以本区测井质量较好的 4 口井为基础，开展了岩性、物性及流体敏感参数分析。

岩性敏感参数：$\mu\rho$、密度、波阻抗区分 E_1f_2 的砂岩与泥岩较敏感，v_P/v_S、泊松比对砂岩的敏感性不如其他凹陷，但能够较好地区分砂岩与生物灰岩或灰质泥岩（图 6-4-3~图 6-4-6）。薄砂层具有相对高阻抗的特征，但与高阻抗的生物灰岩、灰质泥岩难以区分。密度在岩性划分上具有较高的敏感性，泥岩为低值，砂岩、生物灰岩为中—高值，生物灰岩或泥灰岩含油时，密度较大。由于金湖凹陷 E_1f_2 砂岩黏土含量相对较大，砂岩与泥岩的 v_P/v_S、泊松比差异量偏小。总体看，E_1f_2 各弹性参数受深度变化影响不大。

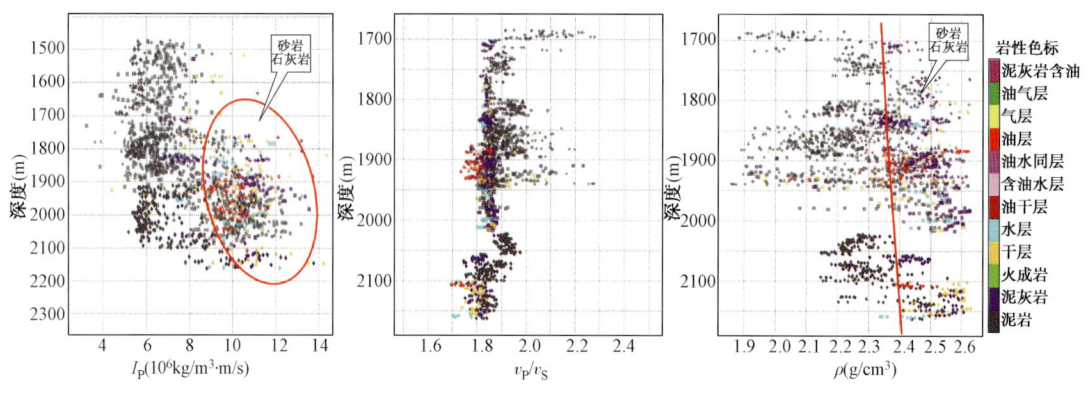

图 6-4-3 金湖凹陷 6 口井阜二段弹性参数与深度交会图

流体敏感参数：含油砂岩的 v_P/v_S、泊松比 σ 为明显低值特征，但含油生物灰岩、泥灰岩的 v_P/v_S、泊松比为中等值，介于砂岩与泥岩之间。

物性敏感参数：I_P 与储层孔隙度呈良好负相关关系，砂岩、泥灰岩的孔隙度与 I_P 关系式有明显差异性。

多属性交会分析，提高储层、流体预测精度：根据上述认识，I_P、$\mu\rho$ 等参数区分砂、泥岩较敏感，其中 I_P 是最佳的物性特征参数；v_P/v_S、泊松比在区分砂岩与生物灰岩上有一定的敏感性，且对含油砂体较敏感；综合这两组属性，一定程度上可以提高岩性、物性解释和流体预测的精确度（图 6-4-7）。

6 地震资料在苏北盆地隐蔽圈闭识别中的应用实例

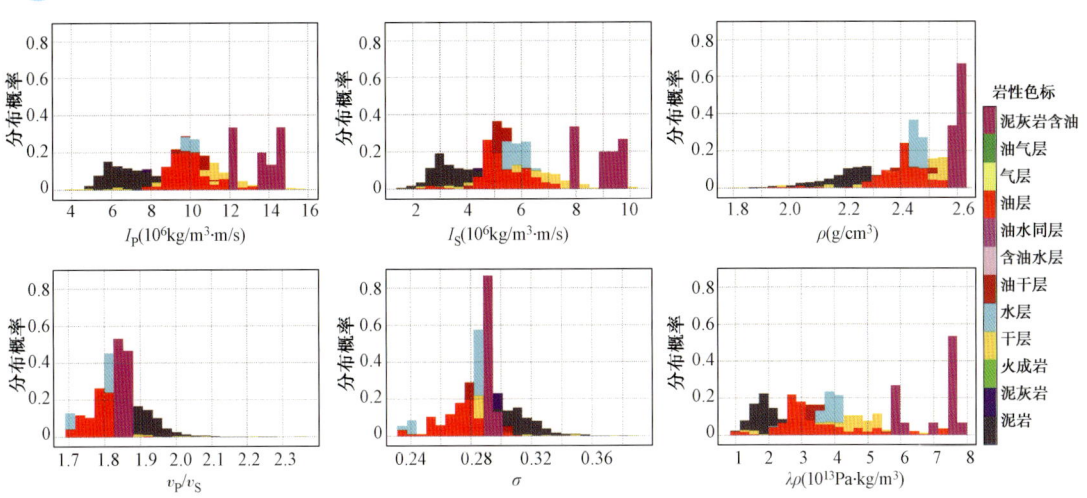

图 6-4-4 金湖凹陷 6 口井 E_1f_2 弹性参数直方图

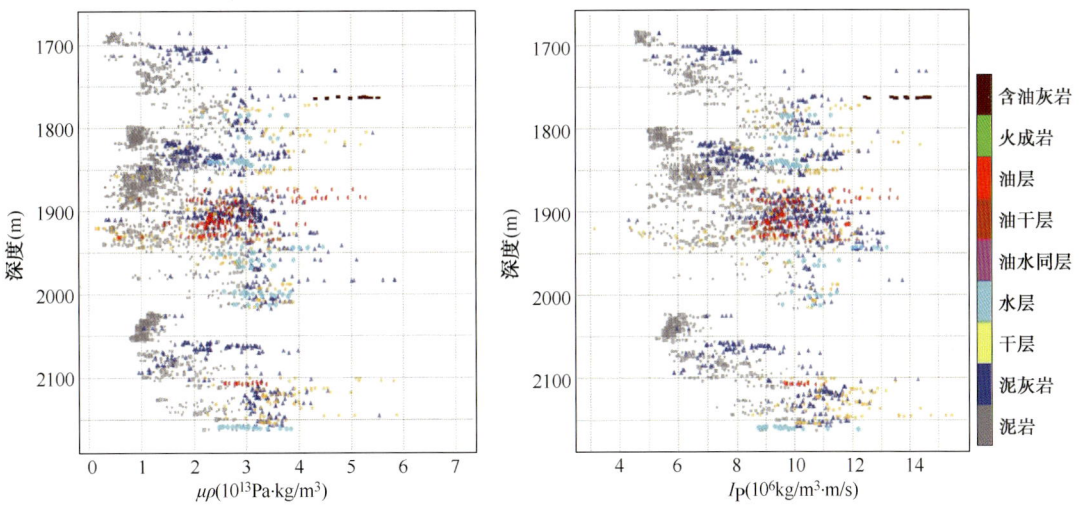

图 6-4-5 高集地区 4 口井 E_1f_2 的 $\mu\rho$、I_P—深度交会图

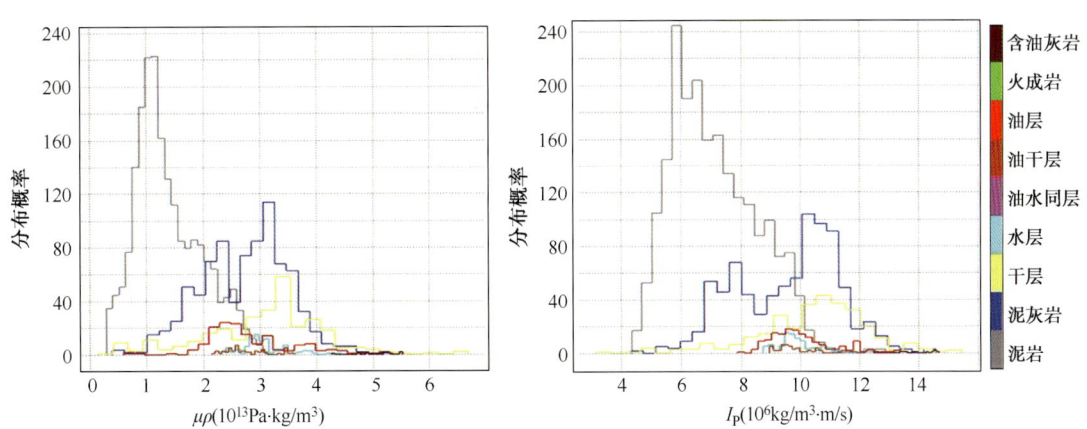

图 6-4-6 高集地区 4 口井 E_1f_2 的 $\mu\rho$、I_P 直方图

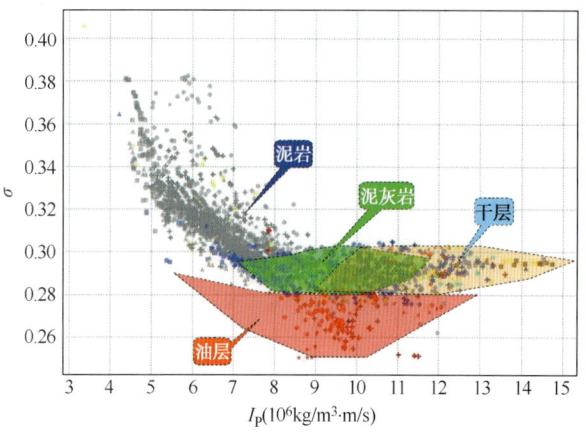

图 6-4-7 高集地区 4 口井阜二段弹性参数交会图

6.4.3 研究难点与思路

金湖凹陷 E_1f_2 储层预测是苏北盆地最有难度的研究工作，其研究难点体现在以下方面：

（1）目的层薄、地震分辨率低，是典型的"砂泥薄互层"，预测难度大；

（2）生物灰岩、泥灰岩、灰质泥岩等与砂岩互层，在测井、岩石物理、地震响应上，两者有诸多相似特征，增大了储层预测的难度；

（3）v_p/v_s、泊松比等经典的岩性、流体特征参数对于 E_1f_2 砂岩的敏感度明显不如其他凹陷；

（4）本区三维地震覆盖次数低，从叠前 CRP 道集看，目的层段资料品质不如高邮、海安等研究区。

令人欣慰的是，研究区有 150 余口录井、标准测井资料和测井解释结论齐全的探井和开发井，为了充分利用这些井信息，本次研究"以井控为主"，利用地震属性分析和叠前反演成果来实现储层预测（图 6-4-8）。

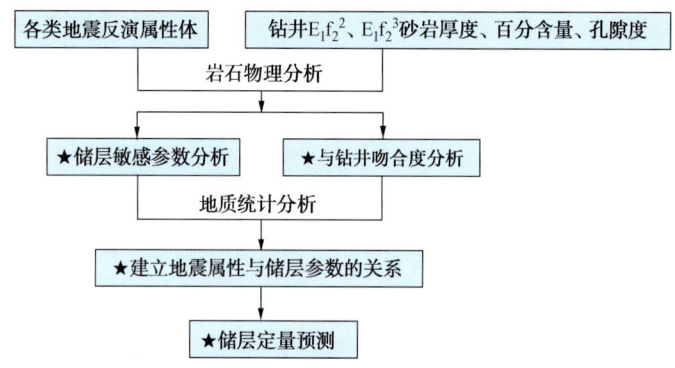

图 6-4-8 储层定量预测技术路线图

从储层预测的可行性和试验研究的角度出发，一方面将 E_1f_2 的 7 套砂组分为上、中、下三套，利用地震属性分析技术进行储层定量预测研究；另一方面将 E_1f_2 的 7 套砂组分为上、下两套砂组，利用叠前反演技术开展储层精细描述。

6.4.4 地震属性分析

在精细井震标定与地震波组特征分析的基础上，明确 $E_1f_2^2$ 和 $E_1f_2^3$ 上、中、下各套砂组对应的地震时窗（图 6-4-9、图 6-4-10）。在此基础上提取了多种类别的地震属性。

采用交会分析法对地震属性进行优选。通过地震属性交会，分析属性间的隐含关系，还可以识别储层中的油气显示。

某一层面或体的地震属性是包含几何学、动力学、运动学和统计学等方面的综合特征，没有经过标定的属性仅仅是一种地球物理参数，不具任何地质意义，不能用于地质解释。

6 地震资料在苏北盆地隐蔽圈闭识别中的应用实例

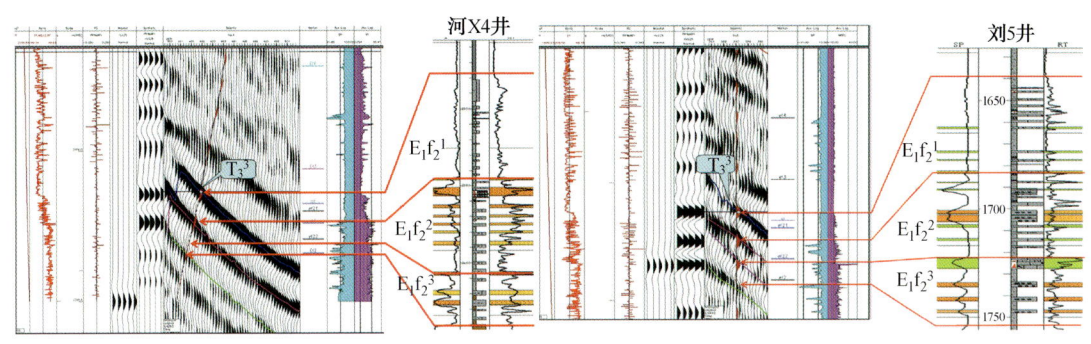

图 6-4-9　河 X4、刘 5 井合成记录

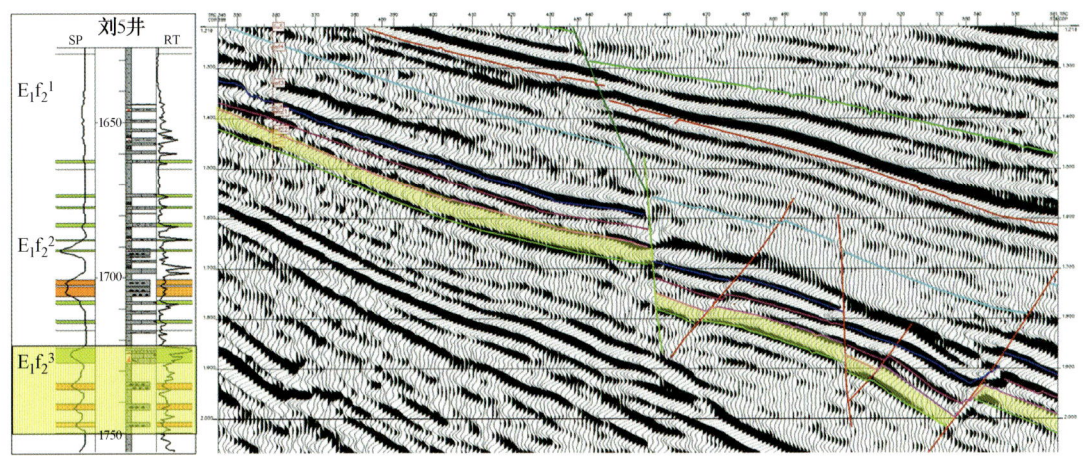

图 6-4-10　过刘 5 井地震剖面

只有通过标定，才能建立地震属性与地质特征之间的关系。

目前使用最多、效果最好的方法是应用井资料进行地震属性标定，采用的是从已知到未知的思路，即运用已知井的地层、岩性、物性和含油气性等信息，通过过井地震道或井旁地震道，建立油气藏（目标体）特征与地震属性之间的关系，然后将其外推到整个目标体空间。

从各目的层钻井储层参数与地震属性交会图可看出，砂岩厚度与均方根振幅属性的相关系数最高、其次为能量类属性（图 6-4-11~图 6-4-14）。

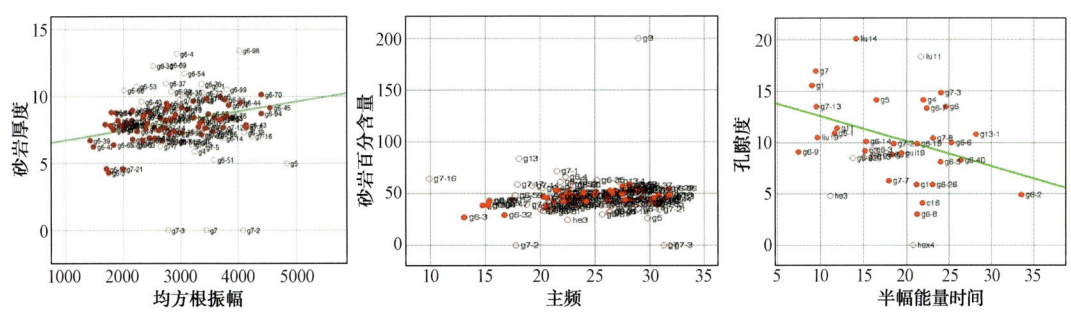

图 6-4-11　Ef_2^2 实钻储层参数与地震属性交会图

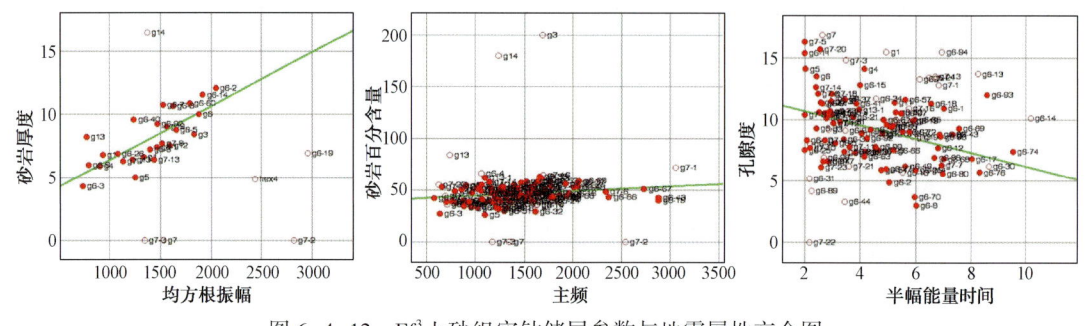

图 6-4-12　Ef_2^3 上砂组实钻储层参数与地震属性交会图

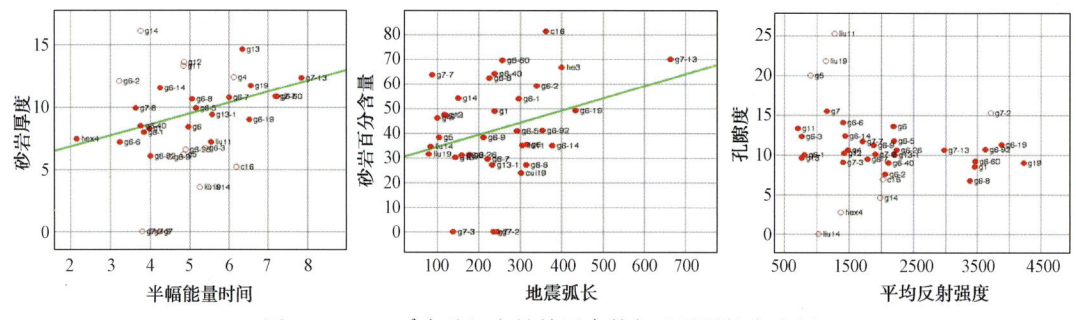

图 6-4-13　Ef_2^3 中砂组实钻储层参数与地震属性交会图

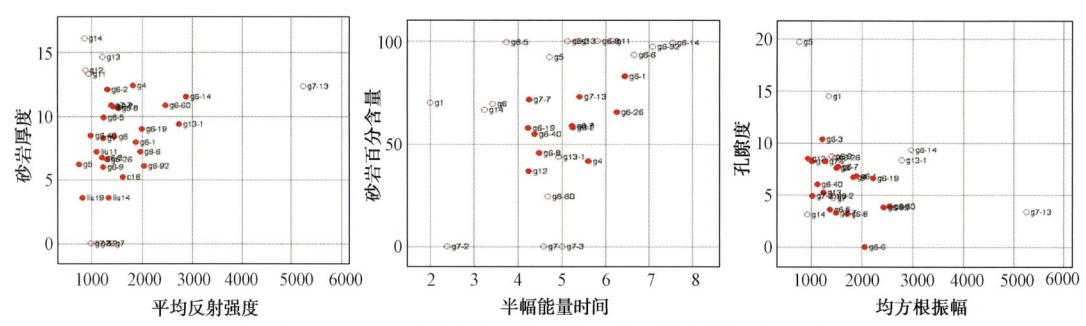

图 6-4-14　Ef_2^3 下砂组实钻储层参数与地震属性交会图

最终，在剔除干扰因素的基础上，综合多属性拟合回归公式，实现各套砂体的定量预测（图 6-4-15~图 6-4-18）。预测结果表明，高集地区砂岩储层受局部物源控制，横向厚度变化明显。其中主要含油层 E_1f_2 沉积类型为扇三角洲前缘亚相和河口沙坝微相。来自建湖隆起的物源进入本区，在西部地形较陡的地区形成冲积扇，高集一带岩性组合为灰色、浅灰色粉砂岩，灰质粉砂岩夹深灰色泥岩，砂体形态为条带状，其走向与古水流方向一致，沉积构造发育有小型交错层理、斜层理。这类砂体平面上分布在高 7-高 6-高 14 井一线，砂体累积厚度为 10~30m，砂地比约为 30%~50%。

6.4.5　叠前反演储层预测

在高集地区 6 口井及保幅处理的连片三维地震资料基础上，通过叠前同时反演得到多种地震弹性属性体。

在叠前反演成果基础上，结合敏感属性分析、属性交会、地质统计分析等方法，开展了 $E_1f_2^1$ 石灰岩、$E_1f_2^2$ 砂岩、$E_1f_2^3$ 砂岩的厚度与物性定量预测，取得了较好的应用效果。

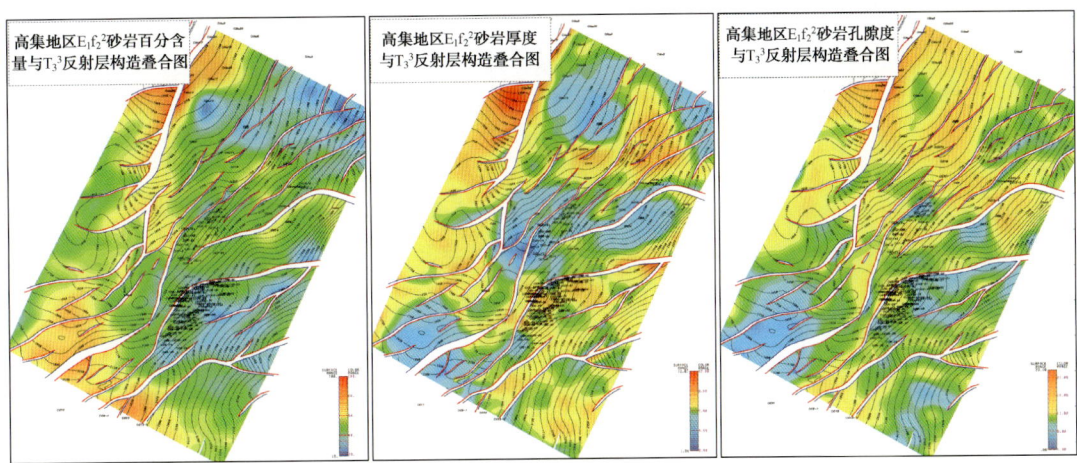

图 6-4-15　$E_1f_2^2$ 储层预测成果图（地震属性）

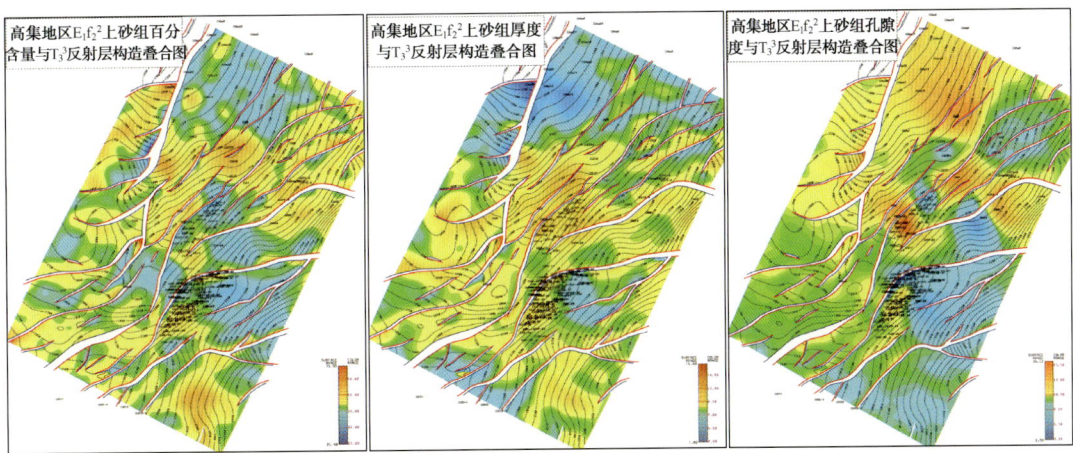

图 6-4-16　$E_1f_2^3$ 上砂组储层预测成果图（地震属性）

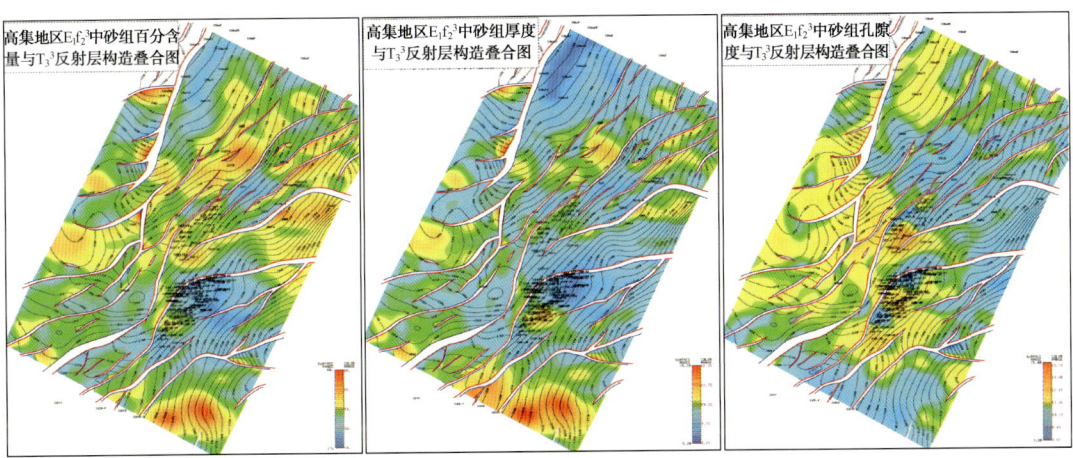

图 6-4-17　$E_1f_2^3$ 中砂组储层预测成果图（地震属性）

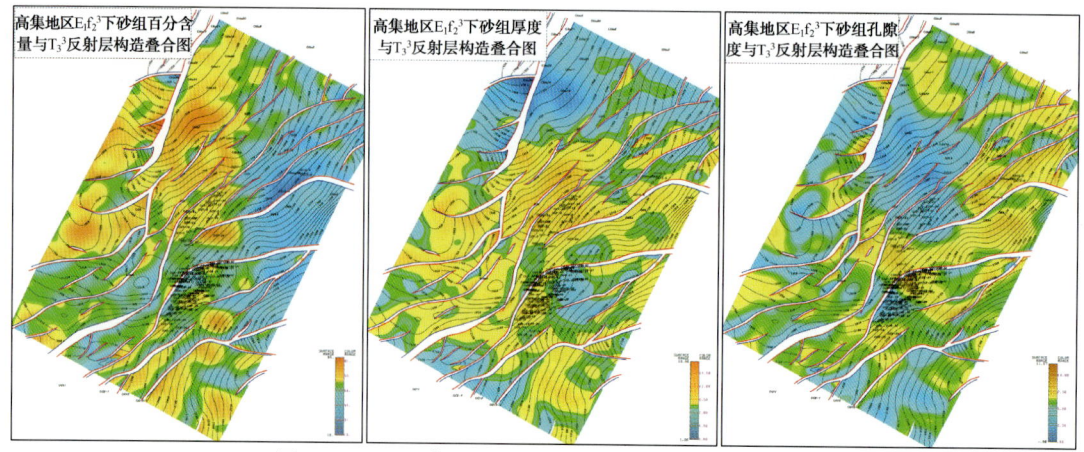

图 6-4-18　$E_1f_2^3$ 下砂组储层预测成果图（地震属性）

6.4.5.1　$E_1f_2^2$ 石灰岩识别

利用石灰岩的高纵波阻抗特征，结合实钻石灰岩厚度建立地质统计关系，进行 $E_1f_2^2$ 石灰岩分布范围预测。从图 6-4-19 中预测的石灰岩分布范围看，$E_1f_2^2$ 石灰岩主要发育在高 6 块，及高 7 块以北的刘庄地区，高 4 井以东也是石灰岩发育区。高 7 块及其东北向东 66 井方向石灰岩不发育。

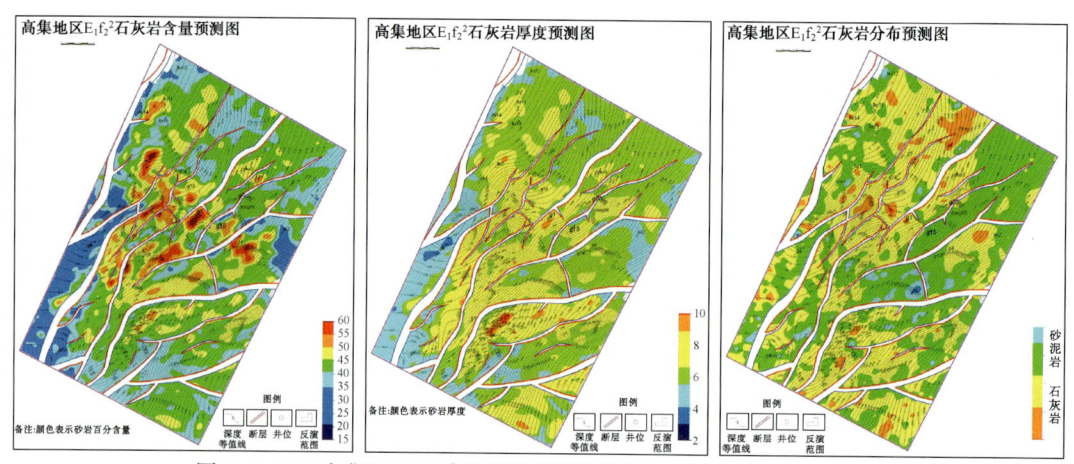

图 6-4-19　高集地区 $E_1f_2^2$ 石灰岩范围预测图、厚度和含量预测结果

6.4.5.2　$E_1f_2^2$ 砂岩及物性的定量预测

利用 140 余口井的 $E_1f_2^2$ 砂岩厚度与地震 I_P 属性交会，对 $E_1f_2^2$ 砂岩厚度、砂岩百分含量及孔隙度进行定量预测。

从图 6-4-19 可看出，$E_1f_2^2$ 沉积时期，物源主要来自西南部，砂岩含量较高，为 25%~65%，砂岩累计厚度为 4~12m。总体来说，工区西南部砂岩较发育，往东北部砂岩厚度减薄。高 6 块砂岩最发育，普遍在 8~12m 之间。高 7 块砂岩局部不发育。高 7 块以北砂岩较发育，砂岩含量可达 50%~65%，高 4 井东北部砂岩含量相对较低。

$E_1f_2^2$ 砂岩孔隙度分布范围在 9%~20% 之间，与实测吻合较好（图 6-4-20）。高 6 块储层物性横向变化较大，孔隙度分布在 10%~20% 之间。高 7 块储层物性整体比高 6 块好，仅局部物性较差。高 7 块以北地区储层物性较好，孔隙度主要为 12%~20%。

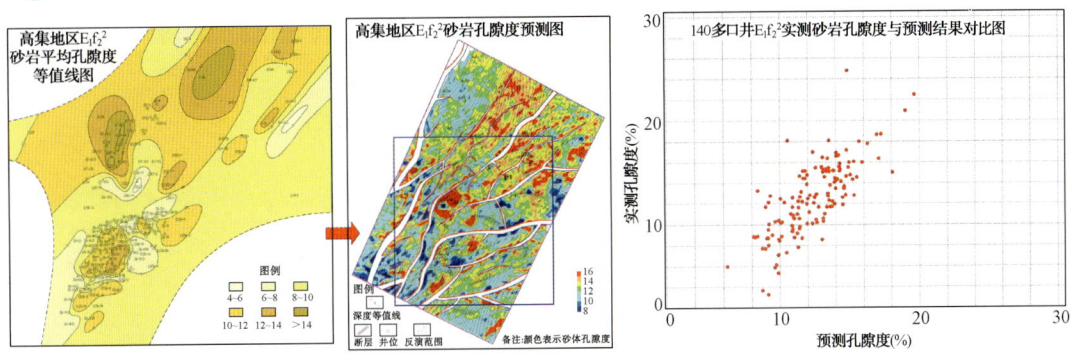

图 6-4-20 高集地区 $E_1f_2^2$ 砂岩预测孔隙度与实钻对比

6.4.5.3 $E_1f_2^3$ 砂岩及物性的定量预测

将 $E_1f_3 2$ 分为上、下两套砂组分别开展储层定量预测。

从图 6-4-21 可看出，$E_1f_2^3$ 沉积期，物源主要来自西南部。$E_1f_2^3$ 上部砂岩厚度为 6~16m，砂岩含量为 20%~70%。研究区西南部砂岩较发育且物性好。高 6、高 7 块东北向砂体逐渐减薄，物性变差。$E_1f_2^3$ 下部砂岩厚度为 10~25m，砂岩含量为 20%~70%。高 6 块高部位、高 7 块及高 6、高 7 块之间砂岩厚度较大，一般大于 16m，且物性较好，孔隙度一般大于 15%。向工区东北部，砂岩厚度明显减薄且物性变差（图 6-4-22）。

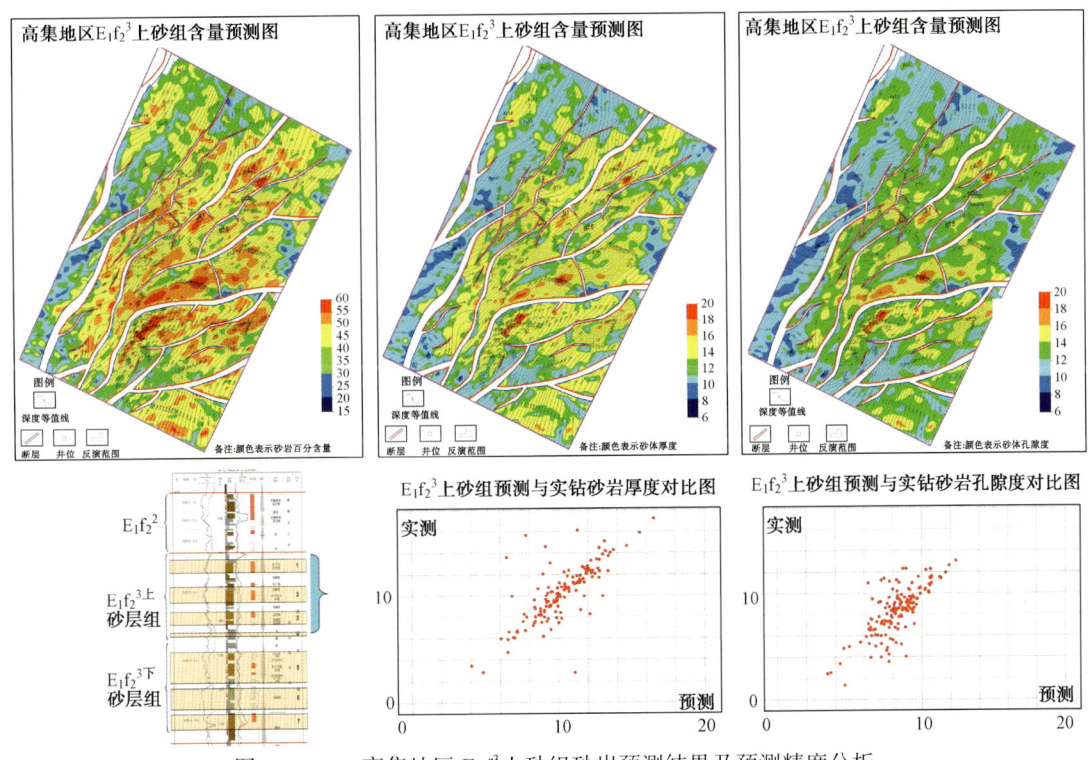

图 6-4-21 高集地区 $E_1f_2^3$ 上砂组砂岩预测结果及预测精度分析

6.4.5.4 含油性预测

根据含油砂体的低 v_P/v_S 特征，进行 $E_1f_2^3$ 上砂组含油范围预测。图 6-4-23 中橙红色表示可能的含油范围。预测结果表明，高 6 块、高 7 块及高 6、高 7 块之间，刘庄油田高部位

地震资料在隐蔽圈闭识别中的应用

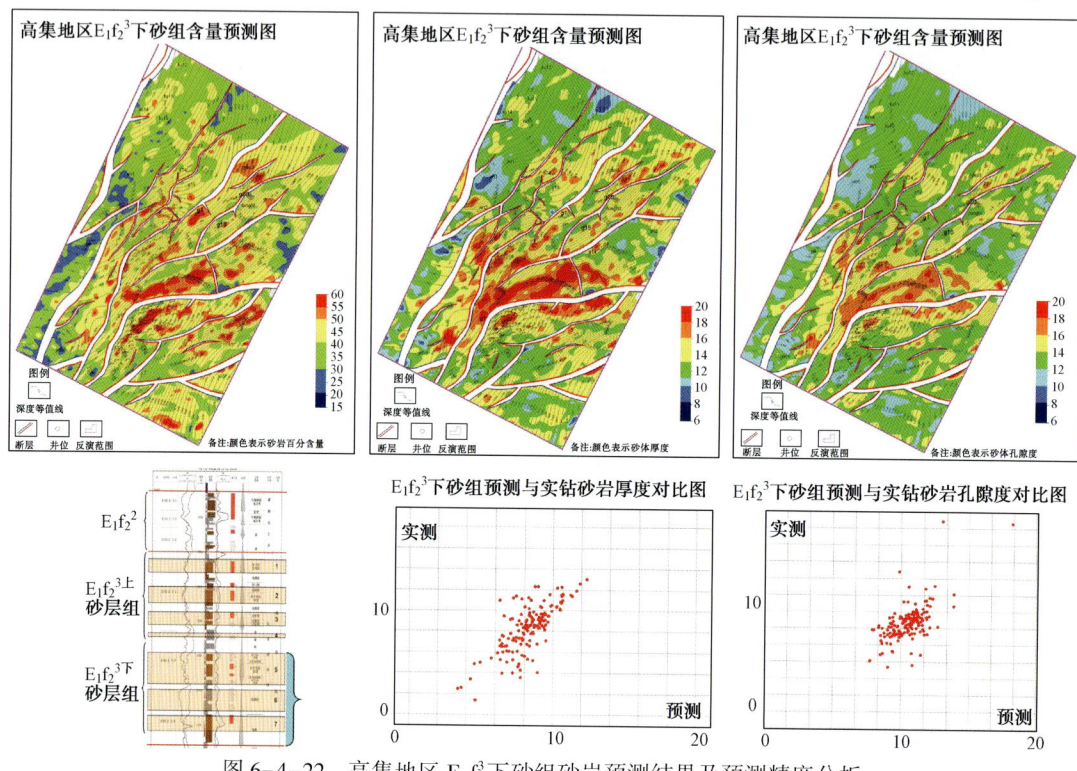

图 6-4-22 高集地区 $E_1f_2^3$ 下砂组砂岩预测结果及预测精度分析

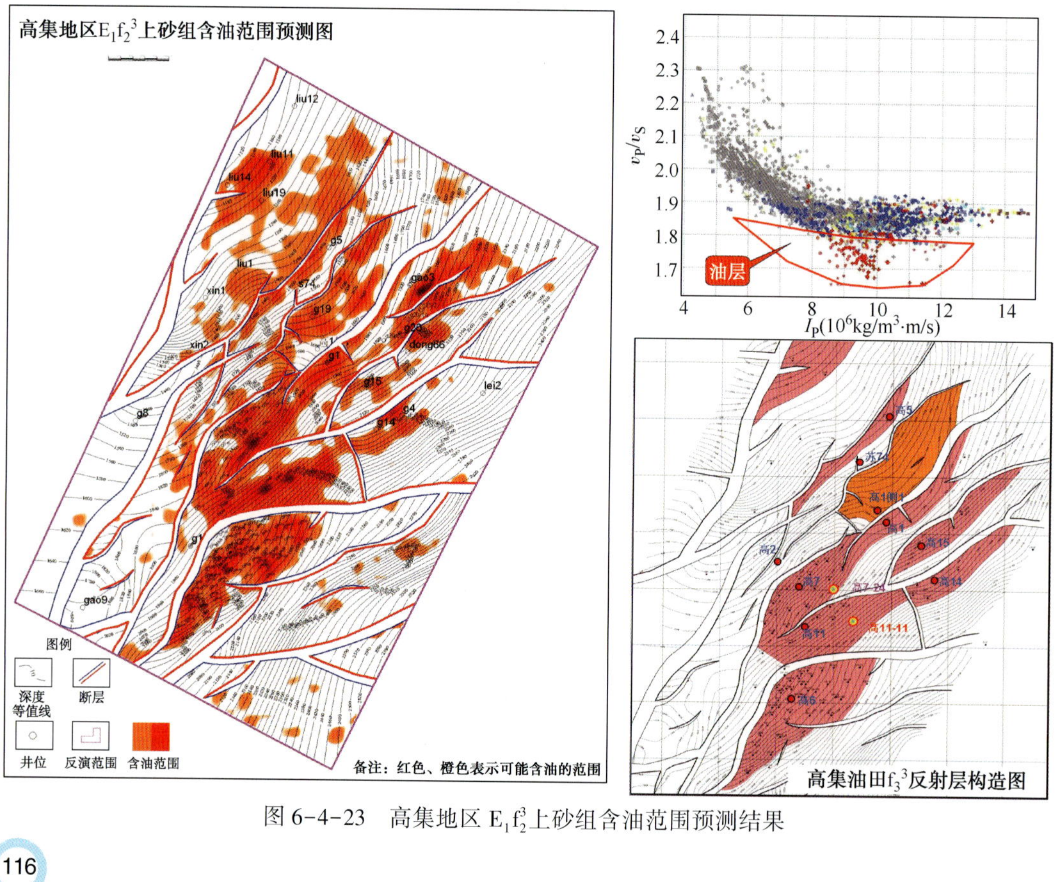

图 6-4-23 高集地区 $E_1f_2^3$ 上砂组含油范围预测结果

及高 4、高 14 块都为含油目标区，与实际相符。另外，高 7 块东北部、东 66 井以北、高 3 井以南也是可能的含油目标区。

6.5 地震资料在海安凹陷泰一段隐蔽圈闭识别中的应用

选择位于海安凹陷新街、海北地区的立发—李堡—新街连片三维，在岩石物理特征分析的基础上，利用叠后（测井约束稀疏脉冲）反演、叠前同时反演技术，开展了 $K_2t_1^1$ 储层预测和隐蔽圈闭识别。

研究前期，在叠后反演基础上开展储层预测与隐蔽圈闭识别，发现堡 5 块 $K_2t_1^1$ 构造—岩性油藏。此后，利用堡 5 井横波测井资料和保幅处理后的部分叠加地震资料开展叠前反演储层预测，深化 $K_2t_1^1$ 砂体展布特征认识，开展了储层及含油砂体精细描述。

6.5.1 沉积特征

海安凹陷泰州组物源主要来自西北方向，K_2t_1 以早期充填至后期超覆沉积了一套厚 40~200m 由下往上、由粗到细的碎屑岩地层。

$K_2t_1^2$、$K_2t_1^3$ 沉积期，辫状三角洲前缘亚相是发育最广的相带，该段砂岩发育，砂岩含量一般大于 50%，砂岩粒度粗、砂体单层厚度大、横向连续性好。

$K_2t_1^1$ 沉积期发育三角洲沉积体系，以三角洲前缘、前三角洲亚相沉积为主，向东、西及南部过渡为滨浅湖、半深湖亚相，发育水下分流河道、水下分流间湾、河口坝、远沙坝、前缘席状砂等微相（图 6-5-1）。纵向上该段具反旋回性，以泥岩开始，向上过渡为粉砂岩，至 K_2t_2 泥灰岩结束，砂岩层数多、单层厚度薄。平面上，$K_2t_1^1$ 砂体呈北西向展布，位于沉积主体的孙家洼—富安—海中—海北地区以三角洲前缘亚相沉积为主，是砂岩厚度中心，砂岩含量为 40%~70%，累计厚度为 20~35m 以上。

凹陷东南部的新街、海北地区为 $K_2t_1^1$ 三角洲前缘向前三角洲的过渡区带，砂体向南减薄、尖灭。沿 NW-SE 的沉积主体方向上砂体连续性好，垂直沉积主体方向上砂体横向连续性差。由于 K_2t 地层北倾南抬，东西走向的南掉断层发育，与 NW-SE 向展布的砂体组合，极易形成构造—岩性复合圈闭，紧邻生油中心的斜坡带是寻找 $K_2t_1^1$ 隐蔽油藏的有利区带（图 6-5-2）。该区烃源条件好，地震资料品质较好，是 $K_2t_1^1$ 隐蔽油藏勘探最有利、最现实的地区。

钻探揭示，新街、海北地区 $K_2t_1^1$ 地层总厚一般为 50~80m，砂岩含量为 10%~50%以上，砂岩累计厚度一般为 10~35m，最大可达 55.8m。

6.5.2 基础资料分析

6.5.2.1 地震资料分析

新街、海北地区有新街、李堡、立发等 3 块三维地震覆盖区，地震资料品质整体较好。该区针对地震反演开展过两轮连片三维地震资料保幅处理。本次研究所用的资料情况如下。

（1）叠后反演地震资料：工区面积 264km²，覆盖海北次凹东部及新街次凹斜坡带局部地区（图 6-5-3），为 2009 年下半年保幅处理的立发—李堡—新街连片三维地震资料。资

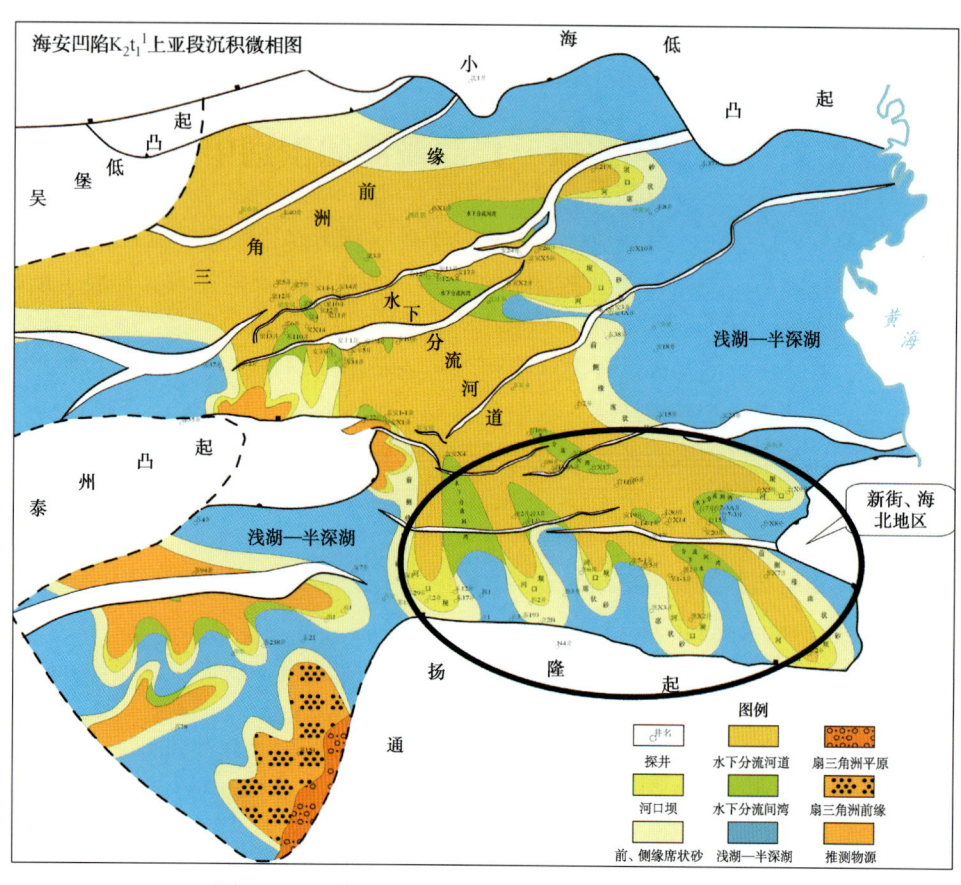

图 6-5-1 海安凹陷 $K_2t_1^1$ 上亚段、下亚段沉积微相图

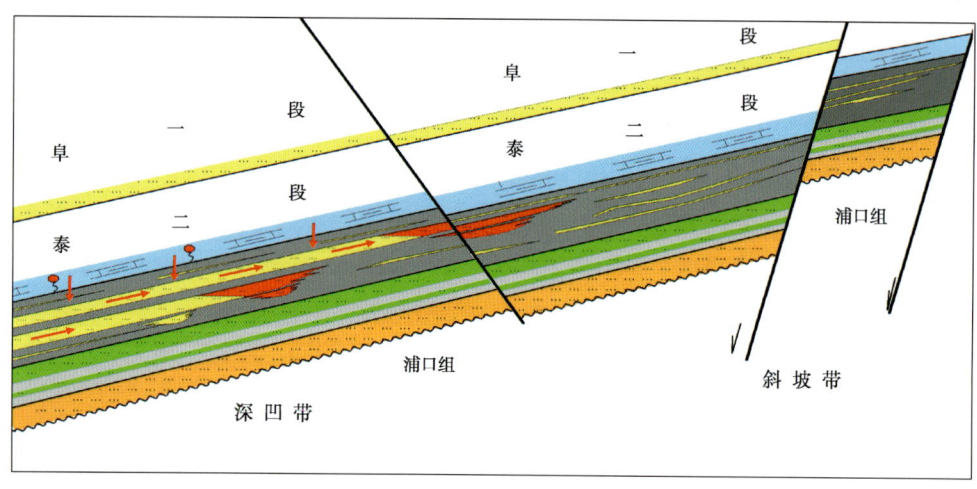

图 6-5-2 新街、海北地区 $K_2t_1^1$ 隐蔽油藏成藏模式图

料品质整体较好，目的层地震主频 20~25Hz，仅工区东北部 K_2t_1 火成岩发育区（安 19 井区）资料品质相对较差。

（2）叠前反演地震资料：工区面积 350km²，为 2010 年保幅处理的立发—李堡—新街连片三维地震资料。结合处理、解释和反演测试研究，在 0°~30°范围内处理生成 0°~10°、

6 地震资料在苏北盆地隐蔽圈闭识别中的应用实例

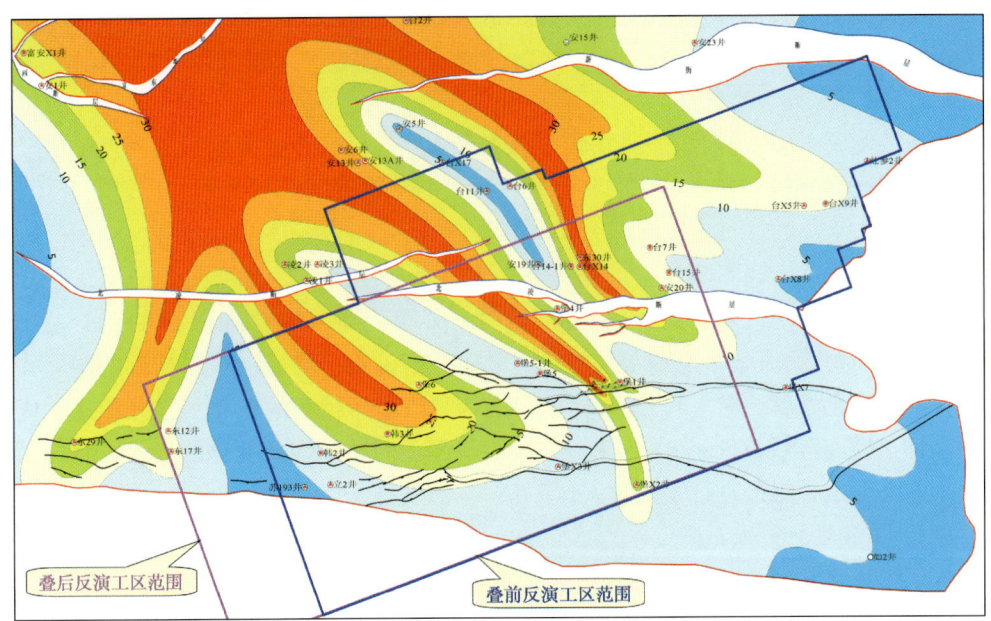

图 6-5-3 新街—海北地区 $K_2t_1^1$ 叠后反演储层预测工区范围

$10°\sim20°$、$20°\sim30°$ 三个部分角度叠加地震体，此外还充分利用了井点处的叠前 CRP 道集，全部叠加地震体，P、G 等 AVO 属性体。

新街、李堡、立发 3 块三维地震资料之间无明显拼接处理痕迹，目的层无明显采集脚印。位于目标区之外的立发三维地震资料，西北局部地区地震振幅整体偏弱，本次研究的重点目标区资料品质整体较好。在目的层段，不同角度叠加剖面的反射波组具有较好的一致性。从井震分析结果看，叠前 CRP 道集质量较好，目的层段振幅随偏移距的变化特征与砂体特征具有较好的对应关系。

6.5.2.2 井资料分析

研究区钻遇泰州组、资料较全的探井有 17 口，开发井 20 多口。部分探井及大部分开发井无密度测井资料，仅堡 5 井有全波列测井资料，部分井局部井段存在测井环境引起的测井曲线质量问题。这一系列问题通过测井曲线预处理和岩石物理建模得以解决。

6.5.2.2.1 测井响应特征分析

K_2t_1 砂岩为低自然伽马、低自然电位、中—高电阻率、中—低声波时差特征，泥岩段自然伽马呈微齿状、自然电位平直，为低电阻率、中—高声波时差特征。受岩矿特征、压实作用、储层物性等因素影响，K_2t_1 砂、泥岩密度差异不明显。其中，$K_2t_1^1$ 砂、泥岩密度相近，$K_2t_1^2$、$K_2t_1^3$ 砂岩密度普遍低于泥岩。

K_2t_1 砂岩主要为中孔、中—低渗储层，物性较好的砂岩自然电位负异常相对明显，密度较低。砂岩含油时，为中-高电阻率特征，声波、密度偏低，但特征不明显。

K_2t_1 上覆地层 K_2t_2 底"六尖峰"段为泥灰岩、灰质泥岩与泥岩互层，自然电位平直、自然伽马偏低，具有高电阻率、高速、高密度特征（与 $K_2t_1^1$ 砂岩相近，地震上为 T_4^0 强波峰反射）。K_2t_1 下伏地层为 K_2p 高密度、高速泥岩，部分地区 K_2p 密度、纵波速度高于 $K_2t_1^3$ 底部砂岩（地震上为较强波峰反射），部分地区 K_2p 密度、纵波速度与 $K_2t_1^3$ 底部砂岩相近（地震上为弱反射）。

6.5.2.2.2 测井资料预处理

本区声波时差、GR 等曲线质量均较好，仅个别井的局部井径垮塌引起密度、中子曲线畸变，在曲线交会分析、井震对比的基础上，对目的层附近问题较大的井段进行环境校正，如堡 4、堡 5 井等。

在充分考虑深度变化影响因素的前提下，重点开展了声波、密度曲线的一致性分析与标准化处理。安 20、安 19 等早期探井的声波时差分布范围与其他钻井之间存在一定偏差，台 15 井的密度测井数值分布范围与其他钻井之间存在偏差，均选择埋深相近的堡 1 井为标准井进行了标准化处理。堡 X2、堡 X3、堡 X7 等 3 口埋深较浅的井与其他井相比，速度明显偏大（即声波实测数值偏小），参考稳定泥岩段声波时差随深度变化的规律，对这 3 口井的声波时差采取重叠图法进行了处理。

6.5.2.2.3 弹性参数曲线预测

在本区大量测井、录井、地层测试、试油成果和取心分析资料基础上，明确了岩石骨架参数，对安 19、安 20、堡 1、堡 1-3、堡 X2、堡 X3、堡 4、堡 5、堡 5-1、堡 6、堡 X7、台 X5、台 7、台 7-5、台 X8、台 X9、台 X14、台 14-1、台 15 等 19 口典型井进行了岩石物理正演模拟和流体替代，可得到各类弹性参数曲线。

6.5.2.3 储层、流体敏感参数分析

根据 19 口井泰一段岩石物理分析成果，总结了如下结论。

（1）岩性、流体敏感参数：v_P/v_S、泊松比对砂岩、流体的区分能力最好，具有"油层<水层<干层<泥岩<泥灰岩、灰质泥岩"的特征，但砂、泥岩的分界线随埋深增大呈线性递减，因此进行岩性解释时必须引入深度变量。I_P、I_S、$\mu\rho$ 对砂、泥岩有一定区分能力，但受埋深、物性、流体、井间差异等多种因素影响，叠置现象严重（图 6-5-4、图 6-5-5）。密度对岩性不敏感。

（2）储层物性敏感参数：I_P、$\lambda\rho$ 等参数与砂岩孔隙度呈良好的负相关关系。由于砂岩孔隙度越高，I_P 特征越接近泥岩，因此最好在完成岩性区分的基础上，利用 I_P 开展砂岩孔隙度预测。

（3）上、下围岩对 $K_2t_1^1$ 地震响应的影响。

紧邻 $K_2t_1^1$ 上部的"六尖峰"泥灰岩、灰质泥岩为高密度、高速、高阻抗特征，与 $K_2t_1^1$ 砂岩相近，地震 T_1^0 波峰反射是"六尖峰"与 $K_2t_1^1$ 顶部砂体共同的响应。

$K_2t_1^{2+3}$ 砂岩下伏 K_2p 泥岩为高速、高密度、高阻抗特征，两者的差异受地层埋深变化影响较大。$K_2t_1^3$ 底部砂岩与 K_2p 泥岩之间的反射界面为一套连续性较好的波峰（T_4^1 反射层），由深凹到斜坡表现为由弱到强的反射特征。

6.5.3 总体思路与技术路线

正演模拟分析表明，K_2t_2 底部高阻抗泥灰岩与 $K_2t_1^1$ 上部高阻抗砂岩在纵向上距离较近，在 I_P 反演剖面上难以区分，而当 $K_2t_1^1$ 砂体较厚时则能够区分。

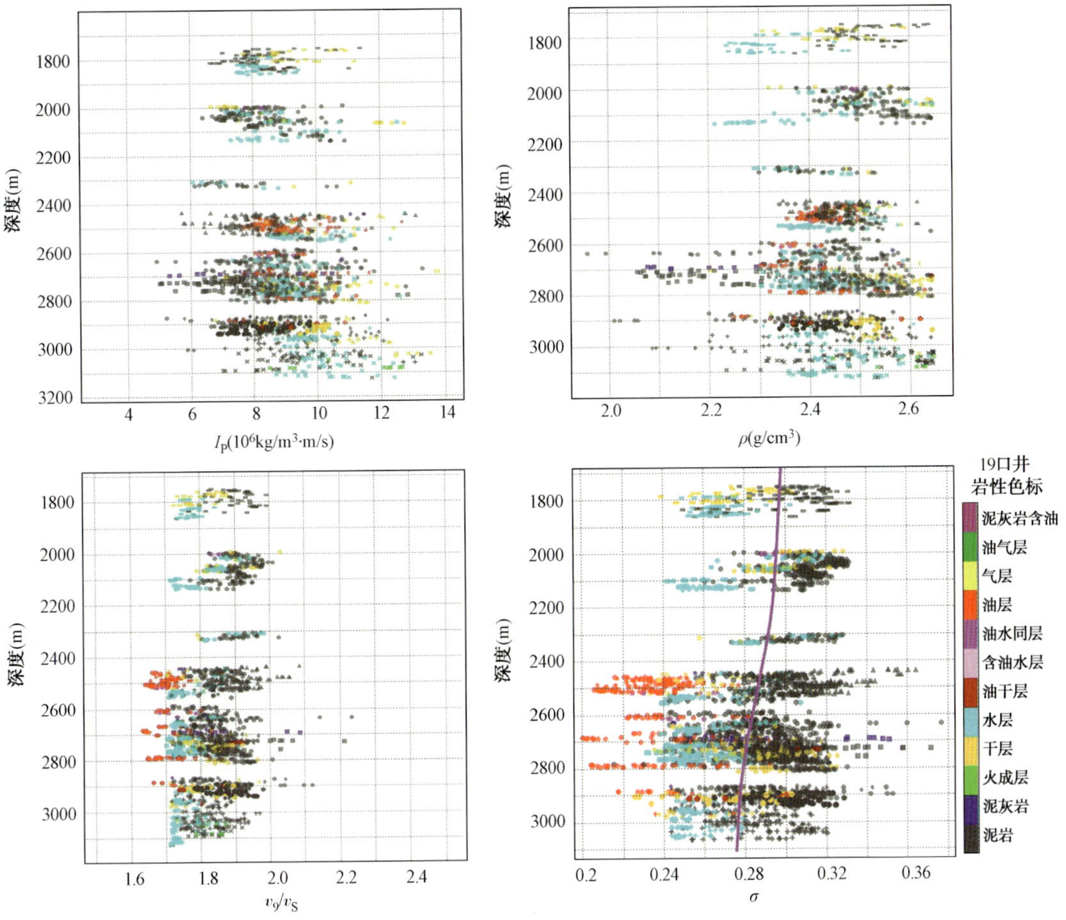

6 地震资料在苏北盆地隐蔽圈闭识别中的应用实例

图 6-5-4 海安凹陷泰一段弹性参数与深度交会图

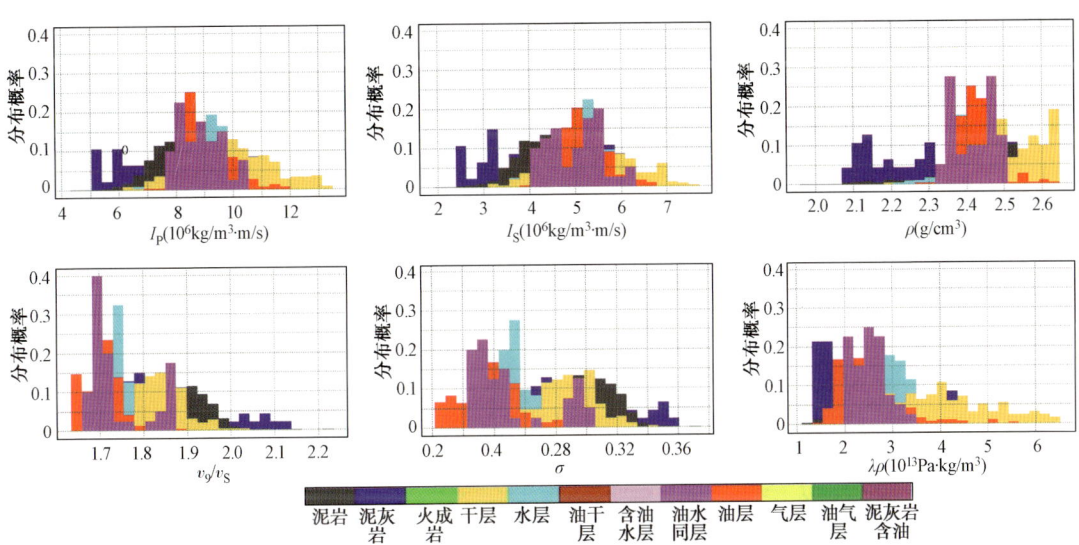

图 6-5-5 海安凹陷 19 口井泰一段弹性参数直方图

研究区三维地震主频为 20~25Hz，地震反演剖面能够反映 $K_2t_1^1$ 砂体横向变化特征，但受地震分辨率限制，最好结合地质统计分析来实现 $K_2t_1^1$ 储层定量预测，在此基础上综合地震波形、反演剖面及区域沉积特征，来进行 $K_2t_1^1$ 隐蔽圈闭识别。

针对研究区"$K_2t_1^1$ 地层薄、砂层薄、三维地震分辨率低"等难题，建立了基于地震叠前反演和地质统计相结合的薄砂层预测技术流程。

6.5.3.1　基础资料准备、分析

（1）层序地层及沉积模式研究。在层序地层研究基础上，深化砂体沉积模式及纵、横向展布特征认识。

（2）构造精细解释。针对储层预测的要求，开展主要目的层构造精细解释，重点刻画小断层。在此基础上完成地层框架建模。

（3）岩石物理分析。在测井资料预处理、岩石物理正演与流体替代、井震关系研究基础上，总结储层、流体敏感弹性参数及其对地震响应的影响。

（4）地震正演模拟。根据目的层构造、砂体分布及岩石物理特征，建立地质框架模型，结合实际地震资料条件进行地震正演模型研究，明确储层预测的可行性，选择最适用的地震技术并建立相关技术流程。

（5）储层参数统计。在砂体划分—对比—标定的基础上，统计钻井目的层储层参数。

6.5.3.2　地震反演与储层定量预测

（1）地震叠后、叠前反演。计算纵波阻抗、横波阻抗、密度、v_P/v_S 等地震属性。

（2）属性分析与优化。利用三维雕刻、沿层切片、属性提取、交会分析等多种手段进行目的层属性分析，以区域沉积特征、实钻成果为指导，指出对储层敏感的地震属性（或组合）。

（3）储层定量预测。以岩石物理为指导，建立目的层储层参数与地震属性的相关关系，开展砂岩厚度、砂岩含量、孔隙度等储层参数定量预测。

6.5.3.3　隐蔽圈闭识别与评价

（1）沉积微相研究。综合单井相、连井相、沉积模式研究成果和储层预测成果，进行目标区沉积微相划分。

（2）隐蔽圈闭识别。在沉积模式指导下，综合沉积微相、钻井砂体对比的分析成果，明确不同沉积微相的砂体特征，落实砂体尖灭带，结合构造解释成果落实隐蔽圈闭。

（3）在解析已知油藏的基础上，开展隐蔽圈闭的成藏模式、主控因素研究，综合评价优选有利目标。

6.5.4　叠后反演及应用成果

对区内 30 余口井进行层位标定，明确了主要目的层的地震反射特征（图 6-5-6）。K_2t_2 "六尖峰"界对应于连续性好的强波峰（T_4^0 反射层），该波峰距 $K_2t_1^1$ 顶约 5ms。$K_2t_1^1$ 底界反射层在部分地区为连续性好的强波峰，部分地区为一组较弱波峰反射。根据本区地震资料频率特征，选择合适的时窗分别提取了各井的井旁道子波。优选测井曲线质量较高、子波质量较好的 7 口井提取综合子波（图 6-5-7）。

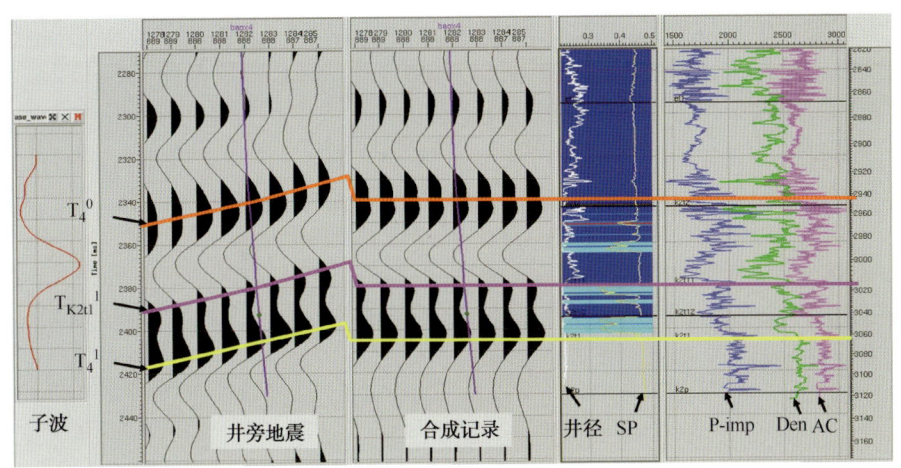

图 6-5-6　堡 4 井合成记录

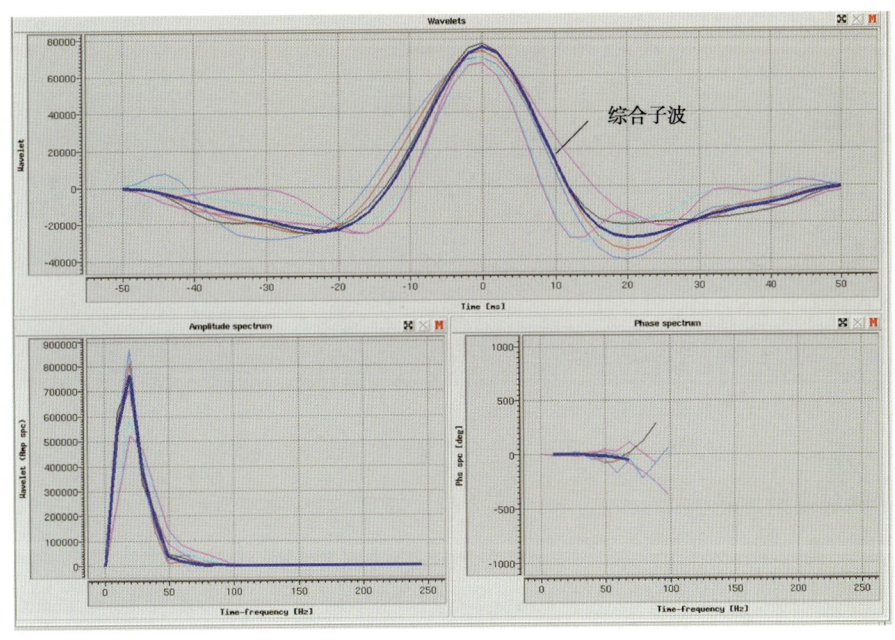

图 6-5-7　新街、海北地区 7 口井综合子波

为了得到适合本区的反演算法和参数，选取了过台 7—安 20—堡 1—堡 X2 井、过安 19—堡 4—堡 1-2A—堡 1-2—堡 1-3 井、过堡 1-4—堡 1-4A—堡 1-3—堡 1-7—堡 1-1—堡 1-12—堡 1—堡 1-10 井等 5 条测线进行了反演参数测试。在选取参与计算的井，确定合适的子波、算法及反演参数之后，利用地震资料、低频模型及井资料对整个工区进行反演得到纵波阻抗数据体。

6.5.4.1　反演效果分析

本次反演的地震属性体纵、横向分辨率均较高，与区域地质认识、钻探成果高度吻合。

从剖面来看，纵波阻抗能较好地反映出 $K_2t_1^1$ 砂体发育情况。如图 6-5-8 所示，黄-红色代表纵波阻抗高值区，绿色代表中等纵波阻抗，蓝色代表低阻抗。堡 X2 井 $K_2t_1^1$ 砂岩含量小于 20%，且以泥岩夹薄层泥质、灰质粉砂岩为主，预测的纵波阻抗为中—低值；堡 7 井 $K_2t_1^1$

砂岩较发育，砂岩含量为33%，预测的纵波阻抗为中-高值；李堡油田块 $K_2t_1^1$ 砂岩发育，砂岩含量在25%~35%以上，预测的纵波阻抗为高值。李堡油田仅3口井参与了反演，但从连井剖面可看出，由西至东 $K_2t_1^1$ 波阻抗值变化特征为小—大—小，与实钻结论高度吻合（图6-5-9）。全区仅堡1-3井的巨厚砂体特征不明显，一方面是由于该井 $K_2t_1^1$ 实测纵波阻抗为中值，另一方面是该井的巨厚砂体横向上分布局限，所以反射特征不明显。

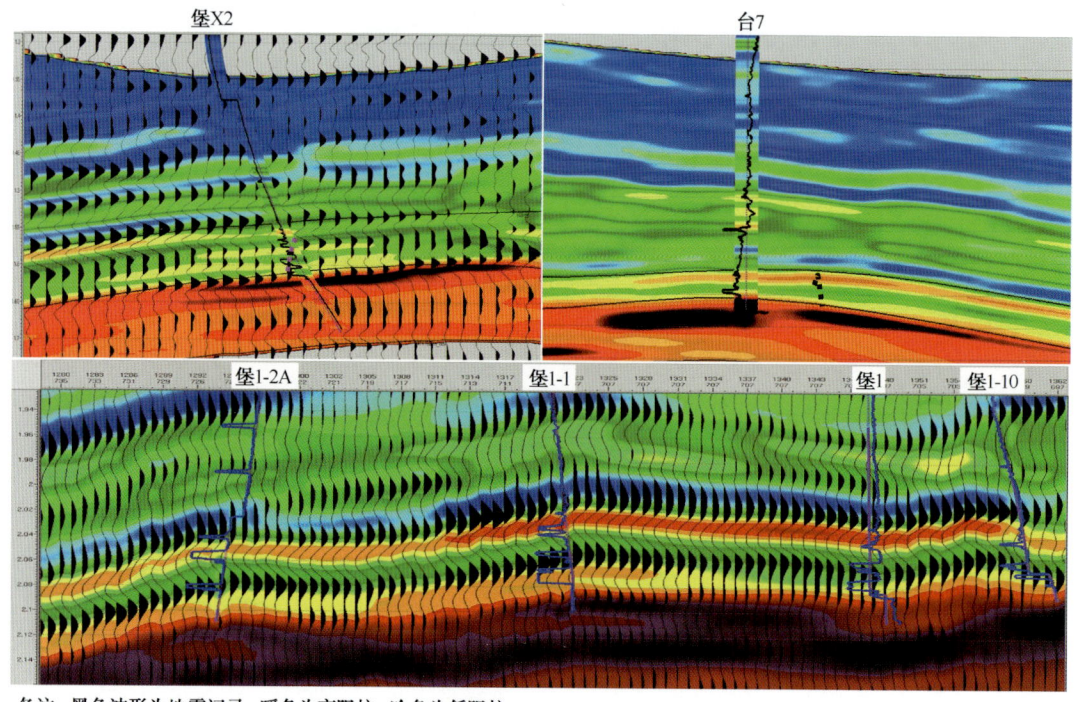

备注：黑色波形为地震记录，暖色为高阻抗，冷色为低阻抗

图6-5-8　过堡X2、台7井、堡1块波阻抗剖面

6.5.4.2　储层定量预测

由于 $K_2t_1^1$ 地层薄，并以砂、泥薄互层为主，纵波阻抗反映 $K_2t_1^1$ 砂体发育程度具有很好的效果，但受地震资料分辨率的限制，难以区分薄砂层，剖面上的高阻抗区可能为多套薄砂层和泥岩夹层的共同响应。因此，不能使用三维可视化技术直接进行 $K_2t_1^1$ 砂体雕刻。本区砂体定量预测是在岩石物理分析的基础上，综合层切片、属性分析技术来实现的。

据沿层切片，$K_2t_1^1$ 砂体纵、横向变化规律符合区域沉积特征：平面上，$K_2t_1^1$ 物源来自西北方向，砂体呈北西向展布，向东南方向减薄；纵向上，$K_2t_1^1$ 中部砂岩相对发育（图6-5-10）。

$K_2t_1^1$ 属性分析结果表明，振幅类属性与实钻砂岩含量、孔隙度的相关关系最好。在建立相关关系的基础上（图6-5-11），进行 $K_2t_1^1$ 砂岩含量、厚度和孔隙度定量预测（图6-5-12）。

预测表明，海北、新街地区 $K_2t_1^1$ 砂岩含量为0~60%，砂岩累计厚度为0~40m，与实钻吻合程度高（表6-5-1），仅堡X2井预测结果比实钻偏低，因为该井 $K_2t_1^1$ 为泥岩夹薄层泥质、灰质粉砂岩，砂岩单层厚度一般为1~4m，测井、地震响应均不明显。总体来看，工区北部 $K_2t_1^1$ 砂体相对发育，向南减薄，工区西部局部地区及东南部砂体相对不发育，预测砂岩含量小于15%。

6 地震资料在苏北盆地隐蔽圈闭识别中的应用实例

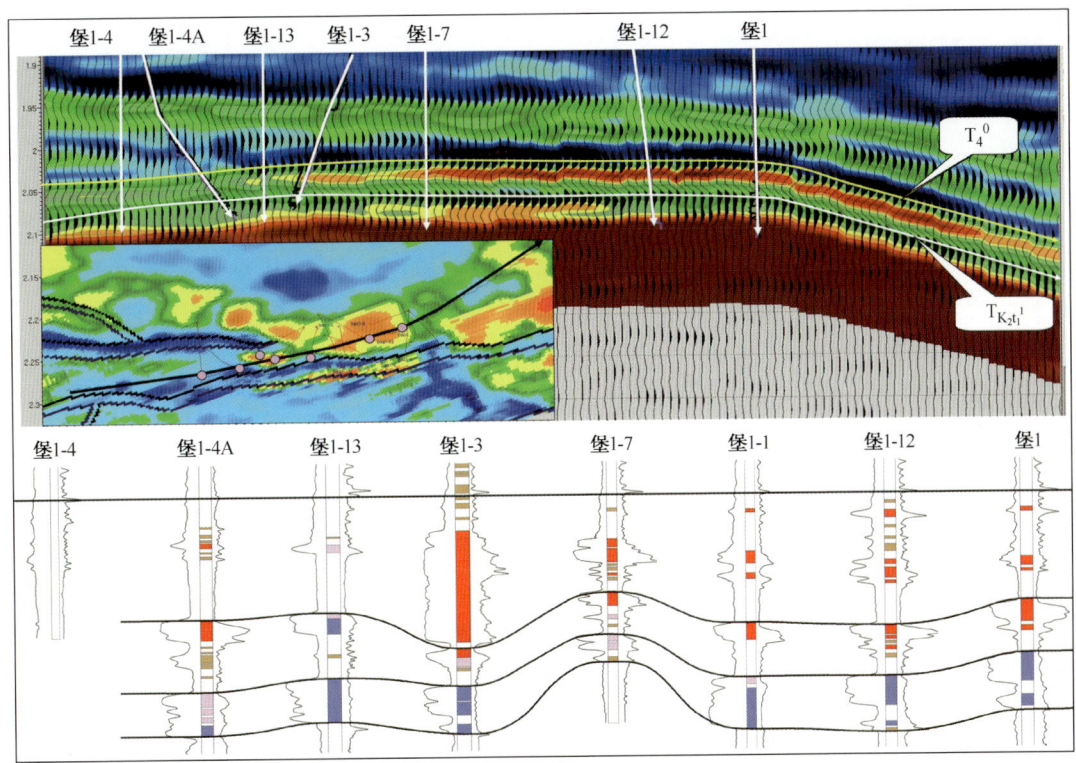

图 6-5-9 堡 1 块波阻抗剖面及泰一段连井对比图

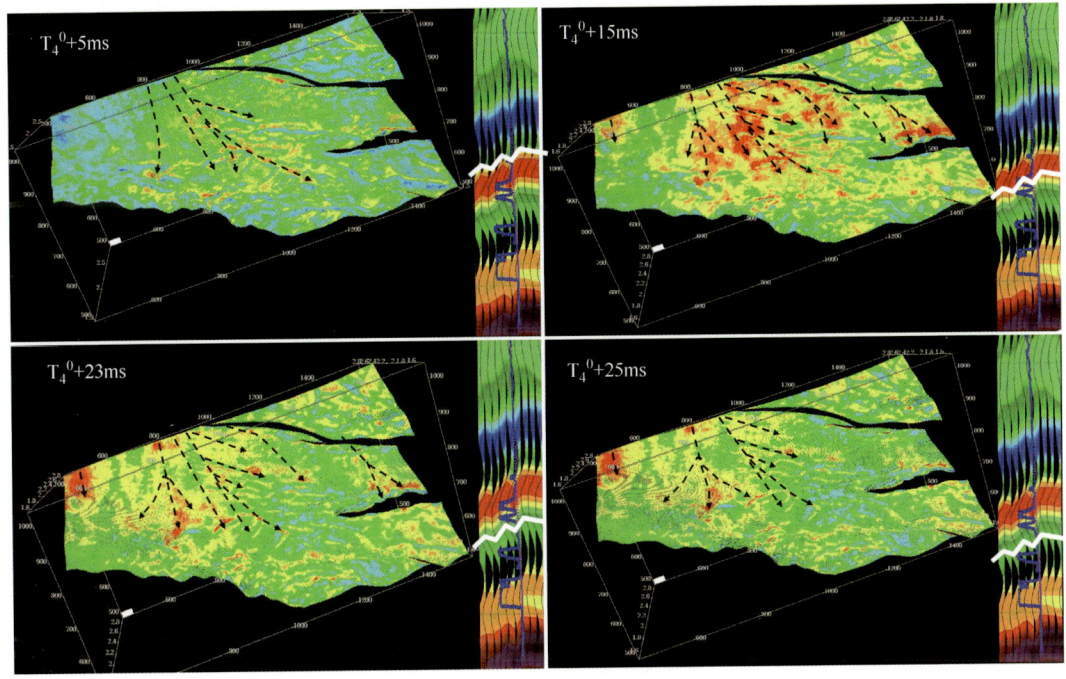

图 6-5-10 T_4^0-T_4^1反射层间纵波阻抗切片

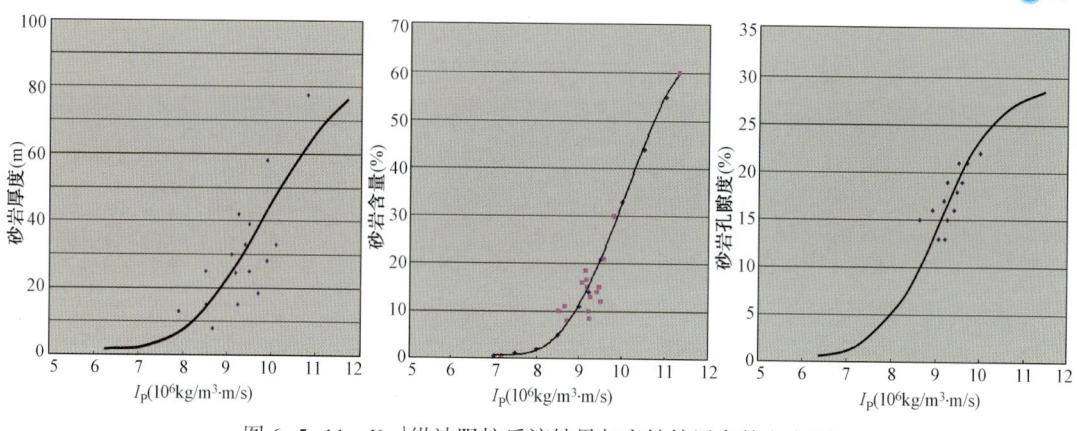

图 6-5-11　$K_2t_1^1$ 纵波阻抗反演结果与实钻储层参数交会图

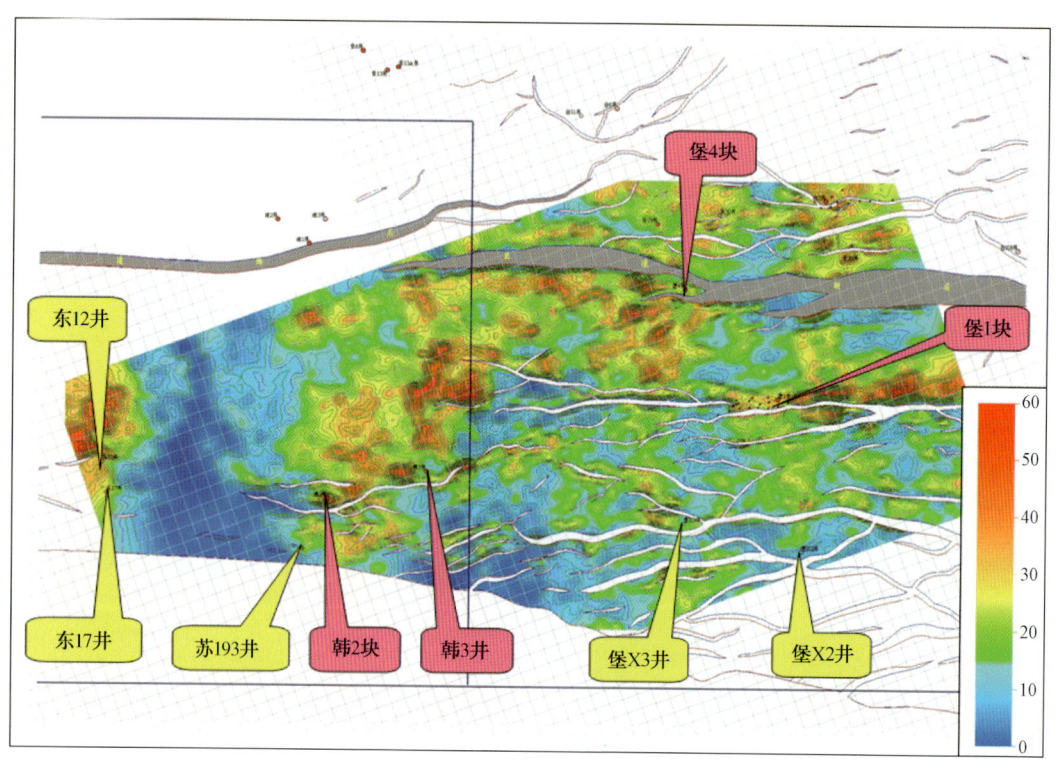

图 6-5-12　海北地区 $K_2t_1^1$ 砂岩含量及 T_4^0 反射层构造叠合图

表 6-5-1　海北地区 $K_2t_1^1$ 砂岩含量预测结果与钻井实钻结果对比表

井　名	实　钻	预　测	误　差
东 12 井	33%	28%	-5%
东 17 井	30%	26%	-4%
苏 193 井	20%	16%	-4%
韩 2 井	40%	40%	0
堡 X3 井	10%	14%	4%
堡 X2 井	20%	9%	-11%

续表

井　名	实　钻	预　测	误　差
堡1井	28%	29%	1%
堡X4井	25%	26%	1%

6.5.4.3　隐蔽圈闭识别及钻探成果

基于上述成果，发现和落实堡5、堡8等6个较有利的隐蔽圈闭，累计面积9.3km^2，预测资源量1419×10^{4}t（图6-5-13）。按沉积特征可分为两类：一类位于水下分流主河道分支处，主要发育水下分流河道砂体，受水下分流涧湾泥岩与断层封挡形成构造—岩性圈闭，如堡5块；另一类位于三角洲前缘末端，主要发育河口坝砂体，受前三角洲泥岩或断层封挡形成岩性、构造—岩性圈闭，如堡7、韩2（已钻探，并在$K_2t_1^1$发现油层）。

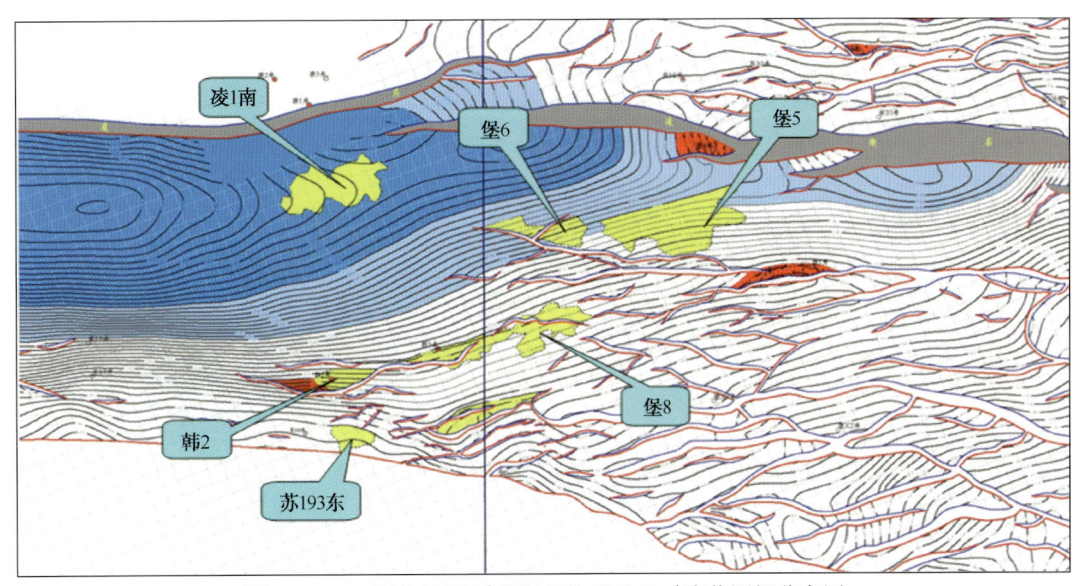

图6-5-13　海北地区T_4^0反射层构造及$K_2t_1^1$隐蔽圈闭分布图

提交了海安凹陷第一口隐蔽圈闭探井堡5井，首次发现了$K_2t_1^1$隐蔽油藏，提交预测储量296×10^{4}t。但之后提交的堡6、堡5-1井均钻探在砂体尖灭线外，钻探相继落空，在认真分析失败原因的基础上，利用叠前反演技术对该区开展了更为精细的储层描述。

6.5.5　叠前反演及储层精细描述

6.5.5.1　质量控制与参数测试

6.5.5.1.1　层位标定及角度子波提取

对19口典型井进行层位标定，以泰州组为主要目的层，提取的子波波长为0.1s，时窗约为0.3s。大部分井与0°~10°、10°~20°、20°~30°部分角度叠加地震的井震相关性都较好，仅台X8、台X9、台15、安19等井的标定效果较差。

最终选择井震相关系数高、子波质量较好的9口井进行各个角度综合子波提取。子波的振幅和频率特性随角度呈规律性变化，这保证了反演处理的稳定性。3个角度子波在形状上很相似，振幅和相位也都比较一致，有利于叠前反演（图6-5-14）。将综合子波应用到这17口典型井上，有12口井的井震相关性良好。

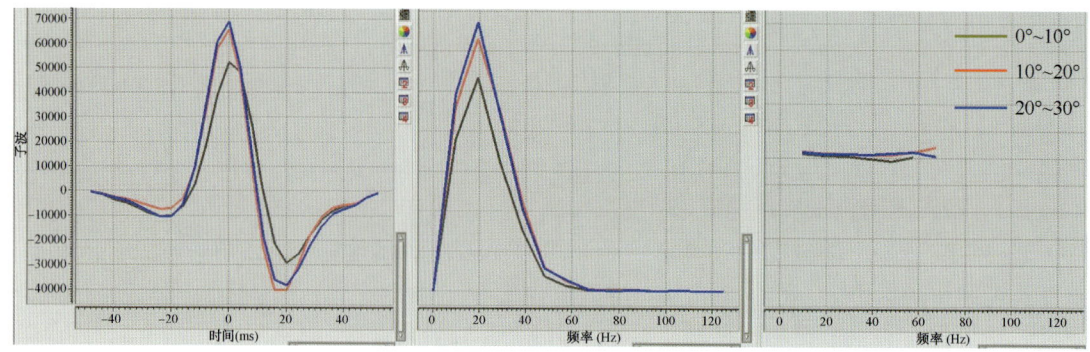

图 6-5-14 不同角度子波对比图

6.5.5.1.2 低频模型质量控制

制作低频模型是一个需要不断检查、完善的过程，也是对测井数据预处理和井震标定的一种行之有效的检验方式。通过观察过井剖面、沿层提取各项属性来反复检查井曲线是否有异常、井震标定是否完美，才能最终得到比较理想的模型。图 6-5-15 是利用不同井约束的 I_p 低频模型的平面属性图，研究区西部仅堡 6 井测井资料齐全，堡 6 井的取舍对于低频模型的影响极大。个别井的测井曲线质量问题和不一致问题也会造成低频模型的趋势异常。

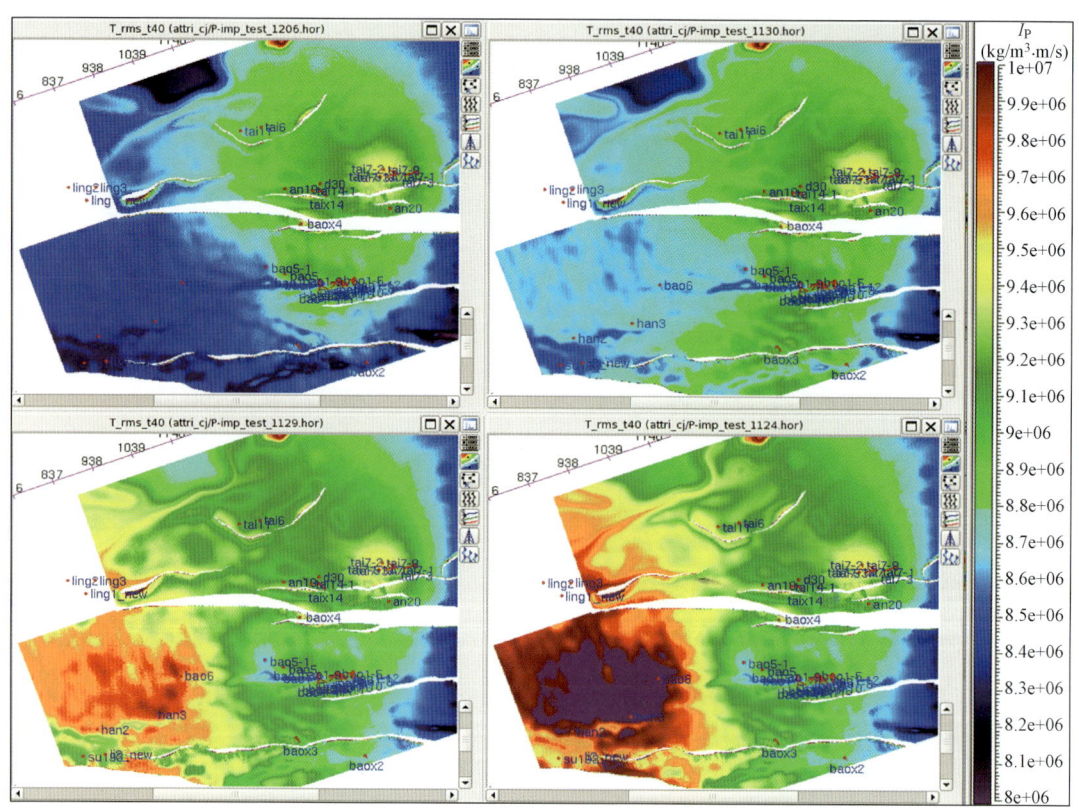

图 6-5-15 不同钻井约束下的 I_p 低频模型平面图

最终，利用井震标定效果较好、测井质量较高的 12 口井建立了理想的初始低频模型（图 6-5-16），这些井基本能够代表不同位置、不同埋深、不同砂体发育程度及砂体饱和不同流体状况时的岩石物理特征。

6 地震资料在苏北盆地隐蔽圈闭识别中的应用实例

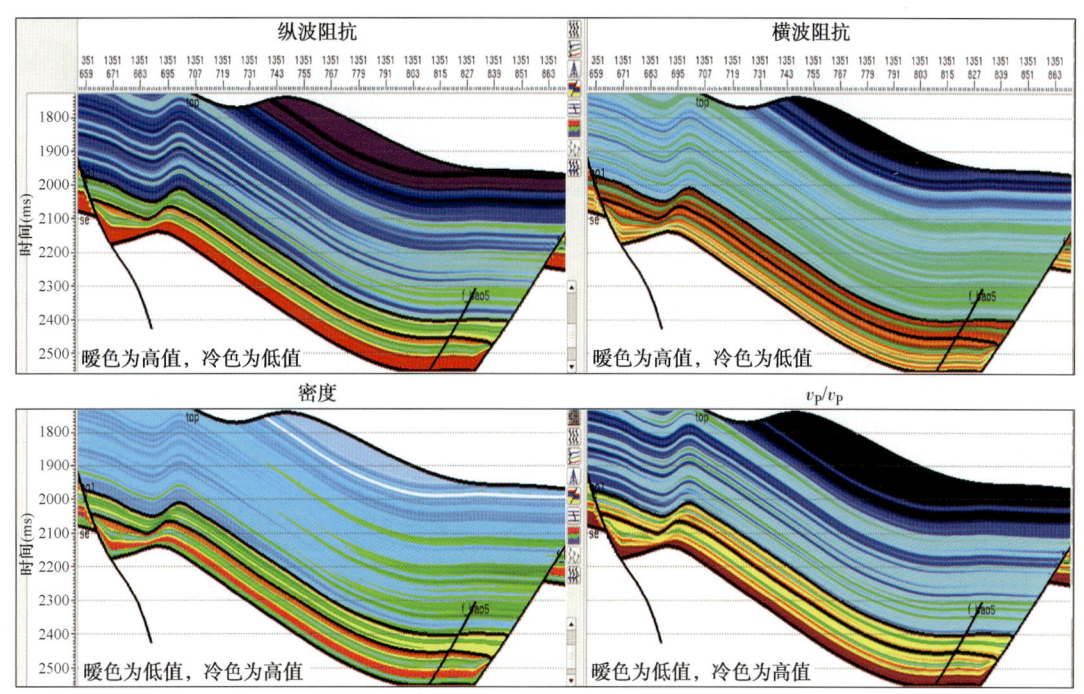

图 6-5-16　立发—李堡—新街三维 I_ 1351 线低频模型

6.5.5.1.3　反演参数测试研究

在叠前同时反演过程中，选择 5 条过井随机线进行反演参数测试，确定合适的反射系数吸收因子、合并频率及与输出参数变化率稳定性有关的重要参数，以保证合成记录与地震残差越小、输出结果与井的相关性越高、弹性参数互相关结果趋于 0 凑原则。

测试发现，合并截止频率（Merge Cutoff Fre）的选择对反演剖面效果、分辨率和精度有较大的控制作用。地震数据中缺少低频成分，因此由地震反演得到的属性体低频成分是不稳定的，在反演中通常使用低频模型的低频成分来替换地震资料的低频信息。合并截止频率参数相当于地震与低频模型合并的低频点，它能控制低频模型和地震的比重，数值越大，反演结果越趋向于模型，越平滑；但如果数值过大，就会损失地震资料中非常重要的低频信息。

大量测试研究表明，合并截止频率选择 12~14Hz 这些明显过大参数，即更多的利用低频模型信息，可以得到相对平滑、美观的反演剖面，但使用的地震信息就相对减少，对薄砂层的识别精度不够。合并截止频率选择以前常用的、适合本区资料特点的 6~9Hz 时，反演结果虽然与井吻合度很高，但是剖面连续性很差（图 6-5-17）。

经攻关研究，在选择合并截止频率为 6Hz 的基础上，通过抽道反演再插值的方法，得到了既能精确预测薄砂层、又有较好剖面效果的反演结果，这一方法在多个目标区的推广应用中取得了较好的效果。

6.5.5.2　反演效果分析

从剖面上看，与叠后反演成果比，叠前反演的 v_P/v_S、泊松比 σ、$\mu\rho$、I_S 等属性体在反映砂体纵、横向变化特征方面效果更好（图 6-5-18）。

各类弹性属性体与钻井实测资料吻合较好。如从过台 7-5、台 14-1 井的 v_P/v_S 剖面看，

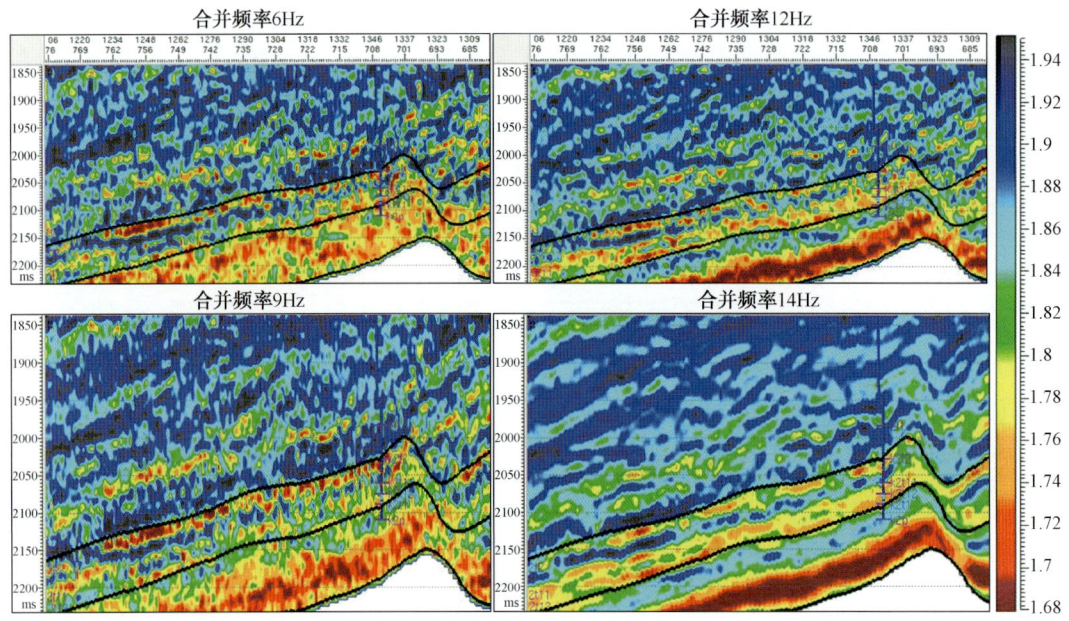

图 6-5-17　不同合并频率约束反演的 v_P/v_S 剖面对比

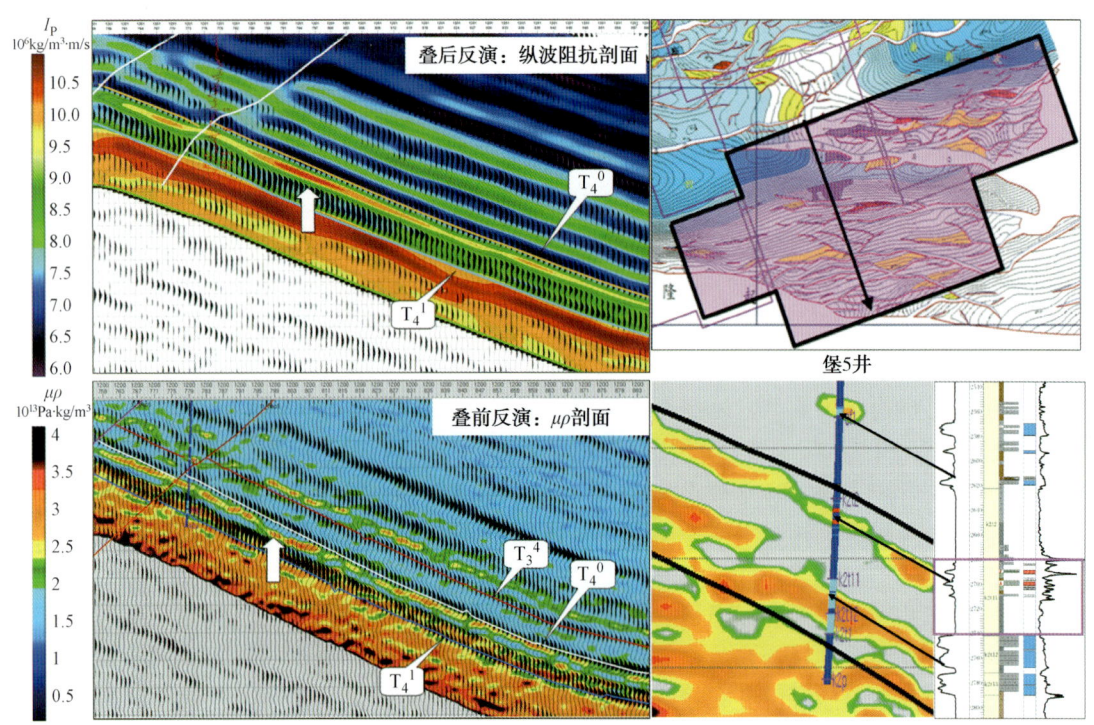

图 6-5-18　过堡 5 井叠后反演 I_P 剖面和叠前反演 $\mu\rho$ 剖面对比

预测的 $K_2t_1^1$ 砂体展布特征与钻井吻合程度高，砂体发育和尖灭特征清楚（图 6-5-19）。从过堡 5、堡 5-1 井的 v_P/v_S 剖面看，堡 5、堡 5-1 井均钻探在 $K_2t_1^1$ 砂体尖灭线附近，砂体相对不发育，构造低部位及东部地区为砂岩厚度中心（图 6-5-20）。

6 地震资料在苏北盆地隐蔽圈闭识别中的应用实例

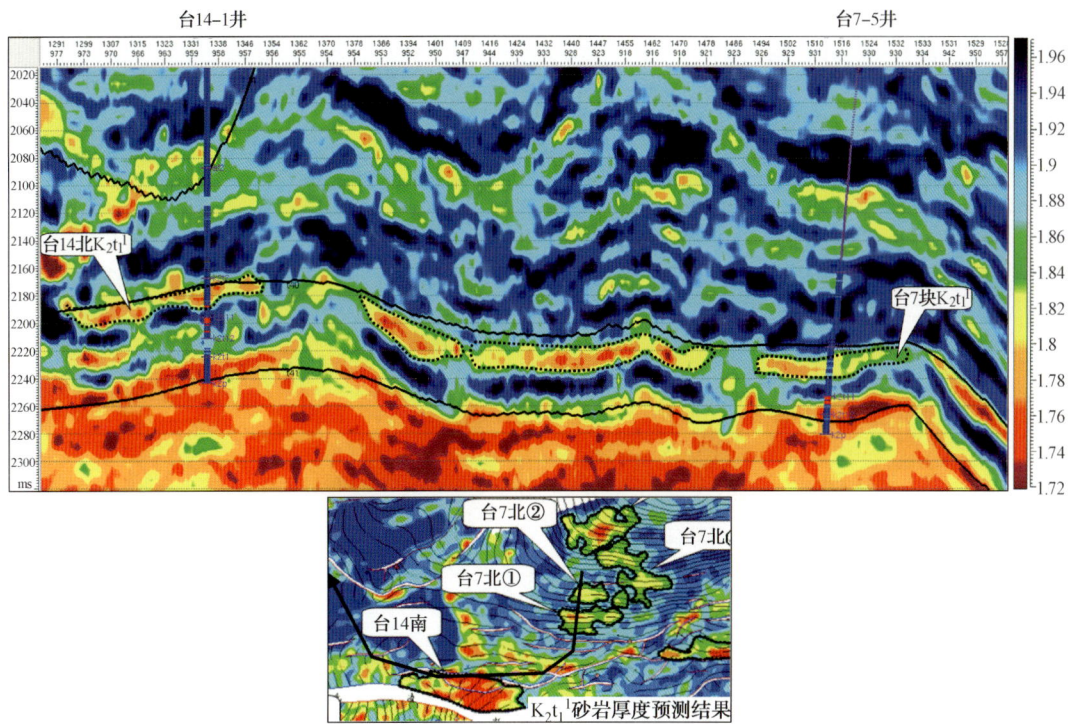

图 6-5-19 过台 7-5 和台 14-1 井 v_P/v_S 剖面

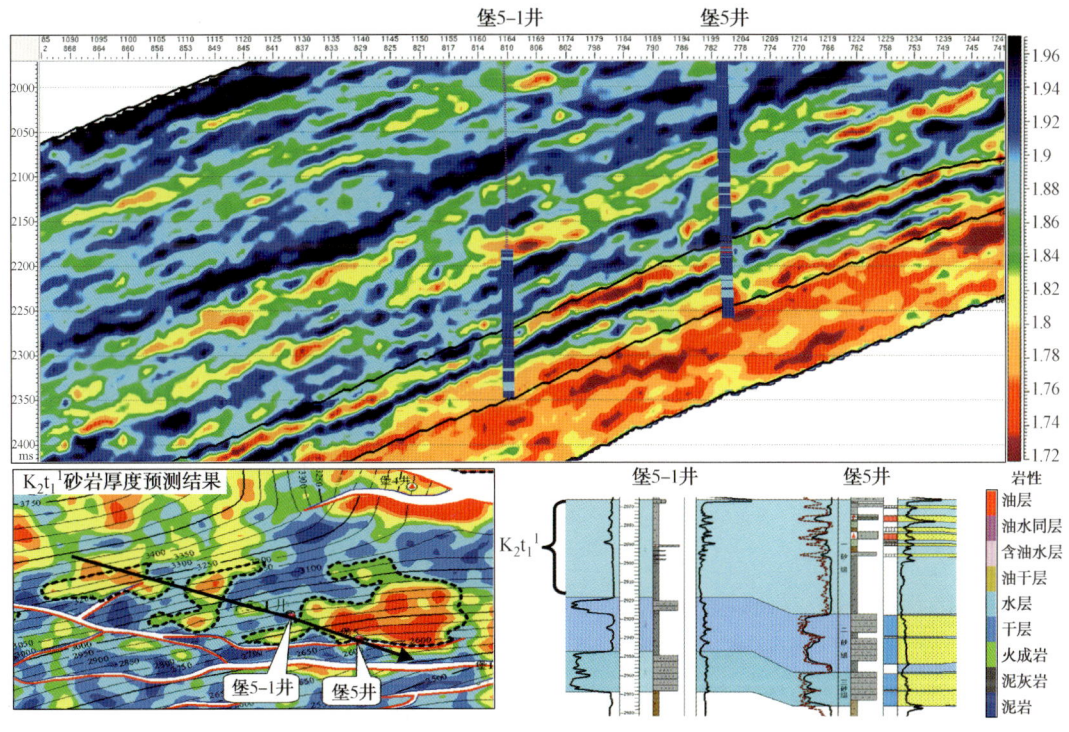

图 6-5-20 过堡 5、堡 5-1 井 v_P/v_S 剖面

从 $K_2t_1^1$ 各弹性属性平面图看（图 6-5-21），I_P、$\lambda\rho$ 等属性特征与地震振幅属性相似程度大，属性值由西北向东南方向减小，海北次凹深凹带 I_P、$\lambda\rho$ 属性值最高，向斜坡带减小。$\mu\rho$、I_S 等属性平面变化特征与 $K_2t_1^1$ 砂体横向分布特征具有一定的相关性。v_P/v_S、泊松比等属性的平面变化特征与 $K_2t_1^1$ 沉积特征具有较好的一致性。最终，结合钻井对比分析结果，优选了 v_P/v_S 进行砂岩厚度预测。

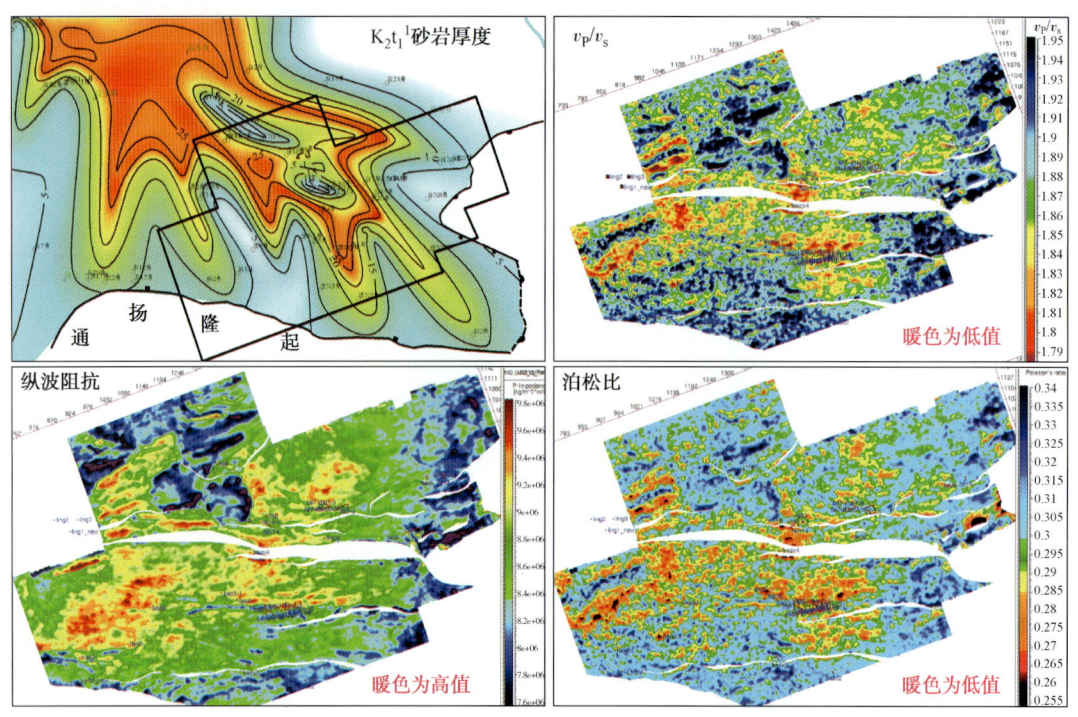

图 6-5-21　新街、海北地区 $K_2t_1^1$ 砂岩厚度及地震属性对比图

6.5.5.3　储层定量预测

首先利用 v_P/v_S—（时间域）深度交会图版进行砂、泥岩解释（图 6-5-22），然后利用 I_P 属性进行砂岩孔隙度预测，分别计算得到岩性体和孔隙度体（图 6-5-23）。

受地震资料分辨率限制，岩性剖面上的 $K_2t_1^1$ 砂体通常是多套薄层砂、泥岩叠置的反映，不能直接用于砂岩顶、底面解释，但与砂岩厚度有一定相关性。而孔隙度预测成果与钻井实测孔隙度吻合度较好（图 6-5-24）。从 $K_2t_1^1$ 平均孔隙度平面图看，孔隙度变化趋势与区域沉积特征、地层埋深的关系符合基本规律（图 6-5-25）。在此认识基础上，最终利用本区 42 口井 $K_2t_1^1$ 实钻砂体厚度成果，通过地质统计分析，完成 $K_2t_1^1$ 砂体厚度定量预测。

6.5.5.4　隐蔽圈闭识别与成果分析

在储层预测、构造解释成果的基础上，根据 $K_2t_1^1$ 砂体纵向叠置特征，结地震波形、反演属性及区域沉积特征，确定砂体尖灭线，进而进行 $K_2t_1^1$ 隐蔽圈闭识别，发现和落实较有利的隐蔽圈闭 12 个，累计面积 15.6km^2，预测资源量 1558×10^{4}t（图 6-5-26、表 6-5-2）。

6 地震资料在苏北盆地隐蔽圈闭识别中的应用实例

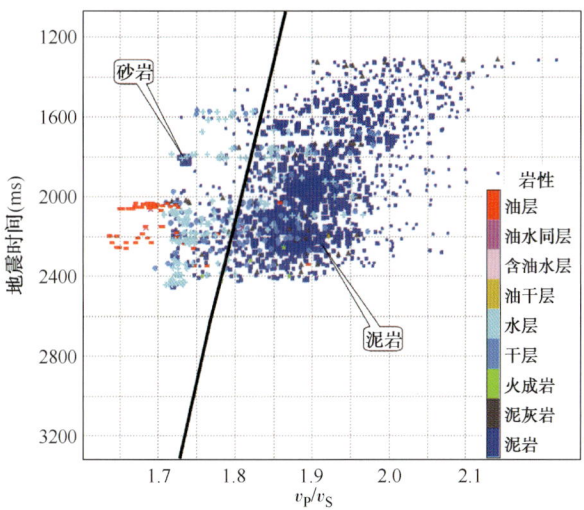

图 6-5-22 新街、海北地区 $K_2t_1^1$ 岩性解释量版

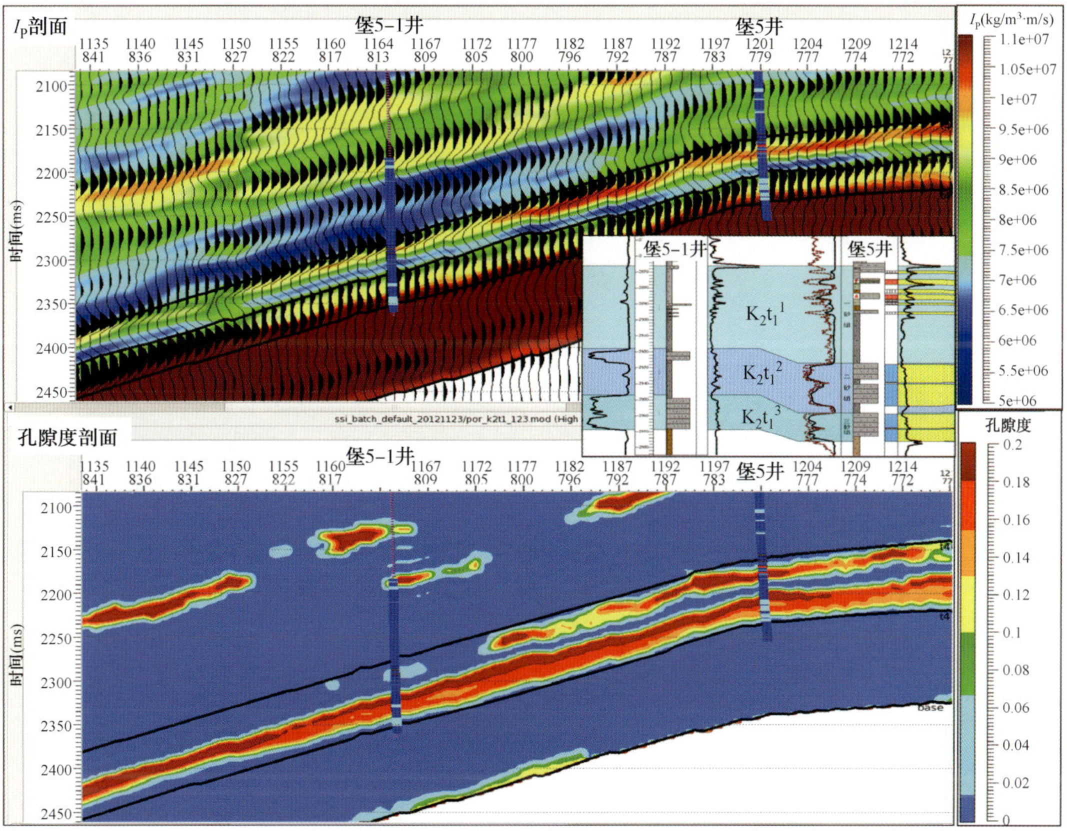

图 6-5-23 立发李堡新街三维 I_1351 测线孔隙度剖面

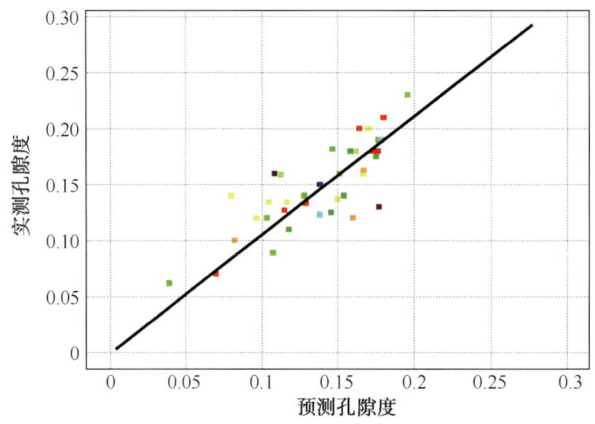

图 6-5-24　新街、海北地区 $K_2t_1^1$ 预测与实钻砂岩孔隙度交会图

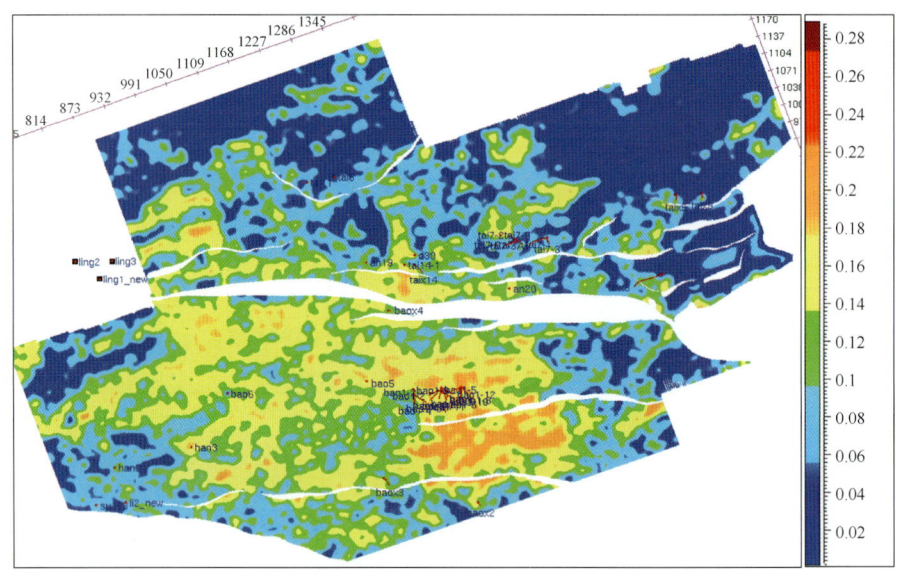

图 6-5-25　新街、海北地区 $K_2t_1^1$ 砂岩平均孔隙度图

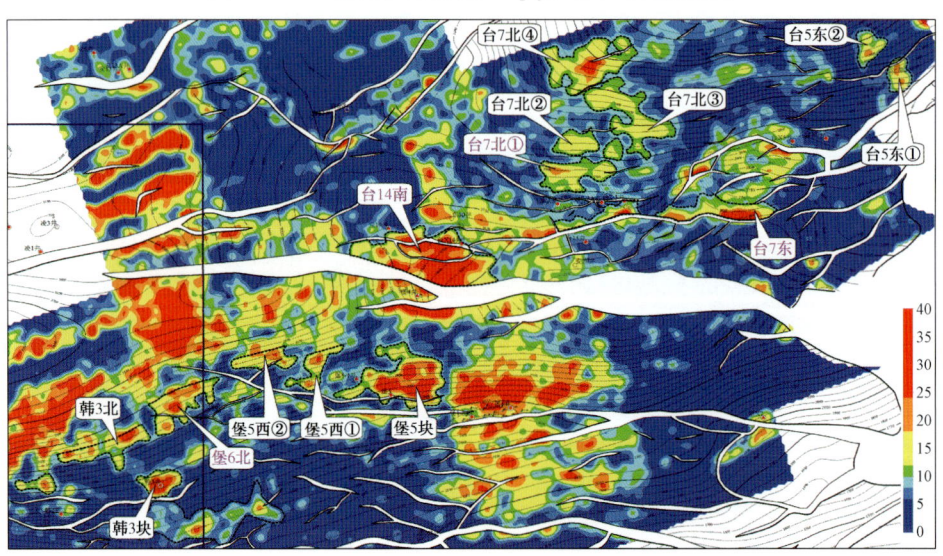

图 6-5-26　新街、海北地区 $K_2t_1^1$ 隐蔽圈闭分布图

表 6-5-2　新街、海北地区 $K_2t_1^1$ 隐蔽圈闭要素表（叠前）

序号	圈闭名称	圈闭类型	面积（km²）	高点埋深（m）	幅度（m）	砂岩厚度（m）范围	砂岩厚度（m）平均	孔隙度	预测资源量（×10⁴t）
1	台7北①	岩性	1.2	2750	250	10~20	15	0.08~0.15	113
2	台7北②	岩性	0.6	3050	150	10~15	12	0.08~0.11	65
3	台7北③	岩性	1.9	3050	600	10~20	15	0.05~0.17	103
4	台7北④	岩性	2.1	3500	400	10~30	15	0.09~0.16	142
5	台14南	构造—岩性	3	2500	250	10~50	20	0.08~0.18	378
6	台7东	构造—岩性	1.3	2550	150	10~40	12	0.08~0.16	140
7	台5东①	岩性	0.5	3200	250	8~21	15	0.08~0.12	38
8	台5东②	岩性	0.5	3550	300	7.5~20	12	0.06~0.15	38
9	堡5块	构造—岩性	2.3	2600	450	10~45	20	0.14~0.18	290
10	堡5西①	岩性	0.6	2850	350	10~25	15	0.14~0.17	57
11	堡5西②	岩性	0.7	3150	200	10~25	15	0.12~0.17	66
12	堡6北	构造—岩性	0.9	3050	150	10~35	15	0.14~0.16	122
合计			15.6						1552

通过储层预测发现的 $K_2t_1^1$ 隐蔽圈闭分布与区域沉积特征具有一致性。

（1）新街地区：透镜砂体岩性圈闭环 $K_2t_1^1$ 三角洲朵叶成群分布。新街次凹深凹带 $K_2t_1^1$ 上段主要为三角洲前缘末端沉积，$K_2t_1^1$ 下段主要为前三角洲—半深湖亚相，河口坝、浅湖滩坝砂体较发育。预测发现的 $K_2t_1^1$ 岩性圈闭环该区三角洲朵叶体成群分布，如台7北圈闭群、台5北岩性圈闭等。

（2）海北次凹南部：$K_2t_1^1$ 三角洲前缘末端岩性上倾尖灭圈闭成带分布。海北次凹南部近凹部位环 $K_2t_1^1$ 三角洲朵叶体末端发育多个岩性上倾尖灭型圈闭，如韩3、韩3北等。

（3）沿 $K_2t_1^1$ 主河道：构造—岩性复合圈闭成带展布。由新街西至海北李堡地区，发育北西向展布的 $K_2t_1^1$ 水下分流主河道，剖面上看河道砂体向两侧尖灭。该区发育近东西走向的断裂体系，在EW走向断层遮挡，和NW向展布、EW向尖灭的河道砂体控制下，极易形成构造—岩性复合圈闭。如堡5、堡5西、堡6北等目标；又如北凌断层上升盘发育的台14南构造—岩性圈闭处于水下分支主河道上。

在本次研究基础上，对堡5块、堡6块进行重新认识，并重点落实了台14南、台7北①、台7东、堡6北等有利目标。

堡5块、堡6井：由于叠后反演预测的 $K_2t_1^1$ 砂岩厚度整体偏高，堡5、堡5-1、堡6井均钻探在 $K_2t_1^1$ 砂体较薄的部位，尤其是堡5-1井、堡6井处于河道砂体尖灭线外，仅发育较薄的干层。研究表明，堡5块构造低部位及东部地区为砂岩厚度中心，砂岩累计厚度为10~45m，平均孔隙度为14%~18%，预测资源量为290×10⁴t。重新落实了堡6井北部的岩性上倾尖灭圈闭，预测资源量 $122×10^4t$。

台 14 南：该构造处于 $K_2t_1^1$ 三角洲前缘水下分流主河道上，南部受北凌断层控制，东西向受砂体尖灭控制，构造西倾东抬（图 6-5-27）。$K_2t_1^1$ 砂体向东部高部位上倾尖灭的特征非常明显。构造位于火成岩发育区以外，目的层受北凌断层上升盘阜二段泥岩封堵，保存条件较好。该区 $K_2t_1^1$ 油气富集，成藏条件非常有利。预测 $K_2t_1^1$ 砂岩平均厚度为 20m，预测资源量为 $378×10^4t$。

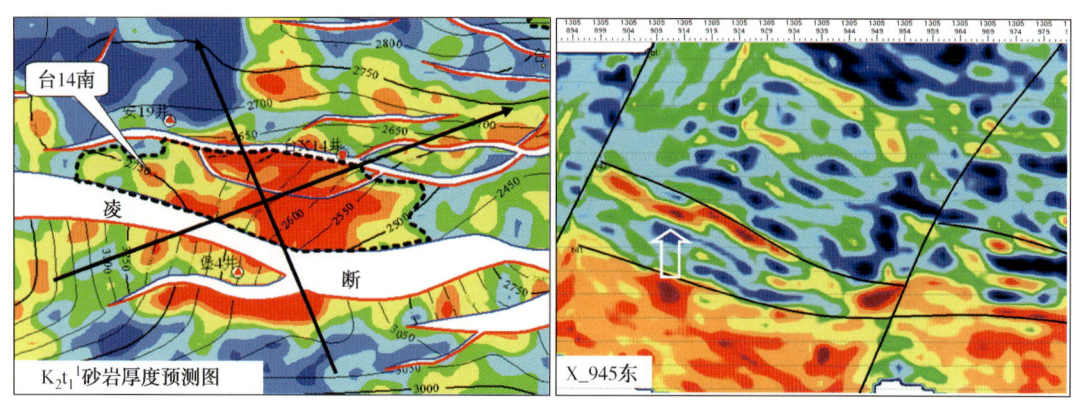

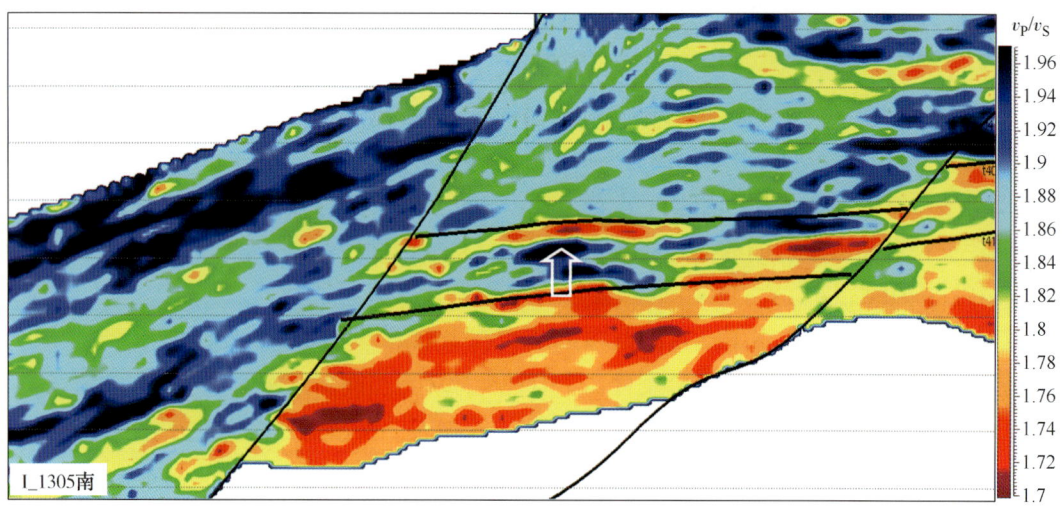

图 6-5-27　过台 14 南构造—岩性圈闭 v_P/v_S 剖面

台 7 北①：该构造处于 $K_2t_1^1$ 三角洲前缘末端，推测主要发育河口坝和深湖浊积岩，透镜状砂体向西南上倾尖灭，形成岩性圈闭（图 6-5-28）。由于紧邻新街次凹生油中心，该区油源条件优越。处于该构造南部的台 7 块已发现 $K_2t_1^1$ 油藏，该块开发井揭示 $K_2t_1^1$ 砂体不发育，以薄干层为主，多口井显示物性稍好的砂层均为油层，分析认为其低部位台 7 北①岩性圈闭 $K_2t_1^1$ 成藏的可能性很大。

6 地震资料在苏北盆地隐蔽圈闭识别中的应用实例

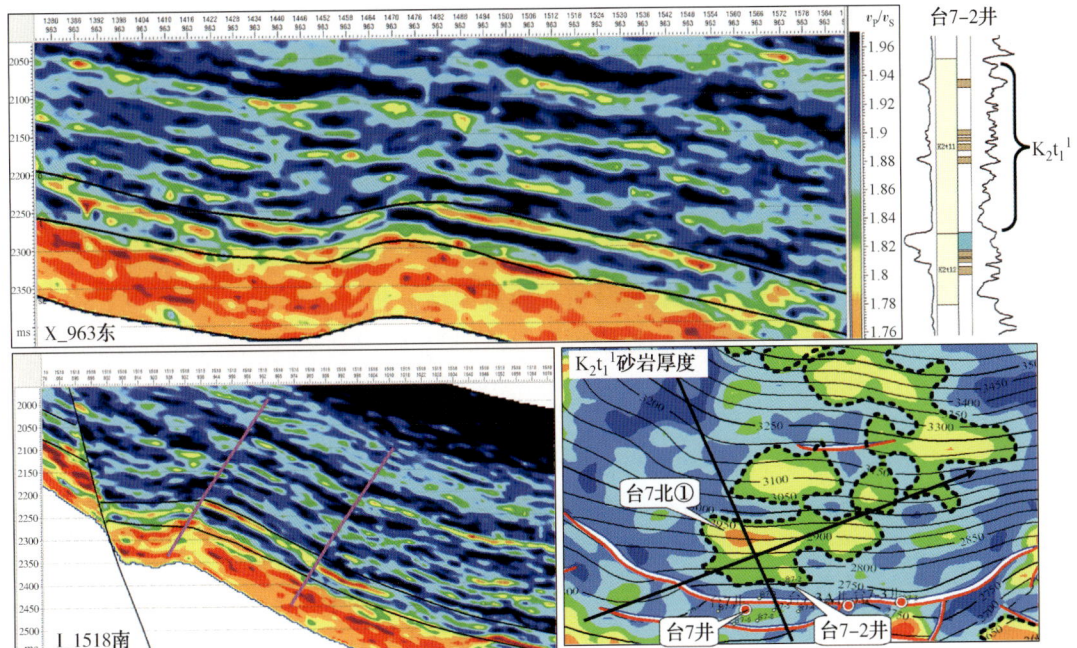

图 6-5-28　过台 7 北岩性圈闭 v_P/v_S 剖面

后　　记

本书以苏北盆地高邮凹陷戴南组、金湖凹陷阜二段、海安凹陷泰州组的隐蔽油藏解剖为切入点，以测井储层评价、岩石物理分析、地震属性分析、地震反演、地质统计分析为主要技术手段，针对不同地质条件和地震资料条件，建立了相应的储层预测及隐蔽圈闭识别方法。主要认识如下：

（1）从凹陷结构、沉积体系、砂体形态分析入手，总结了苏北盆地隐蔽圈闭主要类型、特征及分布，明确了陡坡带扇控型、缓坡带岩性尖灭型、斜坡带地层超覆型隐蔽圈闭的砂体结构与地震反射特征，结合区域地质条件和地震资料条件，指出了勘探研究的关键点。

（2）对比不同凹陷、不同年代的测井资料，建立了一套测井资料预处理方法与流程。在此基础上，总结了苏北盆地陆相沉积砂岩在测井响应上的共性，以及不同沉积环境下砂岩在测井响应上的差异。

（3）系统总结了岩石物理建模理论与方法，基于 Gassmann 方程和 Xu-White 模型开展典型井岩石物理建模。在此基础上，明确了苏北盆地陆相沉积砂岩为高速、高阻抗、低泊松比、低 v_p/v_s 特征，含烃使纵波速度和泊松比等参量降低，黏土含量增加则使纵波速度和泊松比等参量增高，因而纵波速度、纵波阻抗具有"泥岩<油层<水层<干层<灰质岩"的特征，泊松比、v_p/v_s 具有"油层<水层<干层<泥岩、灰质岩"的特征。

埋深增大造成速度、阻抗背景值增大，对泊松比、v_p/v_s 的影响普遍不大，因而大部分地区存在砂、泥岩纵波阻抗叠置现象，泊松比、v_p/v_s 对岩性、流体更敏感。各凹陷分别通过引入深度变量、地震时间变量或利用双参数进行岩性解释，提高了预测精度。

从地震预测可行性考虑，用纵波阻抗表征孔隙度最理想。本书分析了纵波阻抗与孔隙度、黏土含量、流体间的关系，认为利用双参数进行孔隙度解释，可提高地震对有效薄储层的纵向分辨能力。

（4）高邮凹陷北部缓坡带戴南组三角洲前缘砂体的预测难点在于"埋深变化造成砂岩、泥岩纵波阻抗叠置"，在测井约束反演基础上沿层提取纵波阻抗属性，然后引入深度变量，利用纵波阻抗—深度图版实现各砂层组储层定量预测，取得了良好效果，钻探的永 38 井取得成功。

（5）对于高邮凹陷南部陡坡带戴南组"扇控型"隐蔽圈闭，樊川次凹曹庄—肖刘庄地区的储层预测难点在于"构造跨度大、横向相变快、约束井点不够"和"砂岩、泥岩纵波阻抗叠置"。针对前者，在叠前反演过程中，利用地震相、沉积相和测井三重约束建立低频模型；针对后者，利用 v_p/v_s 属性进行储层预测，发现三种类型的隐蔽圈闭，钻探的肖 X14 井和曹 X65 井取得良好勘探效益。

邵伯次凹近岸水下扇的预测难点在于"地震资料差、井少、砂砾岩储层预测难"。该区以地质模式指导和地震反射特征识别为核心，首选采用地震相三维解释、地震属性分析定性识别扇体边界，然后结合测井约束反演和波形分析技术定量预测砂体，在扇中、扇端及

后记

半深湖区发现一批圈闭，钻探的邵 X20 井取得成功。

（6）金湖凹陷西斜坡阜二段滩坝砂体、生物滩坝的预测难点在于"砂体薄、发育高速石灰岩、地震分辨率低"。由于井资料丰富、地震反射层横向连续性好，基于地质统计与属性综合分析的薄砂层预测技术取得了良好效果。叠前反演应用方面，阜二段纵波阻抗受埋深变化影响不大，对岩性、物性均较敏感，以纵波阻抗属性为基础，沿层切片和地质统计分析技术的结合在薄砂岩、石灰岩的厚度、物性预测中取得了极好效果；v_P/v_S 属性预测的含油区与实钻也颇吻合。

（7）海安凹陷南部泰一段三角洲前缘砂体的预测难点在于"埋深变化对岩石物理参数影响较大"和"目的层顶、底分别发育高速泥灰岩和高速泥岩"。基于叠后反演和地质统计的储层定量预测技术取得了一定效果，钻探的堡 5 井获得成功，但储层预测精度不够也造成了个别井的落空。为解决这一问题，紧密结合叠前反演和岩石物理分析技术，首次引入地震时间变量，利用 v_P/v_S —时间变量图版进行岩性解释（剔除低速泥岩背景），然后利用纵波阻抗属性分段进行砂岩孔隙度解释（剔除高速度干层及泥灰岩、泥岩等非储层），通过"分步"、"分段"解释将三维反演属性体转换成孔隙度数据体，最终根据测井解释孔隙度下限判别有效砂体，提高了地震资料对储层的纵向分辨能力。

隐蔽圈闭识别需要有正确的地质认识作为指导、可靠的井震数据为基础、有效的地震预测技术为途径。本书综合常用的地质分析手段和地震技术，建立有针对性的技术方法与流程，有效推进了苏北盆地隐蔽油藏勘探研究进程。对于苏北盆地陆相沉积地层，要形成一套完整的隐蔽圈闭识别技术体系，构造的"陡、深、碎"、砂岩的"高速、薄、致密"等难题还需持续深化研究，叠前地震资料保幅处理、地震正演、AVO 烃类检测等技术攻关在今后隐蔽油藏勘探中应该引起更多重视。

参 考 文 献

[1] 张运东，薛红兵，朱如凯，等. 国内外隐蔽油气藏勘探现状［J］. 中国石油勘探，2005，10（3）：64-68.

[2] Carll J F. The geology of the oil regions of Warren, Venango, and Butler counties［C］. Report of progress (Geological Survey of Pennsylvania)，Ⅲ，1880：482.

[3] Wilson W B. Proposed classification of oil and gas reservoirs［C］. Oklahoma：AAPG Sidney Powers Memorial Volume，1934：433-445.

[4] Levorsen A I. Stratigraphic versus structural accumulation［J］. AAPG Bulletin，1936，20（5）：521-530.

[5] Levorsen A I. Big geology for big needs［J］. AAPG Bulletin，1964，48（5）：141-156.

[6] Levorsen A I. The obscure and subtle trap［J］. AAPG Bulletin，1966，50（10）：42-51.

[7] Halbouty M T. The deliberate search for the subtle trap［C］. Oklahoma：AAPG Memoir 32，1982：1-8.

[8] 朱夏. 对隐蔽油气圈闭的浅见［J］. 大庆石油地质与开发，1984，3（1）：1-2.

[9] 牛嘉玉，李秋芬，鲁卫华，等. 关于"隐蔽油气藏"概念的若干思考［J］. 石油学报，2005，26（2）：122-126.

[10] 张万选. 关于"隐蔽圈闭（油气藏）"的概念［J］. 石油与天然气地质，1984，5（1）：77-77.

[11] 陈荣书，何生. 关于"隐蔽圈闭（油气藏）"的早期概念［J］. 石油与天然气地质，1984，5（3）：300-301.

[12] 王焕弟，牛滨华，任敦占，等. 隐蔽油气藏勘探现状与对策分析［J］. 石油地球物理勘探，2004，39（6）：739-744.

[13] 胡见义，徐权宝，刘淑萱，等. 非构造油气藏［M］. 北京：石油工业出版社，1986.

[14] 庞雄奇，陈冬霞，张俊. 隐蔽油气藏成藏机理研究现状及展望［J］. 海相油气地质，2007，12（1）：56-62.

[15] 沈守文，彭大钧，颜其彬，等. 试论隐蔽油气藏的分类及勘探思路［J］. 石油学报，2000，21（1）：16-22.

[16] 杨国臣，于炳松. 隐蔽油气圈闭勘探之发展现状［J］. 岩性油气藏，2008，20（3）：6-11.

[17] 杨万里. 隐蔽油气藏勘探的实践与认识［J］. 大庆石油地质与开发，1984，3（1）：22-38.

[18] 张万选. 试论气藏的分类及中国油气藏的主要类型［J］. 石油学报，1981，2（3）：1-11.

[19] 张厚福等. 石油地质学［M］. 北京：石油工业出版社，1999.

[20] 张璐. 基于岩石物理的地震储层预测方法应用研究［D］. 北京：中国石油大学，2009.

[21] Mavko G, Mukerji T, Dvorkin J. The rock physics handbook——Tools for seismic analysis in porous media ［J］. Cambridge University Press，1998.

[22] 刘浩杰. 地震岩石物理研究综述［J］. 油气地球物理，2009，7（3）：1-8.

[23] 陆基孟. 地震勘探原理［M］. 北京：石油工业出版社，1993.

[24] 王炳章. 地震岩石物理学及其应用研究［D］. 成都：成都理工大学，2008.

[25] 张佳佳. 地震岩石物理建模方法及其在油页岩勘探中的应用［D］. 青岛：中国海洋大学，2010.

[26] Voigt W. Lehrbuch der kristallPhysik［C］. Teubner-Leipzig, New York：Macmillan，1928：1-20.

[27] Reuss A. Berechnung der Fliessgrenzen von Mischkristallen auf Grund der Plastiziätsbedingung für Einkristalle ［J］. Zeitschrift für Angewandte Mathematik und Mechanik，1929，9（1）：49-58.

[28] Hill, R. W. The elastic behavior of crystalline aggregate［J］. Proceedings of the Physical Society, London，1952，A65（5）：349-354.

[29] Wang Z J. Seismic and acoustic velocities in reservoir rocks［J］. 1992，Vol. 2：SEG GeoPhysics RePrint Series No. 10.

[30] Hashin Z, Shtrikman S. A variational approach to the theory of elastic behavior of multiphase Materials [J]. Journal of Mech. Phys. Solids, 1963, 11 (2): 127-140.

[31] Wood A W. A Textbook of Sound [C]. The MacMillan Co, New York, 1955: 360.

[32] Kuster G T, Toksöz M N. Velocity and attenuation of seismic waves in two phase media [J]. Geophysics, 1974, 39 (5): 587-618.

[33] 原宏壮. 各向异性介质岩石物理模型及应用研究 [D]. 北京: 中国石油大学, 2007.

[34] 赵克超, 陈文学, 陶果. 利用 Kuster-Töksz 方程简化孔隙纵横比谱及判断储层孔隙类型 [J]. 西安石油大学学报（自然科学版）, 2009, 24 (1): 37-40.

[35] Berryman J G. Single-scattering approximations for coefficients in Biot's equations of poroelasticity [J]. Journal of the Acoustical Society of America, 1992, 91 (2): 551-571.

[36] 镇晶晶, 刘洋. 裂缝介质岩石物理模型研究综述 [J]. 地球物理学进展, 2011, 26 (5): 1708-1716.

[37] Gassmann F. Uber die elastizitat poroser medien [J]. Vierteljahrsschr. Der Naturforsch Gesellschaft. 1951, 96 (1): 1-23.

[38] Biot M A. Theory of Propagation of elastic waves in a fluid saturated Porous solid 1: Low Frequency range and: Higher frequency range [J]. Journal of the Acoustical Society of America, 1956, 28 (2): 168-191.

[39] Mavko G, Nur A. Wave attenuation in partially saturated rocks [J]. Geophysics, 1979, 44 (2): 161-178.

[40] Dvorkin J, Nur A. Dynamic poroelasticity: a unified model with the squirt and the Biot mechanisms [J]. Geophysics, 1993, 58 (4): 524-533.

[41] Xu S, White R E. A new velocity model for clay-sand mixtures [J]. Geophysical Prospecting, 1995, 43 (1): 91-118.

[42] Xu S, White R E. A physical model for shear-wave velocity prediction [J]. Geophysical Prospecting, 1996, 44 (4): 687-717.

[43] 王玉梅, 苗永康, 孟宪军, 等. 岩石物理横波速度曲线计算技术 [J]. 油气地质与采收率, 2006, 13 (4): 58-61, 79.

[44] 孙兴刚, 魏文, 李红梅. 岩石物理参数的流体敏感性分析 [J]. 油气藏评价与开发, 2012, 2 (1): 37-40, 49.

[45] 王俊骏, 桂志先, 谢晓庆, 等. 苏里格气田储层识别敏感参数分析及应用 [J]. 断块油气田, 2013, 20 (2): 175-177.

[46] Chen Q, Steve S. Seismic attribute technology for reservoir forecasting and monitoring [J]. The Leading Edge, 1997, 16 (5): 445-446.

[47] Chopra S, Marfurt K J 著, 李建雄等译. 地震属性在有利圈闭识别和油藏表征中的应用 [M]. 北京: 石油工业出版社, 2012.

[48] Chopra S, Marfurt K J. 75th Anniversary seismic attributes——A historical perspective [J]. Geophysics, 2005, 70 (5): 3SO-28SO.

[49] Barnes A E. Seismic attributes in your facies [J]. Canadian Society of Exploration Geophysicists Recorder, 2001, 26 (9): 41-47.

[50] Churlin V. V., Sergeyev, L. A. Application of seismic surveying to recognition of productive part of gas-oil strata. Geolog. Nefti i Gaza, 1963, 7 (11): 363.

[51] 曹辉. 地震属性应用中几个关键问题的探讨 [J]. 石油物探, 2004, 43 (增刊): 1-3.

[52] 张晶玉. 叠前多波地震属性技术研究 [D]. 北京: 中国石油大学, 2013.

[53] Taner M T, Schuelke J S, Doherty R O, et al. Seismic attributes revisited [J]. Society of Exploration Geophysicists International Exposition and 64th Annual Meeting, SEG Expanded Abstracts, 1994, 1104-1106.

[54] Brown A R. Seismic attribute and their classification [J]. The Leading Edge, 1996, 15 (10): 1090.

[55] Liner C, Li C F, Cersztenkorn A, et al. SPICE: A new general seismic attribute [J]. Society of Exploration Geophysicists International Exposition and 74th Annual Meeting, SEG Expanded Abstracts, 2004, 433-436.

[56] Taner M T, Koehler F, Sheriff R E. Complex seismic trace analysis [J]. Geophysics, 1979, 44 (6): 1041-1063.

[57] Barnes A E. Theory of 2-D Complex Seismic trace analysis [J]. Geophysics, 1996, 61 (1): 264-272.

[58] Barnes A E. Instantaneous frequency and amplitude at the envelope peak of a constant-phase wavelet [J]. Geophysics, 1991, 56 (7): 1058-1060.

[59] Lisle R J. Detection of zones of abnormal strains in structures using Gaussian curvature analysis [J]. AAPG Bulletin, 1994, 78 (12): 1811-1819.

[60] 印兴耀, 周静毅. 地震属性优化方法综述 [J]. 石油地球物理勘探, 2005, 40 (4): 482-489.

[61] 郭刚明. 地震属性技术的研究与应用——以潍北凹陷灶户构造为例 [D]. 南充: 西南石油大学, 2005.

[62] 乐友喜. 地震属性提取、分析与应用方法研究 [D]. 北京: 中国石油勘探开发研究院, 2002.

[63] 王修敏. 多分量地震属性研究及在K71区块油气检测中的应用 [D]. 北京: 中国石油大学, 2008.

[64] Hotelling H. Analysis of a complex of statistical variables into principal components [J]. Journal of Educational Psychology, 1933, 24 (6): 417-441.

[65] 杨静宇, 金忠, 杨健. 模式特征抽取研究进展 [J]. 中国自动化大会暨两化融合高峰会议论文集, 2009: 17-23.

[66] Vapnik V N. Statistical Learning Theory [M]. New York: Willey Interscience, 1998.

[67] 印兴耀, 孔国英, 张广智. 基于核主成分分析的地震属性优化方法及应用 [J]. 石油地球物理勘探, 2008, 43 (2): 179-183.

[68] 肖健华, 吴今培. 基于核的特征提取技术及应用研究 [J]. 计算机工程, 2002, 28 (10): 36-38.

[69] 鲍祥生, 尹成, 赵伟, 等. 储层预测的地震属性优选技术研究 [J]. 石油物探, 2006, 45 (1): 28-33.

[70] 魏超, 郑晓东, 李劲松等. 基于量子蒙特卡罗的地震多属性聚类方法 [J]. 石油地球物理勘探, 2012, 47 (5): 747-753.

[71] 史海英. 地震属性聚类分析技术在苏北某油田的应用 [J]. 石油物探, 2004, 43 (增刊): 86-88.

[72] 魏艳, 尹成, 丁峰, 等. 地震多属性综合分析的应用研究 [J]. 石油物探, 2007, 46 (1): 42-47.

[73] 师永民, 祁军, 张成学, 等. 应用地震波形分析技术预测裂缝的方法探讨 [J]. 石油物探, 2005, 44 (2): 128-130.

[74] 袁志云, 孔令洪, 王成林. 频谱分解技术在储层预测中的应用 [J]. 石油地球物理勘探, 2006, 41 (增刊): 11-15.

[75] Greg P, James, John L. Interpretational applications of spectral decomposition in reservoir characterization [J]. The Leading Edge, 1999, 18 (3): 353-360.

[76] 陈波, 魏小东, 任敦占, 等. 基于谱分解技术的小断层识别 [J]. 石油地球物理勘探, 2010, 45 (6): 890-894.

[77] 张宇航. 地震反演在储层预测中的研究与应用 [D]. 长安大学, 2009.

[78] 赵铭海. 常用叠后波阻抗反演技术评析 [J]. 油气地质与采收率, 2004, 11 (1): 36-38.

[79] 王俊琴. 储层地震预测技术应用研究 [D]. 北京: 中国地质大学, 2007.

[80] 张晓玲, 钱运生. 基于模型的测井约束反演方法及应用 [J]. 勘探地球物理进展, 2004, 27 (5): 343-346.

[81] 杨立强. 测井约束地震反演综述 [J]. 地球物理学进展, 2003, 18 (3): 530-534.

[82] 沈财余, 江洁. 测井约束地震反演解决地质问题能力的探讨 [J]. 石油地球物理勘探, 2002, 37 (4): 372-376.

[83] 董娉婷, 杨飞, 易浩, 等. 多参数岩性地震反演在盐岩地下储气库泥岩夹层分布中的应用 [J]. 物探与化探, 2013, 37 (2): 318-322, 327.

[84] 杨绍国, 周熙襄. Zoeppritz 方程的级数表达式及近似 [J]. 石油地球物理勘探, 1994, 29 (4), 399-412.

[85] Aki K, Richards P G. Quantitative seismology: theory and methods [M]. USA, 1980, 144-154.

[86] Shuey R T. A simplification of the zoeppritz equations [J]. Geophysics, 1985, 50 (4): 609-614.

[87] Hilterman R V A F. Lithology, color-coded seismic sections: the calibration of AVO crossplotting to rock properties [J]. The Leading Edge, 1995, 14 (8): 847-853.

[88] Hilterman F. Seismic Lithology [M]. SEG-continuing Education, 1983.

[89] 程冰洁, 张玉芬. AVO 简化方程的物理意义及其在油气识别中的应用 [J]. 物探化探计算技术, 2003, 25 (1): 26-30.

[90] Castagna J P, Swan H W. Framework for AVO gradient and intercept interpretation [J]. Geophysics, 1998, 63 (3): 948-956.

[91] 赵改善. AVO 研究的新进展 [J]. 石油物探译丛, 1991, (4): 7-21.

[92] 彭苏萍, 杜文凤, 殷裁云, 等. 基于 AVO 反演技术的煤层含气量预测 [J]. 煤炭学报, 2014, 39 (9): 1792-1796.

[93] Connolly P. Elastic impedance [J]. The Leading Edge, 1999, 18 (4): 438-452.

[94] 王保丽, 印兴耀, 张繁昌. 弹性阻抗反演及应用研究 [J]. 地球物理学进展, 2005, 20 (1): 89-92.

[95] 王保丽, 印兴耀, 张繁昌, 等. 基于 Fatti 近似的弹性阻抗方程及反演 [J]. 地球物理学进展, 2008, 23 (1): 192-197.

[96] 黄饶, 刘志斌. 叠前同时反演在砂岩油藏预测中的应用 [J]. 地球物理学进展, 2013, 28 (1): 380-386.

[97] 苏世龙, 贺振华, 王九栓, 等. 利用叠前弹性参数同时反演预测储层的含油气性 [J]. 物探与化探, 2013, 37 (6): 1008-1013.

[98] 余振, 王彦春, 何静等. 基于叠前 AVA 同步反演和地质统计学反演的高分辨率流体预测方法 [J]. 石油地球物理勘探, 2014, 49 (3): 551-560.

[99] 孙思敏, 彭仕宓. 地质统计学反演及其在吉林扶余油田储层预测中的应用 [J]. 物探与化探, 2007, 31 (1): 51-54.

[100] Guo-Qing H, Yang L, Xiu-Cheng W, et al. Joint PP and PS AVO inversion based on Bayes theorem [J]. SCI, 2011, 8 (4): 293-302.